Word / Excel / PPT
从入门到精通

张栋 / 著

中国青年出版社

图书在版编目（CIP）数据

Word/Excel/PPT从入门到精通 / 张栋著. -- 北京: 中国青年出版社, 2020.11
ISBN 978-7-5153-6146-8

I. ①W... II. ①张... III. ①办公自动化-应用软件 IV. ①TP317.1

中国版本图书馆CIP数据核字（2020）第148392号

策划编辑　张　鹏
责任编辑　张　军
封面设计　乌　兰

Word/Excel/PPT从入门到精通

张栋 / 著

出版发行: 中国青年出版社
地　　址：北京市东四十二条21号
邮政编码：100708
电　　话：（010）59231565
传　　真：（010）59231381
企　　划：北京中青雄狮数码传媒科技有限公司
印　　刷：天津融正印刷有限公司
开　　本：710 x 1000 1/16
印　　张：20
版　　次：2021年1月北京第1版
印　　次：2021年3月第2次印刷
书　　号：ISBN 978-7-5153-6146-8
定　　价：86.00元（附赠独家秘料，加封底公众号获取）

本书如有印装质量等问题，请与本社联系
电话：（010）59231565
读者来信：reader@cypmedia.com
投稿邮箱：author@cypmedia.com
如有其他问题请访问我们的网站: http://www.cypmedia.com

前言

首先感谢您选择并阅读本书！

相信很多读者对Office并不陌生，因为无论在工作还是生活中都或多或少地以不同形式接触过。当你看到周围的人在Word文档中轻松便捷地操作即可制作出整齐规范的文本，清晰明了的版面时；当你看到周围的人在Excel中制作精美工整的表格、对繁杂数据轻松计算、准确地分析数据、多样化展示数据时；当你看到周围的人在工作汇报时PPT如此吸引领导、观点展示清楚、很有灵魂时，你还相信自己和周围的人使用的是同一款Office吗？还相信所有看到的一切是使用Office制作出来的吗？

本书将以用好Office常用的三大组件Word、Excel和PowerPoint为目标，采用图文并茂并结合案例教学视频，使您在学习的过程中以轻松愉悦的心情掌握更多的办公知识。本书在介绍Office组件的基本功能时，结合商务办公人员日常工作所需的文档、报表、数据管理和分析以及工作报告演示等实际应用案例，力求让读者"想学的知识都能找到，学到的知识在工作中都能用上"。相信通过本书的学习，可以让读者学会优化文档、制作专业表格和脱颖而出的演示文稿，在工作中占尽先机。

■ 本书内容

本书共包含4章，第1章为Office的通用操作，第2章为Word文档的创建、编辑与审阅，第3章为Excel数据的编辑、分析与计算，第4章为PPT幻灯片的编辑、美化与放映。

在每章之前包含"本章导读"和"思维导图"，其中"本章导读"对本章知识进行概述，同时展示本章部分案例效果，让读者了解要学习的内容，"思维导图"将本章所学知识进行排列，可以让读者清晰地明白本章的知识体系。在介绍各部分知识时，通过"技能提升"对所学知识进行深层次的应用，通过"高手进阶"对本节知识进行综合应用。本书还包括"温馨提示"和"实用技巧"等版式，不仅丰富了版面，还让知识更加全面。

■ 本书特色

- 打破常规：本书首先介绍Word、Excel和PowerPoint的通用操作，使读者花同样的时间和精力同时学习3大软件，然后再介绍3大软件独特的应用。
- 操作清晰明了：在案例讲解过程中，采用图解讲学的形式，以图析文，在图上清晰地标注出操作的分步设置，使读者更容易理解和掌握，轻松提升学习效率。

- 扫描二维码看教学视频：本书介绍各个领域常用的商务案例，为了让读者更便捷地、深入学习，将通过扫描二维码随时随地看教学视频，学习起来会更加方便轻松。

■本书配套资源

本书以丰富实用的案例贯穿知识点的讲解，因此配有各方面的教学资源，读者可以通过扫描二维码和关注微信公众号获取。

- 素材和效果文件：本书所有的素材文件以及案例的效果文件均免费赠送。
- 教学视频：本书中所有案例均配有教学视频，只需扫描二维码即可查看。
- 海量教学资料：除了本书使用的素材和视频外，还赠送Word、Excel和PPT办公丰富模板等。

由于作者水平有限，时间仓促，书中难免存在不足之处，欢迎读者指正发现问题，对此表示衷心感谢。

编　者

目录

Chapter 01
Office的通用操作

Contents

Chapter 02
Word文档的创建、编辑与审阅

Contents

Contents

Chapter 03
Excel数据的编辑、分析与计算

Contents

Contents

Chapter 04

PPT幻灯片的编辑、美化与放映

Contents

Office的通用操作

　　在日常工作与生活中，我们需要处理很多事务，对于处理文案、管理数据以及演示内容等常见的工作，使用Microsoft Office 2019即可满足需要。Office包括很多组件，但是在办公中最常用的则是Word、Excel和PowerPoint，其中Word是一款处理文档的软件，Excel是一款电子表格软件，PowerPoint是一款演示软件。

　　本章，我们将介绍Office的通用操作，主要包括Office的界面、Office文档的操作以及Office文本的操作。相信读者学习完本章后，会对Office有一个新的认识。

作品展示

发盘函

招聘启事

办公室物资管理条例

周工作计划

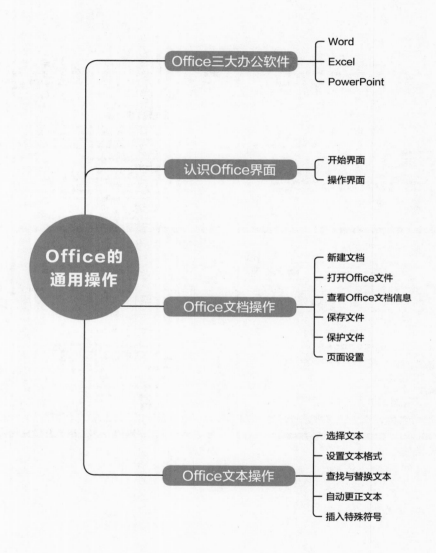

Office三大办公软件
- Word
- Excel
- PowerPoint

认识Office界面
- 开始界面
- 操作界面

Office的通用操作

Office文档操作
- 新建文档
- 打开Office文件
- 查看Office文档信息
- 保存文件
- 保护文件
- 页面设置

Office文本操作
- 选择文本
- 设置文本格式
- 查找与替换文本
- 自动更正文本
- 插入特殊符号

1.1　认识Office界面

Office用户界面采用图形化形式，比较直观、易理解，按照"所见即所得"的思想设计，更加人性化。当读者去学习一款软件时，首先遇到的最大难题就是熟悉软件的界面，只有熟悉了用户界面后，相关的操作才会得心应手，真正实现为我所用。

Office作为一个系统的、整体的办公软件，在设计和开发阶段就已经对界面和操作进行了统一和规范。所以Office各组件的界面和操作类似，这为广大用户带来了极大的方便。但是由于各组件的主要功能以及应用范围不同，其界面也具有不同之处，本节将向读者介绍Office的三大组件的界面。

1.1.1　开始界面

从Windows开始菜单或者通过Word、Excel或PowerPoint快捷方式打开软件，首先进入开始界面，如下图所示。

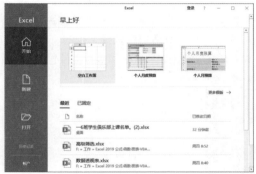

可见Office三大组件的开始界面不但具有很多相同的元素和功能，其结构也相同。在开始界面中三大组件都包含"开始"、"新建"和"打开"三个选项功能，其中在"开始"选项功能中包括新建文档的类型（空白文档以及模板）、最近打开文档的名称和时间。单击"更多模板"链接时会跳转到"新建"选项功能，下面以Word软件为例进行介绍。

在开始界面的左侧单击"新建"图标❶时也可进入"新建"功能，在"搜索联机模板"文本框中输入关键字❷，单击"开始搜索"按钮❸，即可在下面显示搜索到的所有与关键字有关的模板。例如需要搜索与"教育"有关的模板，如下图所示。

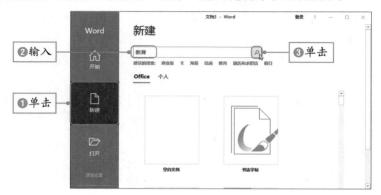

如果切换至"打开"选项功能❶，则显示最近打开的文档或文件夹，读者也可以通过中间区域的选项选择需要打开文件的路径，如下左图所示。如双击"这台电脑"❷，则在打开的"打开"对话框中选择文件❸，单击"打开"按钮❹，如下右图所示，即可打开选中的Word文档，Excel和PowerPoint文件也可以按照相同的方法进行操作。

1.1.2 操作界面

当创建文档或打开已有的文档时，会进入操作界面。操作界面是读者需要认真熟悉的，因为对文档的操作和编辑均在该界面中完成。Word、Excel和PowerPoint编辑的对象不同，其操作界面也有很大区别。

Office各组件的操作界面也很相似，包括标题栏、快速访问工具栏、功能区、状态栏等。因为各自处理的对象不同，其编辑区还是有很大区别的。从Office 2010版本开始，微软采用了MetroUI，大大提升了界面的可视化，如将深藏在菜单中的操作图标显示在功能区各选项卡下，将不同的对象常用的功能放在对应的选项卡中，提高了操作的便捷性。

下面分别介绍三大组件操作界面，首先介绍Word中的所有功能。

1. Word操作界面

Word 2019的操作界面主要由标题栏、快速访问工具栏、功能区选项卡、功能区、编辑区、状态栏等组成，如下图所示。

Word的操作界面提供了文档的编辑、浏览以及各种操作功能，下面介绍各部分的含义。

- **标题栏：** 标题栏位于Word操作界面的最顶端，显示正在操作的文档的名称和程序的名称等信息。在标题栏的最右侧包括4个按钮，分别为"功能区显示选项"、"最小化"、"最大化"和"关闭"。单击"功能区显示选项"按钮，在列表中选择相应的选项，即可设置功能区的显示和隐藏，如下左图所示。

- **快速访问工具栏：** 包括"保存"、"撤销"和"快速打印"等按钮，读者可以自定义该工具栏中的按钮，可将常用的功能放在此以方便操作。读者单击快速访问工具栏右侧"自定义快速访问工具栏"下三角按钮，在列表中可以新增"新建"、"打开"、"拼写和语法"等功能，如下中图所示。除此之外，也可以在功能区的某个功能上右击，在快捷菜单中选择"添加到快速访问工具栏"命令，如下右图所示。

- **"文件"标签:** 单击"文件"标签,列表中提供了比开始界面更全面的功能,除"开始"、"新建"和"打开"外,还包括"信息"、"保存"、"另存为"、"打印"等功能。
- **选项卡和功能区:** 提供各种快捷操作功能,以便用户进行相关操作。功能区选项卡包括"开始"、"插入"、"设计"、"布局"、"引用"、"邮件"、"视图"、"审阅"等。
- **标尺:** 在文档编辑区的上方和左侧显示标尺,分别为水平标尺和垂直标尺。可以通过标尺确定文档在屏幕及纸张上的位置。在"视图"选项卡的"显示"选项组中勾选或取消勾选"标尺"复选框,可以显示或隐藏标尺。
- **编辑区:** 位于窗口中间位置,是工作的主要空间。在编辑区,用户可以输入文本、编辑文本、插入图片、绘制图形等。
- **状态栏:** 显示文档或者其他被选定的对象的状态及主窗口页面设置状态。在右侧显示页面的比例和视图模式,其中视图模式包括阅读视图、页面视图和Wed版式视图。

2. Excel操作界面

在Excel的操作界面中,可以对数据进行处理和分析。

Excel主要用于处理数据,因此其操作界面中有其独有的元素。
- **名称框:** 用于显示或定义所选的单元格或单元格区域的名称。
- **编辑栏:** 用于显示或编辑选中单元格的内容,也可以是公式。
- **列标题:** 对工作表中的列进行命名,以大写字母的形式进行编号。
- **行标题:** 对工作表的行进行命名,以小写数字的形式进行编号。
- **工作表标签:** 用于显示工作簿中的工作表名称,用户可以自定义名称。
- **编辑区:** 该区域由单元格组成,在工作表中输入内容时其实是在单元格中输入的。单元格通过网格线界定,用户可以进一步设置表格的边框。

3. PowerPoint操作界面

PowerPoint 2019除了标题栏、功能区、"文件"标签等之外，还有制作演示文稿的编辑区，下面介绍操作界面中不同的元素。

- **幻灯片窗格：** 位于操作界面左侧，列出当前演示文稿中包含的所有幻灯片。
- **编辑区：** 是编辑幻灯片的场所，是演示文稿的核心区域。在编辑区可以添加文本、图片、形状等元素，并且可以进行编辑操作。
- **状态栏：** 位于操作界面的下方，与Word和Excel的状态栏中的操作按钮有一些区别，包含"普通视图"、"幻灯片浏览"、"阅读视图"和"幻灯片放映"等按钮。

1.2 Office文档操作——创建"发盘函"文档

Office不同的组件有不同的扩展名，在资源管理器中可清晰地查看文件的类型。一般情况下，Word文件有两种类型，分别为扩展名为doc的"Microsoft Word97-2003文档"和扩展名为docx的"Microsoft Word文档"。另外，Excel和PowerPoint的文件类型与Word一样，都有常用的两种类型，此处不再列举。

Windows的文件关联是一项非常严谨的工作，读者不要随意更改文件的扩展名，因为可能会导致无法打开该文件。当文件的扩展名被强行更改后，即使通过应用程序打开文件，也有可能因为系统无法识别，会显示乱码，导致文件被损坏。

下面以Word为例介绍Office文件的操作，因为Word和Excel及PowerPoint的操作一样，所以也适用于其他两个组件。读者可以根据Word的操作自行练习Excel和PowerPoint的操作。

1.2.1 新建空白文档

启动Word 2019软件后，系统会自动新建一个名为"文档+数字"的空白文档。其中数字是根据新建文档的数量按顺序命名。新建文档的方法很多，下面将详细介绍。

扫码看视频

☞ 方法一：应用快捷菜单新建文档

Step 01 打开新文档需要保存到的文件夹，在空白处右击❶，在快捷菜单中选择"新建>Microsoft Word文档"命令❷，如下左图所示。

Step 02 在该文件夹中新建一个以"新建Microsoft Word文档.docx"为名的文件，对新建文档进行重命名即可，如下右图所示。

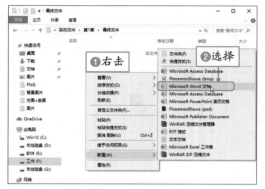

Step 03 重命名完成后，在空白处单击或者按Enter键。再次双击该文档即可打开创建的空白文档。

☞ 方法二：在开始界面新建文档

Step 01 从Windows的开始菜单中选择Word命令，或者通过快捷方式打开Word即可进入开始界面，如下左图所示。

Step 02 在"开始"选项区域中单击"空白文档"，或者在"新建"选项区域中单击"空白文档"，即可完成新建空白文档的操作，如下右图所示。

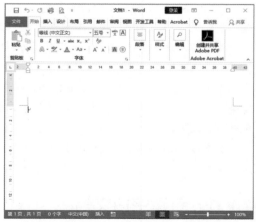

☞ **方法三：通过"文件"标签新建文档**

如果已经启动了Word软件，可以通过"文件"标签创建空白文档。

Step 01 单击已打开的Word软件的"文件"标签。

Step 02 在列表中选择"新建"选项❶，如下图所示。

Step 03 在右侧选项区域中单击"空白文档"❷即可创建一个新空白文档。

☞ **方法四：通过快速访问工具栏创建文档**

Step 01 根据1.1.2节中的内容，在快速访问工具栏中添加"新建"功能。

Step 02 在快速访问工具栏的最右侧显示"新建空白文档"按钮 □。

Step 03 单击该按钮，或者按Ctrl+N组合键，如下图所示。

Step 04 直接打开空白Word文档，文档名称为"文档+数字"。

1.2.2　使用模板新建文档

Office 2019为用户提供很多预设好的模板文档。利用模板，可以迅速创建带有格式的文档，在某一模板的基础上进行文档的编辑和排版可加快排版的速度。下面介绍具体的操作方法。

扫码看视频

通过模板新建文档，可以通过开始界面和"文件"标签两种方法创建文档。下面以开始界面为例介绍具体操作方法。

Step 01 从Windows"开始"菜单或者单击桌面快捷方式进入Word的开始界面。

Step 02 切换至"新建"选项区域❶，在"搜索联机模板"文本框中输入关键字，单击"开始搜索"按钮，联机查找模板，也可以在右侧选择合适的模板，如选择"红色和黑色报告"模板❷，如下左图所示。

Step 03 操作完成后即可打开新的文档，该文档中包含预设的模板和已经设置好文本的格式等。用户直接输入相关内容即可，如下右图所示。

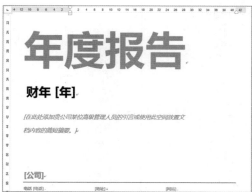

实用技巧：自定义模板

在Excel中用户可以根据需要自定义模板，如本节的"发盘函"文档，将其复制粘贴然后修改相应的内容即可。也可以根据"另存为"对话框，将其保存为模板，方便下次使用。使用统一的模板不但可以保持文档格式的一致性，而且可以在工作内容上进行参考。

1.2.3 打开Office文件

如果需要对现有Office文档进行浏览或编辑，首先需要打开该文档。打开现有Office文档的方法有很多种，如双击文档、通过"文件"标签打开、打开最近使用的文档等方法。下面以Word为例介绍打开的方法。

扫码看视频

☞**方法一：双击已有的文档**

在Windows资源管理器中直接在需要打开的文档上双击，Windows即利用默认的关联程序打开这一文档。用户也可以右击文件，在快捷菜单中选择"打开"命令。

☞**方法二：通过"文件"标签打开文档**

Step 01 在Office的各组件中单击"文件"标签，在列表中选择"打开"选项❶，在右侧"打开"选项区域中双击"这台电脑"或者单击"浏览"❷，如右图所示。

Step 02 打开"打开"对话框，选择需要打开的文件❶，单击"打开"按钮❷，即可打开选中的文件，如右图所示。

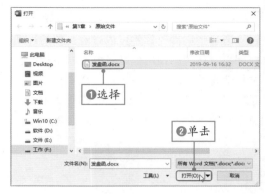

在 **Step 01** 的"打开"选项区域中默认为"最近"，在右侧按时间显示最近打开过的文档，直接单击即可再次打开文档。

☞ **方法三：通过Windows开始菜单打开最近的文档**

如果用户需要打开最近的文档时，除了方法二中介绍的在"打开"选项区域中打开外，还可以在Windows开始菜单中打开。在Windows开始菜单中单击Word右侧下三角按钮，在列表中显示最近打开的文档，如右图所示。

通过方法二和方法三打开最近的文档时，可见其顺序是按照时间排序的，而且用户可以设置显示最近打开文档的数量。当设置显示文档数量很多时，即可通过方法二显示。打开Word文档，单击"文件"标签，在列表中选择"选项"，打开"Word选项"对话框，选择"高级"选项❶，在右侧"显示"选项区域中设置"显示此数目的"最近使用的文档"的数量❷，单击"确定"按钮❸，如下图所示。

实用技巧：快速进入"打开"选项

对于Office各组件，最快速进入"打开"选项的方法是直接按下Ctrl+O组合键。如在打开的Word文档中按Ctrl+O组合键即可快速切换至方法二中的"打开"选项。

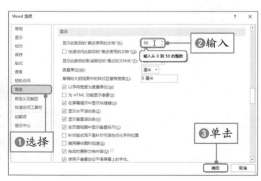

1.2.4 查看Office文档信息

通过"文件"标签可以查看文档的详细信息，如大小、页数、字数、创建时间以及作者。用户也可以根据需要对其进行更改，下面以Word为例介绍查看文档信息的方法。

Step 01 在打开的"发盘函.docx"文档中单击"文件"标签，在列表中选择"信息"选项，会在右侧显示该文档的基本属性，如大小、页数等，如下图所示。

Step 02 查看文档更多的属性，单击"属性"下三角按钮❶，在列表中选择"高级属性"选项❷，如下左图所示。

Step 03 打开对应的对话框，其中包括"常规"、"摘要"、"统计"、"内容"等选项卡，其中"常规"显示文档的类型、保存位置、大小、创建时间等；"摘要"选项卡中内容是可以编辑的，如下右图所示。"统计"选项卡中显示页数、段落数、行数、字数等信息。

温馨提示："摘要"选项卡内容编辑

在"摘要"选项卡中如果需要编辑某项内容时，直接在对应的文本框中输入即可，如标题、主题、作者、主管、单位等。该信息不会在文档中显示，只会作为文件的属性记录在文件夹或XML文件中。

1.2.5　文件的保存

文档创建或修改后，还需要对其进行保存，否则文档的信息会丢失，所以我们应当养成随时保存文件的习惯。下面以Word文档为例介绍新建文档、已保存过文档、需要另存为文档的保存方法，以及如何设置自动保存。

扫码看视频

1. 新建文档的保存

用户在新建的文档中编辑内容后，在保存时需要设置文档的名称、保存的位置等，下面介绍具体操作方法。

Step 01 在新建的文档中单击快速访问工具栏中"保存"按钮，或者按Ctrl+S组合键，如下左图所示。

Step 02 自动切换至"另存为"选项，在中间"另存为"选项区域中双击"这台电脑"或者单击"浏览"，如下右图所示。

Step 03 在打开的"另存为"对话框中设置保存的文件名称、类型和保存位置，最后单击"保存"按钮，即可完成对新建文档的保存。

> **实用技巧：通过"文件"标签进行保存**
>
> 对新建文档还可以通过文件标签进行保存，单击"文件"标签，在列表中选择"另存为"或"保存"选项，均可切换至"另存为"选项区域，然后根据上述相同的操作进行保存即可。

2. 对已保存文档的保存

对已经保存过的文档进行修改编辑后，如果还以原名称保存在原位置时，可以直接单击快速访问工具栏上的"保存"按钮，或按Ctrl+S组合键保存即可。

3. 另存为文档

对已经保存过的文档进行修改编辑后，希望修改文档的名称、文件类型或者保存路径等，可以使用"另存为"功能。下面介绍具体操作方法。

Step 01 打开"发盘函.docx"文档，单击"文件"标签，在列表中选择"另存为"选项，或者按Ctrl+Shift+S组合键，进入"另存为"选项区域。

Step 02 双击"这台电脑"，打开"另存为"对话框，在"文件名"文本框中编辑名称❶，设置保存类型为"Word-97-2003文档(*.dox)"❷，选择保存路径，单击"保存"按钮即可❸，如下图所示。

Step 03 保存完成后，打开保存的文件夹，即可看到保存文档。

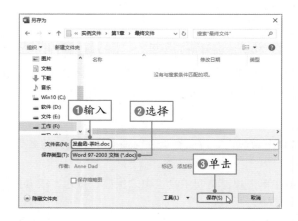

4. 文档保存设置

Office的各个组件，包括Word、Excel和PowerPoint等，都有一个系统设置功能，通过打开对应的对话框即可设置保存的参数。下面以Word为例介绍具体操作方法。

Step 01 单击"文件"标签，在列表中选择"选项"选项。

Step 02 双击"这台电脑"，打开"另存为"对话框，在"文件名"文本框中编辑名称❶，设置保存类型为"Word-97-2003文档(*.dox)"❷，选择保存路径，单击"保存"按钮即可❸，如下图所示。

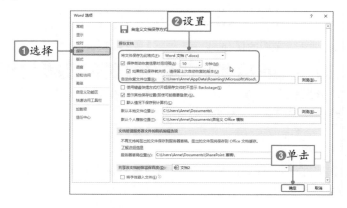

在 **Step 02** 中用户设置保存的参数有以下几个方面。

- **将文件保存为此格式：** 默认为"Word文档(*.docx)"，单击右侧下三角按钮，在列表中选择合适的类型即可。

- **保存自动恢复信息时间间隔：** 是指自动恢复的文档缓存保存间隔时间，默认为10分钟。勾选该复选框后，在右侧数值框中输入数字，单位为分钟。

- **如果我没保存就关闭，请保留上次自动恢复的版本：** 该选项默认情况下是勾选的。

- **自动恢复文件位置：** 默认在C盘的位置，由于C盘是系统盘，有时系统崩溃需要重装系统，会导致C盘上的所有文件丢失。所以，单击右侧"浏览"按钮，在"修改位置"对话框中选择保存的路径，单击"确定"按钮。

1.2.6 文件的保护

创建一个Office文件后，其他用户也可以打开并查看内容，为了防止重要的内容被泄露，可以为文件进行保护。Office的Word、Excel和PowerPoint提供了类似的文件保护，下面以Word为例介绍保护文档的几种方法。

扫码看视频

1. 始终以只读方式打开

始终以只读方式打开是询问读者是否加入编辑，防止意外更改，用户可以不进入只读模式。下面介绍具体操作方法。

Step 01 打开"发盘函.docx"文档，单击"文件"标签，进入"信息"选项，在中间区域中单击"保护文档"下三角按钮❶，在列表中选择"始终以只读方式打开"选项❷，如下左图所示。

Step 02 关闭该文档并保存，再次打开该文档时，弹出提示对话框询问是否以只读方式打开，如下右图所示。

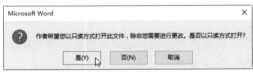

Step 03 若不以只读方式查看文档，单击"否"按钮即可。若单击"是"按钮，则以只读方式查看，在标题右侧显示"[只读]"文本，若对文档进行修改则只能另存为，如下图所示。

> **温馨提示：退出只读方式的保护**
>
> 打开该文档，在弹出的提示对话框中单击"否"按钮，进入文档后单击"文件"标签，在"信息"选项中再次单击"保护文档"下三角按钮，在列表中再次选择"始终以只读方式打开"选项即可退出该保护模式。

2. 标记为最终状态

标记为最终状态是指让文档阅读者知晓此文档是最终版本，并将其设为只读方式，浏览者依然可以编辑该文档。

Step 01 在Word文档中单击"文件"标签，然后单击"保护文档"下三角按钮，在列表中选择"标记为最终状态"选项。

Step 02 弹出提示对话框，提示此文档将先被标记为终稿，然后保存，单击"确定"按钮，如下左图所示。

Step 03 继续打开提示对话框，提示该文档为最终状态，这是文档的最终版本，单击"确定"按钮，如下右图所示。

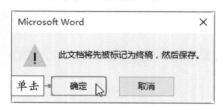
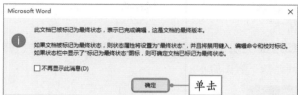

Step 04 此时文档被标记为最终状态，可见Word的功能区被隐藏起来，并显示标记为最终版本的信息，若仍需要编辑，则单击"仍然编辑"按钮，即可编辑该文档，如下图所示。

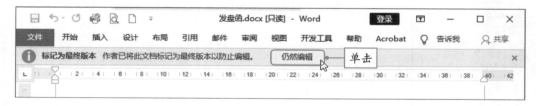

当文档被标记为最终状态时，文档的属性也无法更改。进入"信息"选项区域的最右侧，可见某些参数为不可编辑的，如标题、标记和备注。同样打开高级属性的对话框在"摘要"选项卡中也无法编辑。

如果需要退出标记为最终状态，再次单击"保护文档"下三角按钮，在列表中选择"标记为最终状态"选项即可。

3. 用密码进行加密

用密码进行加密是指对文档进行密码保护，只有授权密码的用户才能打开该文档并查看。下面介绍具体操作方法。

Step 01 打开需要用密码保护的文档，进入"信息"选项区域，单击"保护文档"下三角按钮，在列表中选择"用密码进行加密"选项。

Step 02 打开"加密文档"对话框，在"密码"文本框中输入密码如123456❶，单击"确定"按钮❷，如下左图所示。

Step 03 打开"确认密码"对话框，在"重新输入密码"文本框中输入123456❶，单击"确定"按钮❷，如下右图所示。

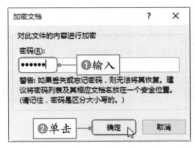 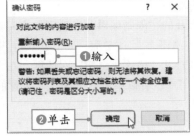

Step 04 保存并关闭文档，再次打开该文档时，弹出"密码"对话框，只有授权密码的用户才可以打开该文档，如下图所示。

温馨提示：设置密码后要保存文档

在设置密码后，该文档仍然处于打开状态，只有将该文档保存并关闭，再次打开时，设置的密码才起作用。

4. 限制编辑

限制编辑是限制他人在保护文档中的操作。可通过两种方法启用"限制编辑"功能。第一种是单击"文件"标签，在"信息"选项区域中单击"保护文档"下三角按钮，在列表中选择"限制编辑"选项。第二种是切换至"审阅"选项卡，单击"保护"选项组中"限制编辑"按钮，如下左图所示，即可在编辑区右侧打开"限制编辑"导航窗格，其中包括"格式化限制"、"编辑限制"和"启动强制保护"三种方法，如下右图所示。

下面介绍三种限制编辑的含义。

- **格式化限制：**对文档中格式操作的限制，勾选该复选框后，即可启用对文档格式的限制编辑功能。
- **限制编辑：**是指设置可对文档本身进行编辑的限制。
- **启动强制保护：**设置前两项中任意一项后，必须启用该项才能让设置的保护起作用。

（1）格式化限制

Step 01 在打开的"限制编辑"导航窗格中勾选"限制对选定的样式设置格式"复选框❶，可见"启动强制保护"被激活，单击下方 设置... 链接❷，如下左图所示。

Step 02 系统打开"格式化限制"对话框，在"当前允许使用的格式"列表框中勾选可使用样式操作，用户也可以单击"全选"、"推荐的样式"和"无"按钮快速进行选择，如下右图所示。

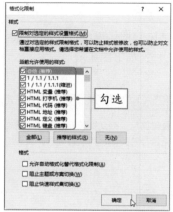

Step 03 然后在"格式"选项区域中勾选相应的复选框，单击"确定"按钮，即可完成格式化限制的设置。

（2）编辑限制

Step 01 在打开的"限制编辑"导航窗格中勾选"仅允许在文档中进行此类型的编辑"复选框❶，然后单击下三角按钮，在列表中选择合适的选项，如选择"批注"选项❷，如下左图所示。那么该文档中只允许添加批注，不能进行其他操作。

Step 02 在"例外项"选项区域中可以设置例外的用户，单击"更多用户"链接，在打开的"添加用户"对话框中，输入例外的用户名称，之间使用分号隔开即可，如下右图所示。

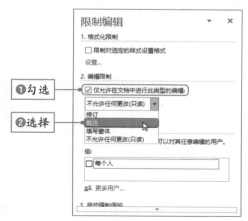

（3）启动强制保护

设置以上任意一项后，单击"是，启动强制保护"按钮❶，打开"启动强制保护"对话框，设置密码后❷单击"确定"按钮❸即可完成限制编辑的操作，如下图所示。

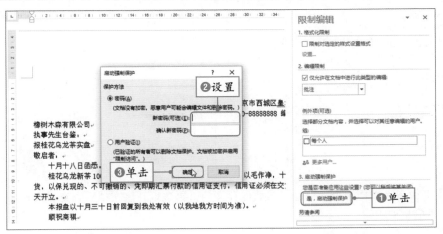

1.2.7 检查和管理文档

Office文件创建完成后，可以根据需要对其进行检查和管理。如在共享文档之前，为了保护隐藏的个人信息，可以通过"检查文档"功能来发现这些信息，并删除这些隐藏的信息。

扫码看视频

1. 检查文档

检查文档是指检查文档中是否包含隐藏的属性或个人信息，用户可以根据需要将其删除。下面以Word为例介绍具体操作方法。

Step 01 打开"发盘函.docx"文档，单击"文件"标签，然后单击"检查问题"下三角按钮，在列表中选择"检查文档"选项，打开提示对话框，单击"是"按钮，如下图所示。

Step 02 打开"文档检查器"对话框，在"审阅检查结果"列表框中显示检查项目，用户直接在需要检查的项目左侧勾选复选框即可❶，如下左图所示。

Step 03 单击"检查"按钮❷，即可对选中的项目进行检查。

Step 04 检查结束后，列出检查的结果。

Step 05 单击需要删除的文档属性项目右侧的"全部删除"按钮，即可删除相关项目，如下右图所示。

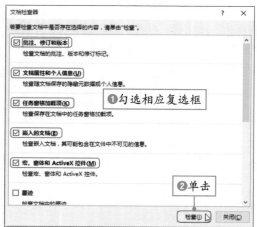

Step 06 例如删除文档中个人信息，然后保存文档，再次打开该文档后，查看文档属性可见个人编辑信息被删除，如下图所示。

2. 文档管理

文档管理是当计算机断电或其他原因在文档未保存的情况下关闭Office导致信息丢失时，可以从Office组件的自动保存机制保存的临时文件中找回某些信息，挽救部分数据的措施。下面以Word为例介绍具体操作方法。

Step 01 单击"文件"标签，单击"管理文档"下三角按钮，在列表中选择"恢复未保存的文档"选项。

Step 02 打开"打开"对话框，其中包含缓存文件，其类型均为ASD文件，选择需要打开的文件，单击"打开"按钮，如右图所示。

Step 03 查看该文档过去的版本。

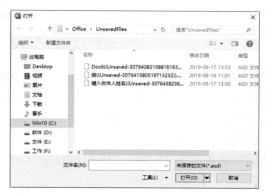

1.2.8 页面设置

页面设置就是确定使用页面的范围等因素，如文档纸张大小、方向、页边距等。因Office各组件不同，还可以进一步设置其他因素，如Word中可以设置分栏，Excel设置打印区域和标题等。

扫码看视频

PowerPoint的页面设置和Word、Excel差别很大，在以后的章节中会详细介绍。本节知识主要适用于Word和Excel的页面设置。

Word和Excel的页面设置可以通过两种方法设置，第一种是单击"文件"标签，在"打印"选项区域中设置，如下图所示。

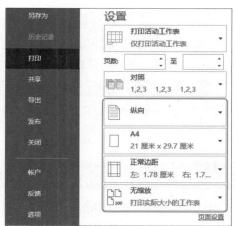

第二种是Word在"布局"选项卡的"页面设置"选项组中设置，Excel在"页面布局"选项卡的"页面设置"选项组中设置，如下图所示。

1. 页边距设置

页边距的设置可以使文档更加美观，Office根据大多数用户打印与显示的习惯，提供了一套默认的页边距，用户可以直接使用。设置页边距时，主要设置上、下、左、右的距离。下面介绍设置页边距的方法。

Step 01 打开"发盘函.docx"文档，切换至"布局"选项卡，单击"页面设置"选项组中"页边距"下三角按钮。

Step 02 在列表中选择合适的选项，如下图所示。默认情况下为"常规"选项，除此之外还包括"窄"、"中等"、"宽"和"对称"，各自的上、下、左、右边距的参数都非常清晰地表示出来，用户可根据需要进行选择。

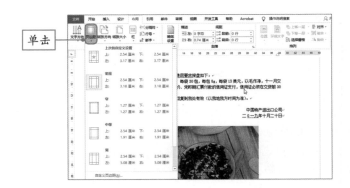

"页边距"列表中的"对称"选项是为了书籍或双面打印文档编辑排版而设定的，此时必须考虑装订线一侧页边距设置宽一些，防止过窄装订影响阅读，设置第1页为左侧较宽时，第2页应该是右侧较宽，依此类推，这样才能确保不会因装订而遮住部分文字。

实用技巧：在"打印"区域设置页边距

在"打印"选项区域中单击对应的下三角按钮，在列表中选择即可，默认为"正常边距"，列表中选项与上述方法中选项一样。

▶ 技能提升：自定义页边距

用户可以根据自己文档的情况，通过"自定义页边距"功能设置文档页面的宽度，下面介绍自定义页边距的方法。

扫码看视频

Step 01 打开"发盘函.docx"文档，切换至"布局"选项卡，单击"页面设置"选项组中"页边距"下三角按钮❶。

Step 02 在打开的列表中选择"自定义页边距"选项❷，如下左图所示。

Step 03 打开"页面设置"对话框，在"页边距"选项卡中设置上、下、左、右以及装订线的距离，其单位为厘米❸，如下右图所示。

Step 04 设置完成后，在"预览"选项区域中预览设置的结果，单击"确定"按钮❹。

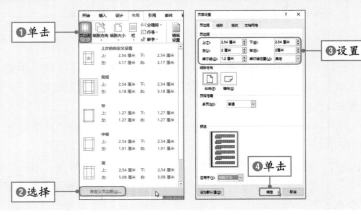

在"页面设置"对话框中设置页边距时，需要注意以下问题。

- 在设置装订线的距离时，还需要设置装订线的位置。
- 如果文档中包含多节，新页边距将仅应用于所在节，"应用于"也可以设置应用于整个文档。
- 如果设置每次打开Word或Excel时，都应用自定义的页边距，只需要单击"页面设置"对话框的"页边距"选项卡中单击"设为默认值"按钮。

2. 设置纸张方向

设置纸张方向时，只有两种方式，分别为纵向和横向。纵向是和普通书本一样的左右窄，上下较长的布局方式。横向则是左右较长，上下较窄的布局方式。下面介绍设置纸张方向的方法。

Step 01 在Word文档中单击"文件"标签，在列表中选择"打印"选项，默认情况下是纵向的，在打印预览区域可以查看效果，如下图所示。

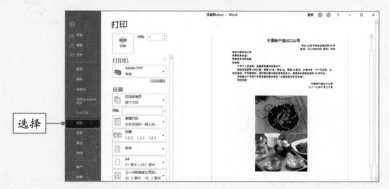

Step 02 单击"纵向"下三角按钮，在列表中选择"横向"选项。

Step 03 操作完成后，在打印预览区域可见纸张横向排列，如下图所示。

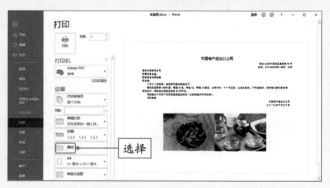

在"布局"选项卡的"页面设置"选项组中单击"纸张方向"下三角按钮，在列表中选择"横向"选项，也可以完成纸张方向的设置。

3. 设置纸张大小

Office默认纸张为A4大小，这也比较符合大多数办公人员的需求。用户可以根据需要设置纸张的大小，从而将内容显示得更完美，下面介绍具体操作方法。

Step 01 在"布局"选项卡下单击"页面设置"选项组中"纸张大小"下三角按钮①。

Step 02 在列表中显示Office预设的纸张大小，根据右侧显示纸张的长宽数据，用户直接选择即可②，如下左图所示。

Step 03 如在列表中选择A3纸张大小，其长宽都比A4大。所以在A4纸张中内容充满一页，而在A3纸张中只占部分纸张的大小，如下右图所示。

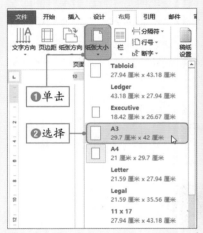

▶ 技能提升：自定义纸张大小

在实际工作中，因打印机对纸张的要求或者打印特殊设计的页面时，需要对纸张的大小进行调整。例如需要打印一份手册，要求宽度为19厘米，高度为26厘米，下面介绍具体操作方法。

扫码看视频

Step 01 单击"纸张大小"下三角按钮，在列表中选择"其他纸张大小"选项①，如下左图所示。

Step 02 打开"页面设置"对话框，在"纸张"选项卡中设置宽度为19厘米，高度为26厘米②，如下中图所示。

Step 03 设置完成后单击"确定"按钮③，进入"打印"选项，在打印预览区域可见原来一页能排完的内容，现在分为两页了④，因为设置后纸张比原来要小，如下右图所示。

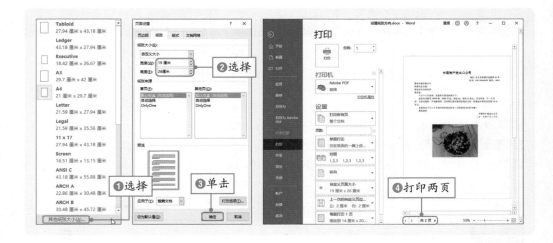

1.2.9 关闭文档

用户对文档编辑完成并保存后，现在可以关闭该文档。Office组件关闭文件的方法都一样，基本上包括4种。下面以Word为例介绍关闭文档的具体操作。

扫码看视频

☞ **方法一：单击"关闭"按钮关闭文档**

在标题栏的右侧单击"关闭"按钮 ⌧ ，如下左图所示。如果已经保存文档则直接关闭该文档，如果未保存则弹出提示对话框，进行保存即可。

☞ **方法二：通过右键快捷菜单关闭文档**

在标题栏或者快速访问工具栏中右击❶，在快捷菜单中选择"关闭"命令❷，如下右图所示。在快速访问工具栏中双击也可关闭该文档。

☞ **方法三：组合键关闭文档**

将需要关闭的文档设置为当前窗口，按Atl+F4组合键即可快速关闭该文档。

☞ **方法四：通过"文件"标签关闭文档**

在需要关闭的Word文档中单击"文件"标签，选择"关闭"选项即可。

高手进阶：文档的综合操作

扫码看视频

本小节学习了Office文档的操作，包括新建、打开、保存、打印和页面设置等内容。下面通过制作"周工作计划"文档进一步巩固所学的内容。

1. 新建并保存文档

Step 01 单击Windows开始按钮，在列表中选择Word，进入开始界面。

Step 02 在"开始"选项区域中单击"空白文档"按钮，如下左图所示。

Step 03 打开"文档1"名称的文档，单击快速访问工具栏中"保存"按钮，如下右图所示。

Step 04 进入"另存为"选项，单击"浏览"按钮。

Step 05 打开"另存为"对话框，选择保存在第1章的最终文件夹里❶，保持默认保存类型，在"文件名"文本框中输入"周工作计划"文本❷，单击"保存"按钮❸，如下图所示。

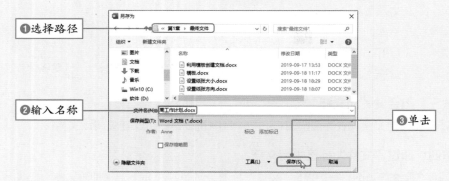

2. 页面设置

Step 01 返回Word文档中，切换至"布局"选项卡❶，单击"页面设置"选项组中"纸张大小"下三角按钮❷，在列表中选择"其他纸张大小"选项❸，如下左图所示。

Step 02 打开"页面设置"对话框，在"纸张"选项卡中设置纸张的宽度和高度分别为19厘米和28厘米①，如下右图所示。

Step 03 切换至"页边距"选项卡，保持上和下的边距不变，设置左和右边距为3厘米，最后单击"确定"按钮②。

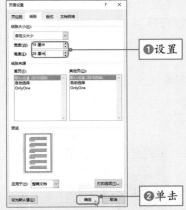

3. 制作内容

本部分操作将在以后章节详细介绍，但是为了整体效果，现在需要提前操作。下面介绍制作内容和设置格式的方法。

Step 01 在打开的Word文档中输入周工作计划的内容。

Step 02 按Ctrl+A组合键，全选文本，在"开始"选项卡的"字体"选项组中单击"字体"下三角按钮①，在列表中选择"宋体"②，如下左图所示。

Step 03 选择第一行"周工作计划"文本①，在"字体"选项组中设置字体为"黑体"②，单击"加粗"按钮③，字号设置为"四号"④，如下右图所示。

Step 04 保持该文本为选中状态，在"段落"选项组中单击"居中"按钮，设置该文本显示在第一行的中间位置。

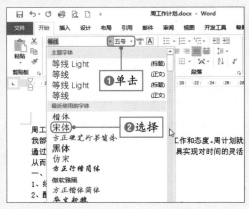
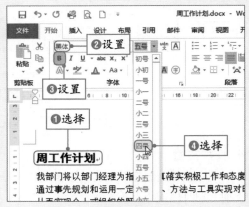

Step 05 按住Ctrl键选择每部分的标题，如"一、日常工作"文本，在"字体"选项组中单击"加粗"按钮，对标题文本突出显示。

Step 06 接着再设置段落格式，选中除第一行之外所有文本❶，单击"段落"选项组中"行和段落间距"下三角按钮❷，在列表中选择1.15选项❸，即可设置行距为1.15倍，如下左图所示。

Step 07 选择所有正文文本❶，按住Ctrl键选择。单击"段落"选项组中对话框启动器按钮❷，如下右图所示。

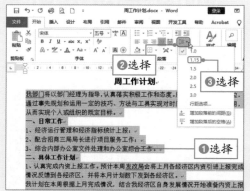
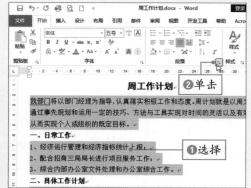

Step 08 打开"段落"对话框，在"缩进和间距"选项卡的"缩进"选项区域中设置"特殊"为"首行"，保持"缩进值"为2字符❶。在"间距"选项组中设置"段前"和"段后"为0.5行❷，单击"确定"按钮❸，如下左图所示。

Step 09 操作完成后，可见周工作计划已经设置完成，效果如下右图所示。

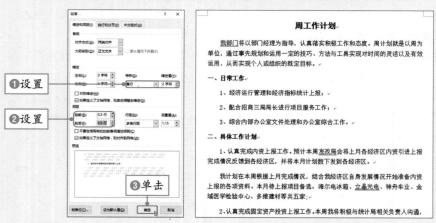

4. 保护文档

　　周工作计划制作完成后，需要对其进行保护，防止他人浏览，所以需要加密保护。下面介绍具体操作方法。

Step 01 单击"文件"标签，在"信息"选项中单击"保护文档"下三角按钮❶，在列表中选择"用密码进行加密"选项❷，如下左图所示。

Step 02 打开"加密文档"对话框，在"密码"数值框中输入密码，如8888❶，单击"确定"按钮❷，如下右图所示。

Step 03 打开"确认密码"对话框，再次输入设置的密码，单击"确定"按钮，即可完成对文档的加密操作。

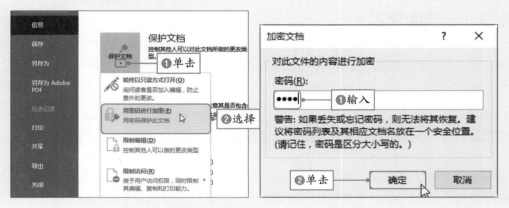

5. 打印文档

接下来将制作的"周工作计划"文档打印出来。只需要打印一份，之前已经对页面进行了设置，在打印文档时只需要直接连接打印机打印即可。

单击"文件"标签，选择"打印"选项，在打印预览区域中查看打印的效果，满意后，直接单击"打印"按钮即可，如下图所示。

6. 保存并关闭文档

所有操作已经完成后，还需要保存并关闭文档。在快捷访问工具栏中单击"保存"按钮，即可快速保存，最后单击标题栏右侧"关闭"按钮关闭文档。

1.3 Office文本操作——编辑"办公物资管理条例"文档

在Office办公软件中文本的输入以及编辑操作基本相同，所以在详细介绍Word、Excel和PowerPoint之前先概括地介绍。

本节主要介绍Office文本的操作，因为三个组件操作相同，所以还以Word为例介绍具体操作方法。

1.3.1 选择文本

在Office中如果对文本需要编辑操作，首先要选择文本。在Word中可以选择连续的文本、非连续的文本、某行或某段落文本，也可以选择某区域的文本。被选中的文本一般呈现灰色的背景，下面介绍具体操作方法。

扫码看视频

1. 选择连续的文本

Step 01 打开"办公室物资管理条例.docx"工作簿，首先将光标定位在需要选中文本的最左侧，如定位在第2行最左侧。

Step 02 按住鼠标左键，进行拖曳，直至需要选中文本的结尾。

Step 03 最后再释放鼠标左键即可选中由开头到结尾之间的文本，如下图所示。

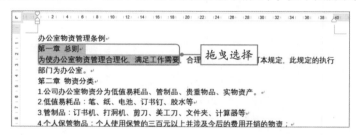

2. 选择非连续的文本

Step 01 在操作中经常需要选择非连续的文本，在本案例中需要选择章的名称。首先选择"第一章 总则"文本❶。

Step 02 然后按住Ctrl键再选择"第二章 物资分类"文本❷。

Step 03 根据相同的方法选择所有章的名称 ❸，如下图所示。

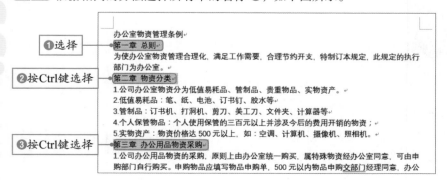

3. 按行选择文本

按行选择文本和之前介绍的两种选择方法类似，只是这是以行为单位选择文本。下面介绍具体操作方法。

Step 01 将光标移到需要选行的最左侧，当光标变向右指向时单击，即可选中该行，如下左图所示。

Step 02 当选中某行后，按住鼠标左键向下或向上拖曳即可选中连续的行，如下中图所示。

Step 03 选中某行后，按住Ctrl键继续选择其他行，可以选择不连续的行，如下右图所示。

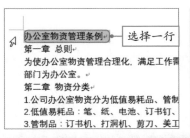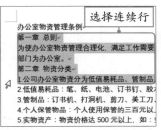

> **实用技巧：Shift键的使用**
>
> 在选择文本时，除了配合使用Ctrl键外，用户也可以使用Shift键。将光标定位在某处后，按住Shift键再移动位置定位光标，即可将两处之间的文本全部选中。同样，选中某行后，按Shift键，再单击其他行，即可选中两行之间所有文本。

4. 选择整段文本

在选择整段文本时，可以通过选择连续文本的方法进行选择，也可以通过单击文本选择。第一种是将光标移至需要选择段落文本任意行的左侧，当光标变为向右指向时双击，即可选择该行所在的整段文本。第二种是将光标定位在段落文本内任意位置，连续单击3次即可，如下图所示。

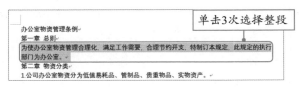

5. 全选文本

全选文本就是选择Word文档中所有文本内容，将光标移至任意行的左侧，然后连续单击3次即可选中所有文本。

除此之外，也可以使用组合键法，将光标定位在Word文档中，按Ctrl+A组合键即可全选所有文本。

> **实用技巧：通过双击选择词语**
>
> 在上述方法中只需要在段落文本中单击3次即可选中该段内容。如果将光标定位在某个词语任意位置，然后双击即可选中该词语。

1.3.2　设置文本格式

一个完整的文档除文本之外，还需要通过文本格式展示不同的层次和分类。本节介绍设置文本的格式，如字体、字号等，在Word、Excel和PowerPoint中设置方法一样，下面以Word为例介绍具体操作方法。

扫码看视频

1. 设置字体和字号

在Word中包含很多字体和字号，通过设置不同的格式，可以使文档更加美观大方。设置字体和字号的方法很多，下面介绍常用的3种方法。

☞ **方法一：通过功能区设置**

Step 01 打开"办公室物资管理条例.docx"文档，首先选择第一行的标题文本"办公室物资管理条例"。

Step 02 切换至"开始"选项卡，在"字体"选项组中单击"字体"下三角按钮❶，在列表中选择"黑体"选项❷，如下左图所示。

Step 03 然后再单击"字号"下三角按钮❶，在列表中选择"小三"❷，如下右图所示。

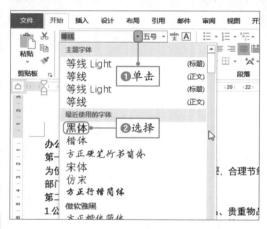
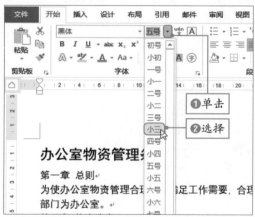

☞ **方法二：通过浮动工具栏设置**

Step 01 在Word文档中，根据选择不连续文本的方法选中章名称。

Step 02 在选中文本的上方显示浮动工具栏，可根据功能区的方法设置字体❶和字号❷，如右图所示。

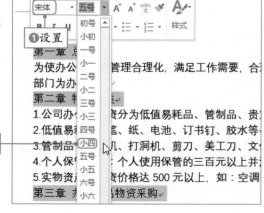

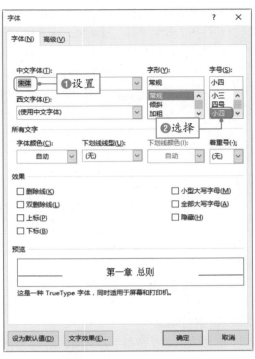

☞ 方法三：通过对话框设置

首先，选择需要设置格式的文本，然后单击"字体"选项组中对话框启动器按钮，打开"字体"对话框，在"字体"选项卡中设置字体❶和字号❷，如右图所示。

在浮动工具栏中设置字体的功能没有"字体"选项组中的多，但是浮动工具栏使用比较方便，包含常用的一些功能。下面具体介绍"字体"选项组各功能的含义，用户可以对照浮动工具栏了解相关功能。

- **字体和字号：** 通过在列表中选择进一步设置字体和字号，用户也可以直接在文本框中输入字体和字号，按Enter键即可。

- **增大字号、减小字号：** 选中文本后单击相关按钮可以增大或减小字号。

- **加粗、倾斜、下划线：** 单击相应的按钮，即可设置选中的文本。

- **下标、上标：** 选中某文本后，单击对应的按钮，则会变为上标或下标，如氧气的化学符号为O_2。

- **字体颜色：** 选中文本后单击该下三角按钮，在列表中选择颜色即可，如下左图所示。用户也可以选择"其他颜色"选项，在打开的对话框选择颜色。

- **更改大小写：** 选中文本，单击该下三角按钮，在列表中选择相应的选项可以转换字符的大小写或者全角/半角等，列表如下中图所示。

- **拼音指南：** 可以为选中文本添加拼音，单击该按钮，打开"拼音指南"对话框，可以设置拼音格式，如下右图所示。

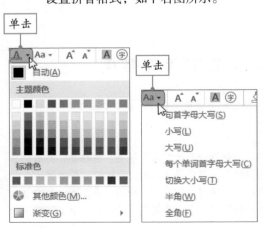

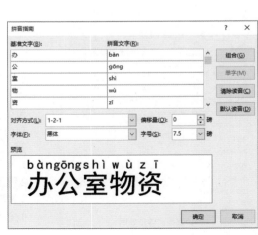

- **字符边框：** 可以在选中的文本四周添加边框。
- **带圈字符：** 为选中的字符添加圈，可添加圆圈、方框、三角形和菱形。单击该按钮后打开"带圈字符"对话框，设置相关参数，单击"确定"按钮，如下左图所示。
- **文本效果和版式：** 为选中文本设置特殊的文本效果，即应用艺术字效果，单击下三角按钮，在列表中选择合适的效果即可，如下右图所示。

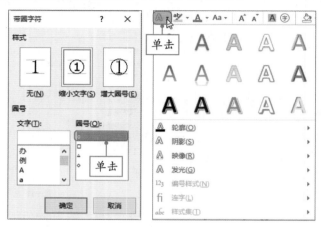

2. 设置字符间距

字符间距主要是指字符之间的距离，包括设置缩放、间距以及位置等。下面介绍具体的操作方法。

Step 01 选择第一行标题文本，切换至"开始"选项卡，单击"字体"选项组中对话框启动器按钮。

Step 02 打开"字体"对话框，切换至"高级"选项卡❶，在"字符间距"选项区域中设置缩放为110%❷，间距为"加宽"，磅值为1.3磅❸，如下左图所示。

Step 03 单击"确定"按钮，可见选中的文本之间距离增大，而且文字稍微被压扁了一点，如下右图所示。

1.3.3　复制或移动文本

复制和移动文本是编辑文本过程中常见的操作。复制功能可以将选中文本复制至当前或非当前文档中任意位置，移动功能可以将选中文档移动到合适的位置。

扫码看视频

在Windows的内存中有一片区域为"剪贴板"，临时存放被复制或者被剪切出来的数据。复制功能是将选中文本放在剪贴板上，然后通过粘贴功能将其放在其他位置。下面介绍复制文本的操作方法。

☞ 方法一：快捷键法

Step 01 打开"办公室物资管理条例.docx"文档，选择需要复制的文本，在键盘上按Ctrl+C组合键即可复制选中的文本。

Step 02 然后将光标移到需要粘贴的位置，按Ctrl+V组合键即可将选中文本粘贴出来，如下图所示。

由于复制到剪贴板的信息一直保留在内存中，所以，我们可反复通过粘贴功能将复制文本粘贴在不同的位置。

> **实用技巧：剪切文本**
>
> 选中文本后按Ctrl+X组合键，可以剪切文本，然后再粘贴文本。其结果和复制功能有区别，复制文本后原文本保持不变，而剪切文本后，原文本将不存在。

☞ 方法二：功能区复制文本

Step 01 在Word文档中选中需要复制的文本❶。

Step 02 切换至"开始"选项卡，单击"剪贴板"选项组中"复制"按钮❷，如右图所示。当单击✂按钮，则启动剪切功能。

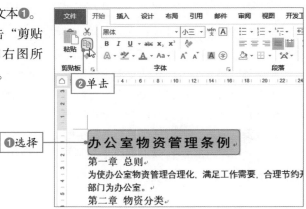

Step 03 将光标定位在需要粘贴的位置❶。

Step 04 单击"剪贴板"选项组中"粘贴"按钮❷，如右图所示。即可将复制的文本粘贴在定位处。

☞ **方法三：通过右键菜单复制**

Step 01 在Word中选中文本❶。

Step 02 然后在选中文本上方右击❷，在快捷菜单中选择"复制"命令❸，如下左图所示。

Step 03 将光标定位在需要粘贴的位置，并右击❶，在快捷菜单的"粘贴选项"区域中选择合适的命令即可❷，如下右图所示。

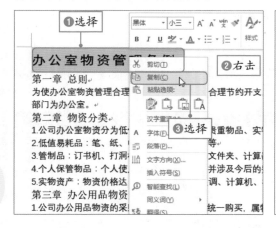

　　在 **Step 03** 中"粘贴选项"区域包括4种粘贴方式，分别为"保留源格式"、"合并格式"、"图片"和"只保留文本"。下面介绍其含义。

- **保留源格式：** 表示粘贴文本时保留复制文本的格式。
- **合并格式：** 表示将复制的文本与粘贴处文本的格式进行合并。
- **图片：** 将复制的文本以图片形式粘贴。
- **只保留文本：** 表示只保留剪贴板中的文本，而去除源格式。

　　以上介绍的3种复制方法可以交叉使用，如使用快捷键复制文本，再通过右键粘贴文本。用户根据使用习惯进行操作即可。

☞ **方法四：通过拖曳复制文本**

在文档中选择需要复制的文本，然后将光标移到文本上方，按住Ctrl键并拖曳，此时光标右下角出现复制图标。将光标移至需要粘贴的位置，释放鼠标左键和Ctrl键即可完成，如下左图所示。此时需要注意要先释放鼠标左键然后再松开Ctrl键。

通过拖曳方法复制文本时，如果没有按住Ctrl键，则在光标右下角不会出现复制图标。移到合适位置释放鼠标左键时，会将选中文本移走，实现剪切的操作，如下右图所示。

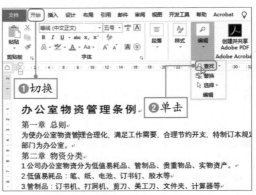

1.3.4　查找与替换

在Office办公组件中都可以使用"查找"和"替换"功能进行操作。查找功能可以快速从文件中查找关键字的位置和数量，替换功能可以将指定文本替换为其他文本。下面以Word为例介绍其操作方法。

扫码看视频

1. 使用查找功能

使用查找功能可以帮助用户定位到目标位置，以便快速找到想要的信息。查找功能分为查找和高级查找两种。

（1）查找

从2010版本后，Office将Word的查找功能放到了"导航"窗格中，下面介绍查找的具体操作方法。

Step 01 在Word中切换至"开始"选项卡❶，单击"编辑"选项组中"查找"按钮❷，或者按Ctrl+F组合键，如右图所示。

Step 02 在文档的右侧打开"导航"窗格。

Step 03 在文本框中输入需要查找的文本，如"总则"，即可在"结果"选项区域中显示包含该文本的位置，如右图所示。

Step 04 用户需要查看查找的结果时，直接在"导航"窗格中单击搜索的结果即可跳转至该位置，也可以单击搜索文本框下方的两个按钮▲▼，向上或向下逐条查看。

（2）高级查找

高级查找是通过"查找和替换"对话框实现的，在Excel和PowerPoint软件中查找功能均在对话框中实现，只有Word区分查找和高级查找。

Step 01 在Word文档中，单击"编辑"选项组中"查找"下三角按钮❶，在列表中选择"高级查找"即可选项❷，如下左图所示。

Step 02 打开"查找和替换"对话框。

Step 03 单击"更多"按钮，可以在"搜索选项"选项区域中限制更多的条件进行查找，如下右图所示。

Step 04 在"查找内容"文本框中输入需要查找的文本，然后单击"查找下一个"按钮，在文档中会逐个显示查找文本的位置。

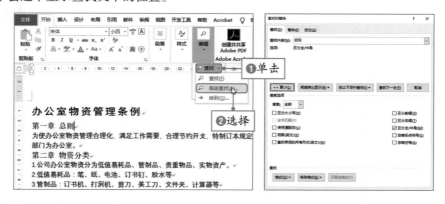

在"查找和替换"对话框中还包括"阅读突出显示"和"在以下项中查找"选项。通过"阅读突出显示"功能可以将编辑窗口中查找到的文字以黄色背景突出显示出来。"在以下项中查找"可以选择查找的范围，如主文档、文本框、页眉页脚等。单击"更多"按钮后，可以设置更多的查找条件，也可以按格式查找。

实用技巧：终止查找

使用"查找和替换"对话框进行查找时，按Esc键或者单击"取消"按钮，可以终止查找，并关闭"查找和替换"对话框。

2. 使用替换功能

替换功能可以快速将查找到的文本批量更改为相同的内容。替换功能还是在"查找和替换"对话框中实现的。

Step 01 在Word文档中，单击"编辑"选项组中"替换"功能，或者按Ctrl+H组合键。

Step 02 打开"查找和替换"对话框，在"替换"选项卡中显示相关参数，如下左图所示。

Step 03 在查找内容文本框中输入"总责"❶，在替换为文本框中输入"总则"❷，单击"全部替换"按钮❸，如下右图所示。

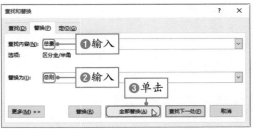

Step 04 系统会自动查找文档中"总责"文本并全部替换为"总则"，替换完成后，弹出提示对话框，显示替换的数据，单击"确定"按钮，如下图所示。

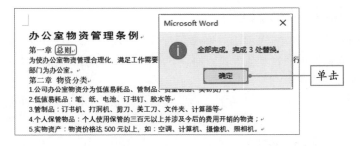

在 **Step 03** 中如果单击"查找下一处"按钮，则在文档中显示"总责"的位置，用户查看后如果确定替换就单击"替换"按钮，如果不需要替换则再次单击"查找下一处"按钮。如果需要将查找的内容删除，则在 **Step 03** 中的"替换为"文本框中不输入任何文本即可。

1.3.5 自动更正文本

在Office中系统自会动对语法或拼写错误进行标明，如在文档中将number拼写为namber，则在number下出现红色的波浪线。我们可以启用自动更正文本功能对错误进行自动更正，下面介绍具体操作方法。

扫码看视频

Step 01 打开"办公室物资管理条例.docx"文档，单击"文件"标签，选择"选项"选项。

Step 02 打开"Word选项"对话框，在左侧选择"校对"选项❶，在右侧"自动更正选项"选项区域中单击"自动更正选项"按钮❷，如下左图所示。

Step 03 打开"自动更正"对话框，切换至"自动更正"选项卡。

Step 04 在"替换"文本框中输入namber❶，在"替换为"文本框中输入number❷，单击"添加"按钮❸，如下右图所示。

Step 05 将设置的自动更正内容添加至自动更正列表中，然后依次单击"确定"按钮。

Step 06 返回工作表中再次输入namber时会自动更改为number。

1.3.6　插入特殊符号

在使用Office时经常需要添加一些常用符号或特殊符号，有的可以通过键盘直接输入，有的需要通过其他方式添加。下面以Word为例介绍在文档中插入特殊符号的方法。

扫码看视频

Step 01 打开"办公室物资管理条例.docx"文档，将光标定位在需要插入该符号的位置。

Step 02 切换至"插入"选项卡，单击"符号"选项组中"符号"下三角按钮❶。

Step 03 在打开的列表中选择合适的符号即可。用户也可以选择"其他符号"选项❷，如下左图所示。

Step 04 打开"符号"对话框，在"符号"选项卡中设置字体为Wingdings❶，然后在列表中选择需要的符号❷，如下中图所示。

Step 05 单击"插入"按钮，即可在光标定位处插入选中的符号，如下右图所示。

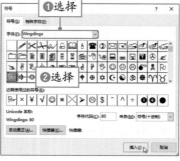

购部门自行购买。申购物品应填
室批准；500元以上（含500元
2.物资采购由办公室指定专人负
定点：公司定大型超市进行物
定时：每月月初进行物品采购。
定量：动态调整，保证常备物资
4)特殊物品：选择多方厂家的产
第四章　物资领用管理
1.公司根据物资分类，进行不同

通过"符号"对话框还可以添加一些特殊字符，如©、®、™、§等，只需要切换至"特殊字符"选项卡**①**，在列表中选择合适的字符**②**，单击"插入"按钮**③**，如右图所示。

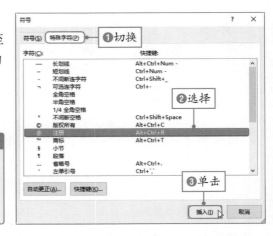

温馨提示：关闭"符号"对话框

在"符号"对话框中插入符号后，该对话框不会关闭，如果需要关闭该对话框，可单击右上角"关闭"按钮，或者单击由"取消"按钮变为的"关闭"按钮。

▶ 技能提升：输入数学公式

　　Word还提供各种数据公式的输入，在编辑数据方面的文档时使用很广泛。直接输入复杂的公式比较繁琐，而且容易出错。用户可以选择使用内置的公式，下面介绍具体操作方法。

扫码看视频

Step 01 新建空白文档，并保存为"数学公式.docx"文档。

Step 02 切换至"插入"选项卡，单击"符号"选项组中"公式"下三角按钮**①**。

Step 03 在列表中根据需要选择"二次公式"选项**②**，如下图所示。

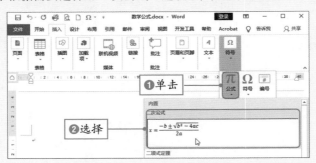

Step 04 操作完成后，即可在文档中插入选中的公式，此时在功能区中"公式工具-设计"显示关于公式的相关功能，如下图所示。

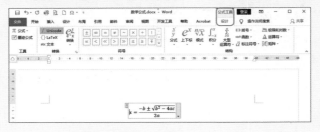

Step 05 接下来介绍编辑公式的方法，选择等号左侧x，按Delete键将其删除。

Step 06 切换至"公式工具-设计"选项卡，在"结构"选项组中单击"括号"下三角按钮❶，在列表中选择小括号选项❷，如下图所示。

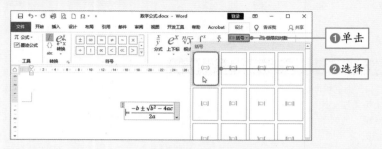

Step 07 在括号内输入"x+"文本，然后单击"结构"选项组中"分式"下三角按钮，在列表中选择"分工(竖式)"选项，如下左图所示。

Step 08 在分子部分输入b，分母部分输入2a。

Step 09 删除等号右侧分子中-b ± 部分，删除分母中2a，并输入数字4。

Step 10 光标定位数字4右侧，单击"结构"选项组中"上下标"下三角按钮❶，在列表中选择"上标"选项❷，如下右图所示。

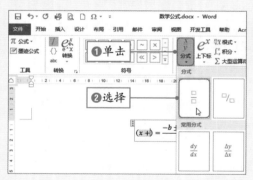
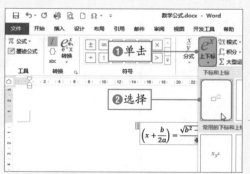

Step 11 然后输入a2文本，即可完成二次公式的输入。

Step 12 单击公式右侧下三角按钮❶，在列表中选择"线性"选项❷，如下左图所示。

Step 13 公式发生了变化，用户根据自己的需求设置公式的形式，如下右图所示。

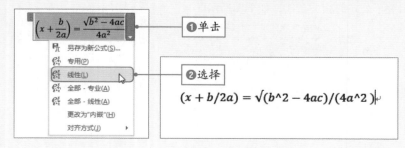

高手进阶：文字、字符的操作

本小节学习了Office文本的操作，包括选择文本、设置文本的格式、复制文本、查找与替换、自动更正文本以及插入特殊符号等。下面以制作"招聘启事.docx"文档为例，巩固文本的操作步骤。

扫码看视频

1. 新建文档并设置页面

Step 01 单击Windows开始按钮，在列表中选择Word，新建空白文档，并保存为"招聘启事.docx"文档。

Step 02 切换至"布局"选项卡，单击"页面设置"对话框启动器按钮。

Step 03 打开"页面设置"对话框，在"纸张"选项卡中设置宽度为18.4厘米、高度为26厘米❶，如下左图所示。

Step 04 切换至"页边距"选项卡，设置上下为2.5厘米、左右为3厘米❷，单击"确定"按钮，如下右图所示。

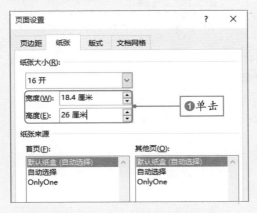

Step 05 根据需要输入招聘启事的相关内容，如企业简介、招聘岗位等信息❸。如右图所示。

招聘启事
未蓝文化传播有限公司成立于 2010 年 7 月 16 日，主要经营业务包括国内广告设计、制作、发布、代理，文化艺术交流活动组织、策划，经济贸易咨询，艺术创作服务，翻译服务，会议服务，展览展示服务，庆典礼仪服务，摄影服务，动画设计，图文设计、制作，多媒体制作，影视制作，计算机技术培训，办公用品销售。
现因业务发展需要，本公司高薪诚聘以下人员，
一、 Painter 组稿编辑
1.专科及以上学历，应届毕业生亦可，
2.能熟练应用较新版本的 Painter 软件，
3.使用 Painter 软件有具体的工作经验，
4.我们是做软件教程的，这个工作的主要内容是进行 Painter 软件功能教程，就是在 Word 中以图文的方式展示 Painter 软件的具体应用。
二、Audetion 声音处理
1、熟练使用 Audetion 软件，
2、工作认真仔细，有耐心，有一定的语言表达能力和良好的沟通能力，
3、不限工作时间和地点，只要按约定时间完成任务即可。
三、平面设计：
1、高等(职业)院校艺术设计专业，专科及以上毕业生，
2、工作时间早 9 晚 6，双休，节假日正常休息，缴纳社保，
3、每年多次调薪，发展中企业，机会多，晋升空间大，
4、工作积极主动，高度的责任心和团队合作精神，良好的沟通能力，可接受应届生。
5、有一定文案创意能力，有手绘能力者优先。

❸输入招聘内容

2. 设置文本格式

Step 01 选择第一行标题文本❶，在"开始"选项卡的"字体"选项组中设置字体为"黑体"❷，字号为"一号"❸，如下左图所示。

Step 02 保持该文本为选中状态❶，单击"加粗"按钮❷，然后单击"字体"选项组中对话框启动器按钮❸，如下右图所示。

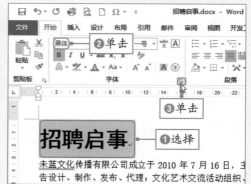

Step 03 打开"字体"对话框，切换至"高级"选项卡，设置缩放为110%❶，间距为"加宽"、磅值为1.3磅❷，单击"确定"按钮❸，如下左图所示。

Step 04 选择每个岗位的文本，并加粗显示。

Step 05 选择除第一行之外的所有文本❶，在"开始"选项卡的"段落"选项组中单击"行和段落间距"下三角按钮❷。

Step 06 在打开的列表中选择1.15选项❸，即把选中文本设置为1.15倍行距，如下右图所示。

Step 07 设置每段文本首行左侧空两个字符。

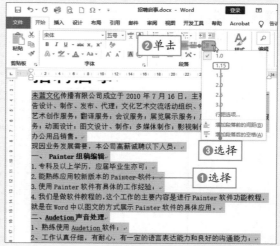

3. 更正拼写错误

Step 01 在正文中存在拼写错误，单击"文件"标签，在列表中选择"选项"选项。

Step 02 在打开的"Word选项"对话框中选择"校正"选项❶，在右侧单击"自动更正选项"按钮❷，如下左图所示。

Step 03 打开"自动更正"对话框，在"自动更正"选项卡中设置替换Audetion❶，替换为Audition❷，并单击"添加"按钮❸，如下右图所示。

Step 04 将设置的自动更正添加到自动更正的列表框中，然后依次单击"确定"按钮。

Step 05 在文档中如果输入Audetion，则会自动更正为Audition。

Chapter 02

Word文档的创建、编辑与审阅

　　Word是日常办公中不可或缺的工具，目前被广泛应用于财务、人事、统计等众多领域，本章从实用角度出发，结合办公中实际应用案例介绍Word 2019的使用方法和技巧，希望能够帮助读者快速掌握Word的使用方法。

　　本章从创建文档、输入文本、插入表格、对长文档进行排版等，结合案例系统地介绍Word各部分的功能和应用。

作品展示

员工手册

水果海报

目录

保护批注和修订

思维导图

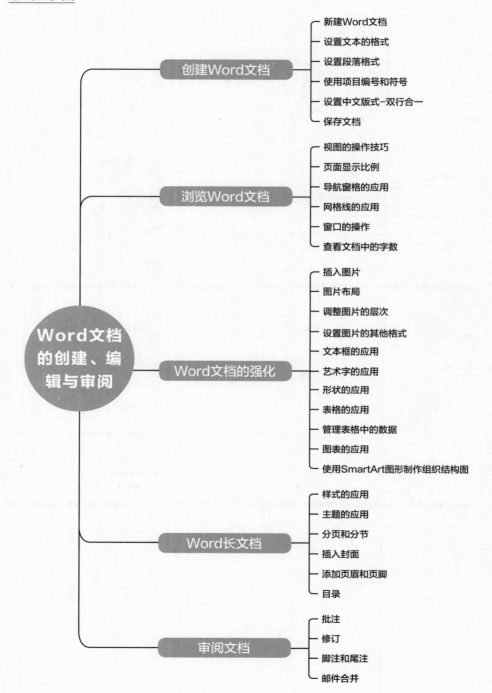

Word文档的创建、编辑与审阅

- 创建Word文档
  - 新建Word文档
  - 设置文本的格式
  - 设置段落格式
  - 使用项目编号和符号
  - 设置中文版式-双行合一
  - 保存文档

- 浏览Word文档
  - 视图的操作技巧
  - 页面显示比例
  - 导航窗格的应用
  - 网格线的应用
  - 窗口的操作
  - 查看文档中的字数

- Word文档的强化
  - 插入图片
  - 图片布局
  - 调整图片的层次
  - 设置图片的其他格式
  - 文本框的应用
  - 艺术字的应用
  - 形状的应用
  - 表格的应用
  - 管理表格中的数据
  - 图表的应用
  - 使用SmartArt图形制作组织结构图

- Word长文档
  - 样式的应用
  - 主题的应用
  - 分页和分节
  - 插入封面
  - 添加页眉和页脚
  - 目录

- 审阅文档
  - 批注
  - 修订
  - 脚注和尾注
  - 邮件合并

2.1 创建Word文档——制作"公司旅游策划"

使用Word软件可以创建各种文档，如信件、通知、通告、报告、证明等，这些文档都是Word处理的对象，也是我们学习Word文档的素材。

2.1.1 新建Word文档

在1.2.1节中介绍过几种创建Word文档的方法，下面使用其中一种方法创建空白的文档。

Step 01 单击Windows开始按钮，在列表中选择Word。

Step 02 进入Word的开始界面，在"开始"❶选项区域中单击"空白文档"❷，如下左图所示。

扫码看视频

Step 03 创建完成一个空白的Word文档❸，如下右图所示。

Step 04 将其保存在指定文件夹中，并命名为"公司旅游策划"。

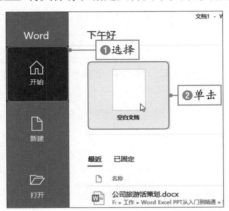

在新建的空白文档或者带模板的文档中，默认情况下光标定位在第一行最左侧的位置，等待我们进行编辑。

2.1.2 输入文本

文档创建完成后需要输入主体内容，在文档中输入文本是我们需要掌握的最基本的技能，最常见的内容包括文本、标点符号、英文、数字以及特殊字符等，下面介绍具体操作方法。

扫码看视频

1. 输入文本

在我们输入文本之前，首先要把输入法切换到中文状态，中文输入法根据个人习惯选择，如拼音、五笔等。

Step 01 输入文档的标题，在第一行输入"公司旅游策划"文本❶，按Enter键换行❷。

Step 02 在第一行中的文本最右侧显示↵标记，如下图所示。

2. 输入标点符号

标点符号是辅助文字记录语言的符号,是书面语的有机组成部分,用来表示停顿、语气以及词语的性质和作用。所以在文档中离不开标点符号,下面介绍输入标点符号的方法。

Step 01 输入相关文字，如现在需要输入逗号，保持中文输入法状态，在键盘上按一下逗号按键。

Step 02 在光标处输入逗号❶，如下左图所示。

Step 03 此时如果需要输入感叹号时，先找到键盘上的感叹号，感叹号和数字1同属一个按键上，它位于数字1的上方。

Step 04 当输入感叹号时，按Shift键再按一下感叹号按键，即可完成感叹号的输入❷，如下右图所示。

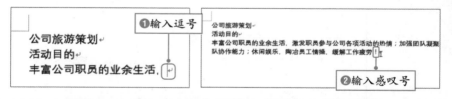

在文档中输入文本时，需要注意以下几点。

- 光标位置表示当前输入文本的位置。
- 当需要删除文本时，可以选择文本，然后按Backspace或Delete键。如果不选择文本，按Backspace键删除光标左侧内容，按Delete键删除光标右侧内容。
- 在输入文本时，通常每段文本开头需要空两个字符，用户可以通过学习2.1.5节中的内容设置首行缩进，也可以通过使用空格键空两个字符。
- 当输入完一段文本按Enter键换行后，Word会根据刚输入文本的格式自动保留到到下一段文本，如首先缩进、字符格式以及段落格式等，当存在编号或项目符号时，Word也会自动编号。

▶ 技能提升：让输入的日期和时间自动更新

在Word文档中除了输入上述介绍的内容外，还可以输入日期和时间，既可以手动输入也可以通过对话框输入。如果输入的日期和时间需要自动更新，即每次打开该Word文档时，会显示最新的日期和时间。下面介绍具体操作方法。

扫码看视频

Step 01 打开Word文档，首先将光标定位在需要插入日期的位置❶。

Step 02 切换至"插入"选项卡❷，单击"文本"选项组中"日期和时间"按钮❸，如下左图所示。

Step 03 打开"日期和时间"对话框，在"可用格式"列表中选择合适的日期格式，如"2019年9月20日"❹。

Step 04 勾选"自动更新"复选框❺，单击"确定"按钮❻，如下右图所示。

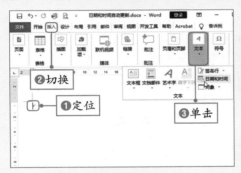

Step 05 返回文档中，可见在光标处插入选中的日期格式。

Step 06 再次定位需要插入时间的位置，打开"日期和时间"对话框。

Step 07 在"可用格式"列表框中选择合适的日期格式❶，勾选"自动更新"复选框❷，单击"确定"按钮❸，如下左图所示。

Step 08 返回文档中，保存文档并关闭，再次打开文档时可见日期和时间会自动更新❹，如下右图所示。

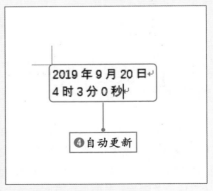

2.1.3　设置文本格式

在1.3.2节中介绍了如何设置文本的字体、字号和字符间距，也介绍了几种设置文本格式的方法，本节将介绍文本效果的应用。

扫码看视频

在Word 2019中，文本效果主要包括轮廓、阴影、映像、发光等，而且每种效果都可以根据需要自行设置。下面介绍具体的操作方法。

Step 01 选择第一行标题文本"公司旅游策划"❶。

Step 02 在"开始"选项卡的"字体"选项组中单击"加粗"按钮❷，设置字体为"黑体"❸、字号为"一号"❹，如下左图所示。

Step 03 标题文本一般位于中间位置，单击"段落"选项组中"居中"按钮，或者按Ctrl+E组合键。

Step 04 保持该文本为选中状态，单击"字体"选项组中"文本效果和版式"下三角按钮❺，在列表中选择合适的选项❻，如下右图所示。

 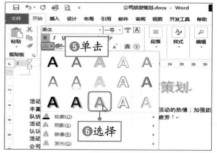

Step 05 设置轮廓的颜色，单击"文本效果和版式"下三角按钮❶，在列表中选择"轮廓>浅橙色"选项❷，如下左图所示。

Step 06 单击"文本效果和版式"下三角按钮，在列表中选择"阴影>透视:右上"选项❸，如下右图所示。

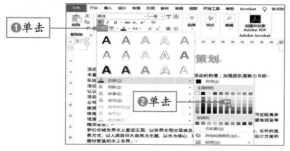 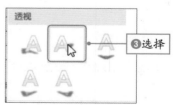

Step 07 单击"文本效果和版式"下三角按钮，在列表中选择"阴影>阴影选项"选项。

Step 08 打开"设置文本效果格式"导航窗格，在"阴影"选项区域中设置阴影的颜色为橙色、透明度为50%、模糊为4磅、距离为14磅，如下左图所示。

Step 09 设置完成后关闭该导航窗格，返回文档中查看标题文本应用的效果，如下右图所示。

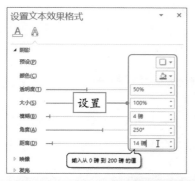

公司旅游策划

的业余生活，激发职员参与公司各项活动的热情；加强团队凝聚力与
休闲娱乐，陶冶员工情操，缓解工作疲劳！

痛痛快快的玩

及部分职员家属

> 查看设置标题文本的效果

实用技巧：清除效果

如果需要将应用在文本上的效果清除，可以选中该文本，单击"文本效果和版式"下三角按钮，在列表中选择"阴影>无"选项即可。如果单击"字体"选项组中"清除所有格式"按钮，选中文本将恢复到默认状态。

2.1.4 设置默认字体

在使用Word文档制作特殊的方案时，如需要统一字体字号，此时可以设置默认的字体。如在一些通知类文档中正文字体一般为宋体、字号为四号，而Word 2019默认的字体为等线、字号为五号。

扫码看视频

设置默认字体需要在"字体"对话框中设置，在第一章介绍了如何打开该对话框的方法，即单击"字体"选项组中对话框启动器按钮，或者在快捷菜单中右击"字体"命令。下面介绍具体操作方法。

Step 01 根据上述方法打开"字体"对话框。

Step 02 在"字体"选项卡❶中设置中文字体为"宋体"❷，字号为"四号"❸，最后单击"设置为默认值"按钮❹，如下左图所示。

Step 03 弹出提示对话框，问是否要为以下文本默认字体设置为宋体、四号，默认情况下勾选仅此文档使用设置的字体，单击"确定"按钮❺，如下右图所示。

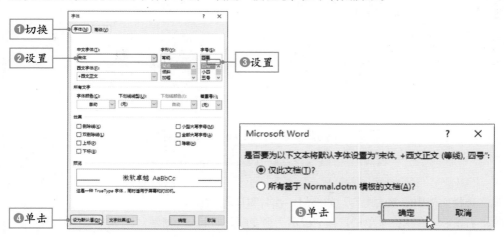

Step 04 返回文档中，输入文本时，可见文本的字体为宋体，字号为四号，如下图所示。

Step 05 在该文档中，"开始"选项卡的"样式"选项组中的"正文"样式即为设置的默认字体。

温馨提示：选择默认字体的应用范围

在**Step 03**的提示对话框中，如果选中"所有基于Normal.dotm模板的文档"单选按钮，则会改变整个系统正文的格式，所以正常情况下不选择该项。

2.1.5 设置段落格式

扫码看视频

段落具有自身的格式特殊，而段落格式的功能就是设置以段落为单位的格式。

1. 设置对齐方式

设置段落格式的对齐方式是指居于页面中、按段落分布的文字达到整齐效果的方式。Word 2019的段落格式命令适用于整个段落，将光标定位在任意位置，设置对齐后即可应用在光标定位的整个段落。下面介绍设置标题文本居中对齐和落款右对齐的方法。

Step 01 将光标定位在第一行标题中任意位置❶。

Step 02 切换至"开始"选项卡，单击"段落"选项组中"居中"按钮❷，如下图所示。

Step 03 操作完成后，标题文本位于该行的中间位置。

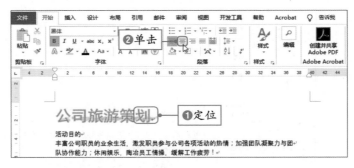

Step 04 选择文档中落款的内容，如部门、姓名和日期文本❶。

Step 05 右击❷，在快捷菜单中选择"段落"命令❸，如下左图所示。

Step 06 打开"段落"对话框，在"缩进和间距"选项卡中单击"对齐方式"下三角按钮❹，在列表中选择"右对齐"选项❺，单击"确定"按钮，如下右图所示。

Step 07 返回文档中，可见选中的文本靠右对齐。

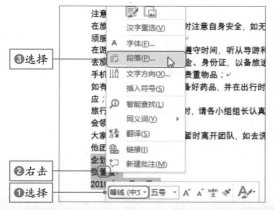

实用技巧：打开"段落"对话框的其他方法

本案例介绍了右键菜单打开"段落"对话框的方法，我们还可以通过功能区打开。单击"段落"选项组中对话框启动器按钮即可。

在Word中设置段落对齐方式有五种形式，分别为左对齐、居中、右对齐、两端对齐和分散对齐。在Word文档中默认为左对齐，下面介绍五种对齐方式的含义。

- **左对齐：** 将段落中文本向左看齐，这也是默认的对齐方式。
- **居中：** 段落每一行都从中间向两侧对称分布对齐，一般用于设置标题文本。
- **右对齐：** 将段落中文本向右看齐，和左对齐是相反的，一般用于落款、日期等。
- **两端对齐：** 将段落文本均匀分布在左、右边距之间，保证两侧是对齐的，除了最后一行外的其他行全部向两侧对齐。
- **分散对齐：** 将段落中每行文本两端分散对齐，如果某一行文字换行，则会让文字之间的距离均匀地拉开，使其占满一行。

2. 设置段落缩进

段落缩进可以突出段落的开始，从而突出层次和结构。通常情况下，中文的书写形式为每段首行左缩进两个字符。在操作之前先介绍几种缩进的方式。

- **首行缩进：** 指段落中第一行左侧第一个文字向右缩进的距离。
- **悬挂缩进：** 指除段落中第一行外所有行各右缩进的距离。
- **左缩进：** 指段落中所有行左侧向右缩进的距离。
- **右缩进：** 指段落中所有行右侧向左缩进的距离。

在设置以上4种缩进时，通过"段落"选项组中的功能可以设置"左缩进"和"右缩进"；通过"段落"对话框和水平标尺可以设置任意缩进方式。下面分别介绍具体操作方法。

☞ **方法一：通过"段落"选项组设置**

Step 01 将光标定位在需要设置缩进的段落中❶。

Step 02 切换至"布局"选项卡❷，在"段落"选项组的"左缩进"数值框中输入"2字符"❸，按Enter键，可见定位的段落所有行向右缩进2个字符，如下图所示。

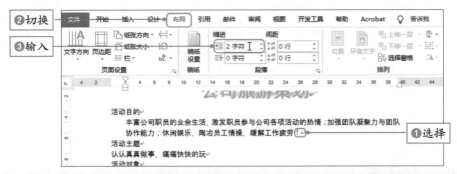

实用技巧：设置向左缩进

在本案例中，在"左缩进"文本框中设置的数值是正数，当设置负数时，定位的段落左侧向左缩进指定的距离。

☞ **方法二：通过"段落"对话框设置**

Step 01 将光标定位在需要设置缩进的段落。

Step 02 单击"布局"选项卡中"段落"选项组中对话框启动器按钮，也可以单击"开始"选项卡中"段落"选项组中对话框启动器按钮。

Step 03 打开"段落"对话框，在"缩进和间距"选项卡的"缩进"选项区域中单击"特殊"下三角按钮，在列表中选择"首行"选项❶，在"缩进值"显示"2字符"，如下左图所示。

Step 04 单击"确定"按钮❷，可见光标定位的段落，第一行左侧文字向右缩进2个字符❸，其他行不变，如下右图所示。

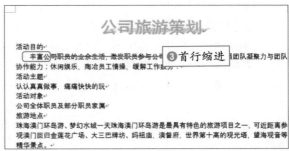

☞ **方法三：通过水平标尺设置**

Step 01 将光标定位在第2段落的文本中❶。

Step 02 如果拖曳水平标尺左侧下方"左缩进"滑块向右到数字2处❷，则该段落整体向右缩进2个字符，如下左图所示。

Step 03 将左侧上方"首行缩进"滑块向左拖曳到0位置❸，可实现悬挂效果，如下右图所示。

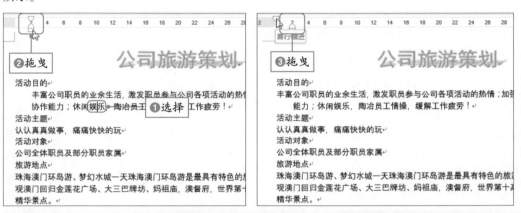

实用技巧：快速设置悬挂

在水平标尺左侧下方向上指向的滑块为悬挂滑块，向右拖曳即可实现悬挂效果。该操作不容易被捕捉，需要多尝试几次。

以下为水平标尺上滑块的名称和位置。

如果需要精确缩进，可以在拖曳滑块的同进按住Alt键，此时水平标尺上会出现精确的刻度。

3. 设置间距

在设置段落间距时，可以设置行与行之间的距离以及段落与段落之间的距离。下面分别介绍行间距和段落间距的设置方法。

（1）设置行间距

Step 01 选择除标题文本之外的所有文本❶。

Step 02 切换至"开始"选项卡，单击"段落"选项组中"行距和段落间距"下三角按钮❷，在列表中选择1.15选项❸，如下图所示。即可将选中文本行与行之间增大距离。

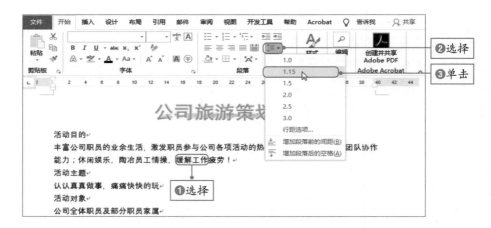

Step 03 可以在列表中选择"行距选项"选项。

Step 04 打开"段落"对话框，在"缩进和间距"选项卡❶的"间距"选项区域中单击"行距"下三角按钮，在列表中选择"固定值"选项❷，然后在"设置值"文本框输入"20磅"❸，单击"确定"按钮，如下左图所示。

Step 05 返回文档中，可见选中行之间距离增大，如下右图所示。

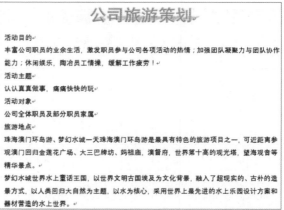

温馨提示：行距数值单位介绍

在设置行距时，如果设置为多倍行距为1.5时，表示1.5倍行距。如果设置行距为以磅为单位的数值时，1磅等于1/72英寸，约等于1厘米的1/28。

（2）设置段落间距

Step 01 按住Ctrl键选择文档中除了小标题的所有段落文本。

Step 02 单击"行距和段落间距"下三角按钮❶，在列表中选择"增加段落前的间距"选项❷，可见选中的段落前距离增大，如下左图所示。

Step 03 也可以在"布局"选项卡❶的"段落"选项组中设置"段前间距"和"段后间距"的数值，如均设置0.5行❷，可见选中段落段前段后距离增大，如下右图所示。

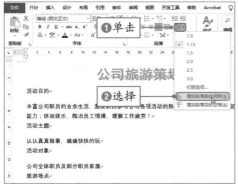 

实用技巧：使用格式刷功能复制段落格式

在Word文档中，使用格式刷不但可以复制字符格式，也可以复制段落格式。将光标定位在需要复制格式的段落中，单击"剪贴板"选项组中"格式刷"按钮，然后再选中需要应用该格式的段落文本即可。

2.1.6 使用项目编号和符号

在文档中使用项目符号和编号可以使文档中类似的内容条理清晰，不仅美观，还便于突出重点内容。

在文本前使用圆圈"●"或者方框"■"等项目符号，可以使段落更醒目。编号是标识段落之间层次关系的列表，可以使文本内容层次清晰。

1. 添加编号

文档编号是按照大小顺序为文档中的行或段落进行编号，下面介绍添加编号的操作方法。

Step 01 在"公司旅游策划.docx"文档中，选择每部分的段落标题文本，如"活动目的"、"活动主题"等❶。

Step 02 切换至"开始"选项卡，单击"段落"选项组中"编号"下三角按钮❷。

Step 03 在打开的列表中选择合适的编号类型，如选择"编号对齐方式：左对齐"❸，可见选中的文本左侧显示添加的编号，如下图所示。

在设置编号后，系统会按照编号从小到大的顺序显示，如果删除某编号的文本，编号会自动调整编号顺序。用户还可以设置编号的格式，如字体、字号、颜色等，下面介绍操作方法。

Step 01 单击"编号"下三角按钮，在列表中选择"定义新编号格式"选项❶，如下左图所示。

Step 02 打开"定义新编号格式"对话框，单击"字体"按钮❷，如下中图所示。

Step 03 打开"字体"对话框，设置字体、字形、颜色等格式❸，如下右图所示。

Step 04 返回文档中，可见添加的编号应用了设置的格式，如下图所示。

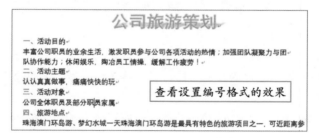

2. 添加项目符号

添加项目符号是指在段落最左侧添加相同的符号，下面介绍具体操作方法。

Step 01 选中需要添加项目符号的文本❶。

Step 02 单击"段落"选项组中"项目符号"下三角按钮❷，在列表中选择合适的符号，如选择菱形❸，则选中的段落文本左侧会出现选择的项目符号，如下图所示。

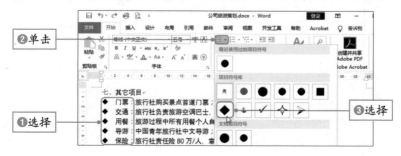

Step 03 项目符号添加后，还可以设置项目符号的位置和文本的缩进。选择添加的项目符号文本并右击❶，在快捷菜单中选择"调整列表缩进"命令❷，如下左图所示。

Step 04 打开"调整列表缩进量"对话框，调整"项目符号位置"数值框右侧微调按钮，设置数值为"0.8厘米"❸，设置"文本缩进"为"0.4厘米"❹，单击"确定"按钮❺，如下右图所示。

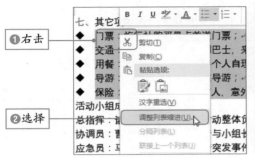

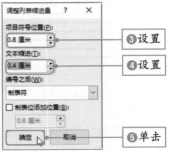

Step 05 返回文档中可见项目符号向右缩进指定位置，项目符号和文本之间距离缩小，如下图所示。

七、其它项目↵
查看设置项目符号的效果
◆ 门票：旅行社购买景点自理门票；↵
◆ 交通：旅行社负责旅游空调巴士，来回接送；↵
◆ 用餐：旅游过程中所有用餐个人自理，公司不予负责；↵
◆ 导游：中国青年旅行社中文导游；↵
◆ 保险：旅行社责任险80万/人，意外险10万/人。↵
活动小组成员↵

温馨提示：清除项目符号和编号

如果要清除项目符号或编号，先选中需要取消的文本，然后在"项目符号"或"编号"列表中选择"无"选项即可。在选择文本时可以选择所有应用项目符号或编号的文本，也可以选择部分文本。

▶ 技能提升：更换项目符号

在Word中，还可以使用特殊符号或者图片代替项目符号。下面介绍具体操作方法。

扫码看视频

1. 使用特殊符号代替项目符号

Step 01 在文档中单击"项目符号"下三角按钮，在列表中选择"定义新项目符号"选项。

Step 02 打开"定义新项目符号"对话框，在"项目符号字符"选项区域中单击"符号"按钮❶，如下左图所示。

Step 03 打开"符号"对话框，首先设置字体，此处设置为Wingdings2❷，然后在列表中选择合适的符号❸，单击"确定"按钮❹，如下右图所示。

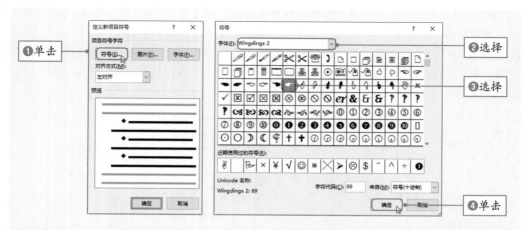

Step 04 返回上级对话框单击"确定"按钮，可见文档中应用的菱形项目符号更改为选择的符号，如下图所示。

七、其它项目

> ☛ 门票：旅行社购买景点首道门票；
> ☛ 交通：旅行社负责旅游空调巴士，来回接送；
> ☛ 用餐：旅游过程中所有用餐个人自理，公司不予负责；
> ☛ 导游：中国青年旅行社中文导游；
> ☛ 保险：旅行社责任险80万/人，意外险10万/人。

活动小组成员

> 查看设置编号格式的效果

2. 使用图片代替项目符号

Step 01 打开"定义新项目符号"对话框，单击"图片"按钮。

Step 02 打开"插入图片"面板，单击"从文件"链接。

Step 03 打开"插入图片"对话框，选中合适的图片，如荷花❶，单击"插入"按钮❷，如下左图所示。

Step 04 返回文档中，可见项目符号被选中的荷花代替，如下右图所示。

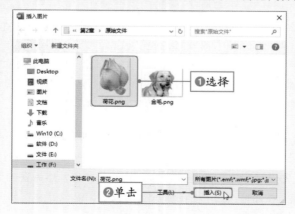

> 查看图片项目符号效果

七、其它项目

> 🌺 门票：旅行社购买
> 🌺 交通：旅行社负责
> 🌺 用餐：旅游过程中
> 🌺 导游：中国青年旅
> 🌺 保险：旅行社责任

活动小组成员

2.1.7 设置中文版式——双行合一

我们在制作文档时，有时需要在一行中显示两行文本，这时需要使用"双行合一"的功能。

当对文本设置双行合一后，还需要对文字格式进行调整，如字体、字号、颜色等。下面介绍具体操作方法。

扫码看视频

Step 01 在文档的标题中需要将两个部分文本设置为双行合一，其他文本不变。首先选中相关文本❶。

Step 02 单击"段落"选项组中"中文版式"下三角按钮❷，在列表中选择"双行合一"选项❸，如下左图所示。

Step 03 打开"双行合一"对话框，在两个部门文本之间添加空格❶，在"预览"区域中查看效果，合适后单击"确定"按钮❷，如下右图所示。

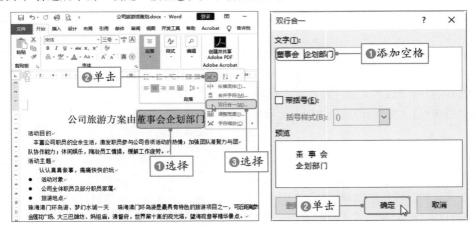

Step 04 返回工作表中可见选中的文本两行显示，如下左图所示。

Step 05 选中设置双行合一的文本，可在"字体"选项组中设置字体、字号和字体颜色，如下右图所示。

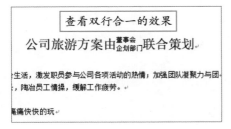
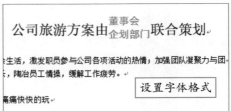

Step 06 打开"字体"对话框，在"高级"选项卡设置缩放为110%❶，适当增加间距❷，单击"确定"按钮，如下左图所示。

Step 07 设置完成后，返回文档中查看设置双行合一的效果，如下右图所示。

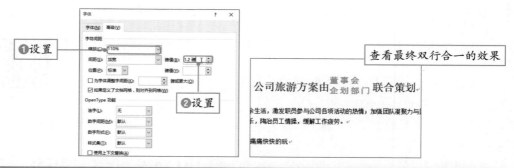

查看最终双行合一的效果

①设置

②设置

公司旅游方案由董事会企划部门联合策划

...余生活，激发职员参与公司各项活动的热情，加强团队凝聚力与...
乐，陶冶员工情操，缓解工作疲劳。

...痛痛快快的玩

温馨提示：清除双行合一

如果要清除双行合一显示的文本，首先将光标定位在该文本中，再次打开"双行合一"对话框，单击"删除"按钮即可。

2.1.8 保存文档

在Word中设置文档后，还需要对其进行保存。主要通过3种方法进行保存，第一种是单击快速访问工具栏中的"保存"按钮；第二种是按Ctrl+S组合键进行保存；第三种是通过文件标签保存。在第1章介绍过保存文档的各种方法，如新建文档的保存和现有文档的保存，用户可以参照1.2.5节的内容学习保存文档的方法。

2.1.9 打印文档

打印文档和保存文档的方法一样，也有3种。第一种是单击快速访问工具栏中"快速打印"按钮；第二种是按Ctrl+P组合键打印；第三种是通过"文件"标签打印。

在打印之前需要设置文档的页面，如设置纸张的大小、方向、页边距等。设置完成后可以执行打印命令。

单击"文件"标签，在列表中选择"打印"选项❶，在中间"打印"区域可设置打印的份数、打印机、打印页码数以及单双面打印等❷。在右侧可以预览打印的效果，如果满意单击"打印"按钮即可❸，如下图所示。

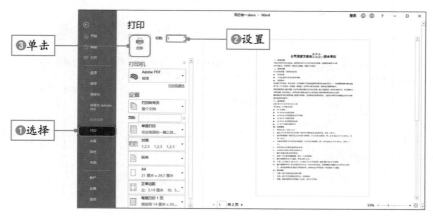

高手进阶：创建完整文档的思路

本小节学习了Word文档的文本输入、设置文本格式、设置段落格式、项目符号和编号的应用。接下来将以创建"关于企业体制改革方案"文档为例，详细介绍完整文档的设计思路和过程。

扫码看视频

Step 01 新建文档，并保存为"关于企业体制改革方案"文档。

Step 02 输入方案的文本，如下左图所示。

Step 03 首先设置文档的标题，选中标题文本，设置字体为"宋体"、字号为"小二"、加粗显示。

Step 04 设置标题居中显示，如下右图所示。

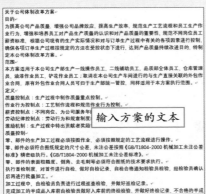

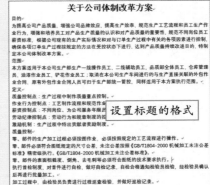

Step 05 将光标定位在标题中❶，切换至"布局"选项卡，在"段落"选项组中设置"段前"为"1.5行"、"段后"为"1行"❷，如下左图所示。

Step 06 选择除标题文本所有文本，设置行距为1.15倍行距。

Step 07 保持文本为选中状态，设置段后为"0.5行"，如下右图所示。

Step 08 选中文档中段落标题，如"目的"、"范围"、"定义"等文本，设置字体为"宋体"、加粗并增大字号❶。

Step 09 在"段落"选项组中为其添加编号❷，如下左图所示。

Step 10 选择"定义"区域中下一级别的文本标题❶，并添加相应的编号❷，如下右图所示。

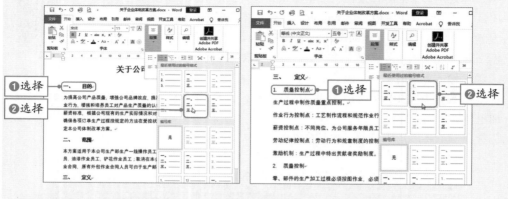

Step 11 为需要添加项目符号的文本添加圆形项目符号，如下左图所示。

Step 12 选择所有段落文本，并设置首行缩进2个字符，如下右图所示。

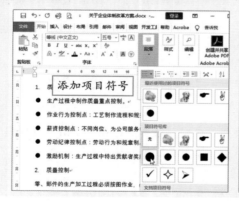

2.2 浏览Word文档——浏览"生活小记"文档

文档浏览是阅读一个文档的过程，在Word 2019中提供了各种文本浏览的模式和工具，便于用户阅读各类文档。

视图是指文档的显示方式，在编辑的过程中用户因为不同的编辑目的，需要突出文本的某些内容，以便更有效地编辑文档。

2.2.1 视图的操作技巧

Word文档一般在Word的编辑窗口中进行浏览，默认状态下为"页面视图"。在Word 2019中提供了五种视图模式，分别为阅读视图、页面视图、Web版式视图、大纲和草稿。

扫码看视频

1. 视图的切换

在 Word 2019中可以通过两种方法切换视图，第一种是在"视图"选项卡的"视图"选项组中切换；第二种是在状态栏中单击相应的按钮。

☞ 方法一：在功能区中切换

Step 01 打开"生活小记.docx"文档。

Step 02 切换至"视图"选项卡❶，单击"视图"选项组中"阅读视图"按钮❷，如下左图所示。

Step 03 Word文档即以阅读视图显示，如下右图所示。

☞ 方法二：通过状态栏切换视图

Step 01 在Word文档的状态栏中显示"阅读视图"、"页面视图"和"Web版式视图"，单击相应的按钮，如下左图所示。

Step 02 如单击"Web版式视图"按钮，则进入该视图，效果如下右图所示。

2. 页面视图

页面视图是默认的视图方式，在进行文本输入和编辑时通常采用页面视图，该视图的页面布局简单。页面视图按照文档的打印效果显示文档，使文档在屏幕上看起来与纸质文档一样，如下左图所示。

3. 阅读视图

阅读视图主要用于以阅读视图方式查看文档，它的优点是利用最大的空间来阅读或批注文档。进入阅读视图下，我们会获得一个干净、清爽的界面，如下右图所示。

进入阅读视图后，无法在编辑窗口中编辑文本，但是在左上角保留的部分功能中可以进行简单的操作，其中包括"文件"标签、"工具"和"视图"。

单击"文件"菜单按钮显示的选项和页面视图是一样的。单击"工具"菜单按钮，在列表中可以执行"查找"、"智能查找"、"翻译"、"撤销键入"和"无法恢复"功能，如下左图所示。单击"视图"菜单按钮，在列表中可以执行"编辑文档"、"导航窗格"、"显示批注"、"列宽"、"页面颜色"等功能，如下右图所示。

实用技巧：退出阅读视图

进入阅读视图后，功能区、选项卡都会被隐藏，如果想退出该视图，直接按Esc键即可切换至页面视图。

4. Web版式视图

Web版式视图主要用于查看网页形式的文档外观。切换至"Web版式视图"后，文档中的文字和其他对象按Web形式排列，并且可以编辑文档。当调整编辑窗口的大小时，会自动换行以适应窗口，如下左图所示。

5. 大纲

大纲视图可以对大型文档的总体结构进行规划或调整，它可以将所有的标题分级显示，层次分明，特别适合较多层次的文档。打开"关于企业体制改革方案.docx"文档，切换到"大纲"视图，效果如下右图所示。

Web版式视图模式

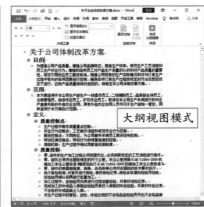

大纲视图模式

若需要退出大纲视图，单击"大纲显示"选项卡中的"关闭大纲视图"按钮即可。

6.草稿

草稿视图不会显示图片、页眉、页脚等信息，从而方便查看草稿视图中的文本。在该视图中可以进行文本的编辑操作，如下图所示。

实用技巧：调整大纲级别

进入大纲视图后，可以在"大纲显示"选项卡的"大纲工具"选项组中单击"降级为正文"按钮，将选中的文本降级为正文文本。若单击"降级"按钮，则选的文本会降一级。同样单击"提升至标题1"按钮，将选中文本直接提升为标题1级别，单击"升级"按钮，则选中文本提升一个级别。

草稿视图模式

2.2.2　页面显示比例

在Word中查看文档内容，可以根据查看局部或整体内容的需要缩小或放大页面的显示比例。一般可以分为快速调整页面大小和精确调整两种类型，下面介绍几种设置页面显示比例的方法。

扫码看视频

1. 快速调整页面比例

在Word 2019中快速调整页面的比例主要有两种方法，一种是通过键盘和鼠标完成，另一种是拖曳状态栏中缩放按钮或单击左右两侧的缩小和放大按钮。

Step 01 打开"生活小记.docx"文档，此时在状态栏中显示比例为120%，单击状态栏中"缩小"按钮，如下左图所示。

Step 02 单击一次显示比例就缩小10%，当单击显示至80%，编辑窗口不改变，则文档中的文本和图片逐渐缩小，并显示更多的内容，如下右图所示。

除上述介绍的方法外，还可以通过键盘和鼠标快速调整页面比例。将光标移至需要调整比例的文档上方，不需要将该文档切换为当前窗口，在键盘上按住Ctrl键，然后向内滚动鼠标中轴会缩小比例，向外滚动鼠标中轴会放大比例，调整到合适的大小后，停止滚动鼠标中轴，然后再释放Ctrl键即可。

2. 自定义设置缩放比例

自定义设置缩放比例可以通过"缩放"对话框，精确设置缩放的百分比。下面介绍具体操作方法。

Step 01 切换至"视图"选项卡，在"缩放"选项组中单击"缩放"按钮❶，如下左图所示。

Step 02 打开"缩放"对话框，在"显示比例"选项区域中可以选择相应的百分比单选按钮，也可以在"百分比"数值框中输入缩放的百分比。

Step 03 例如在"百分比"数值框中输入115%❷，单击"确定"按钮❸，如下右图所示。

Step 04 返回文档，在状态栏中缩放比例即可显示115%，同时页面也会按照115%比例显示。

> **实用技巧：快速打开"缩放"对话框**
>
> 我们可以在状态栏中单击缩放的比例，即可打开"缩放"对话框。

3. 快速设置显示比例为100%

设置缩放的比例后，如果想显示100%的比例，在"视图"选项卡的"缩放"选项组中有一个100%的按钮，单击即可直接设置显示比例为100%。

4. 多页显示文档

默认情况下，在Word 2019中仅显示一张页面，我们可以根据需要设置多页显示页面。设置多页显示文档后，会根据缩小的比例在编辑窗口中显示页面的数量。下面介绍具体操作方法。

☞**方法一：通过"多页"按钮显示多页**

Step 01 切换至"视图"选项卡❶，单击"缩放"选项组中"多页"按钮❷，如下左图所示。

Step 02 返回文档中，Word会自动在编辑窗口中显示两张页面，并且根据需要自动调整显示的比例，如下右图所示。

Step 03 当放大显示的比例，编辑窗口的大小不变，显示页面为一张。

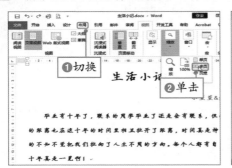

Step 04 如果增加编辑窗口宽度时，显示比例不变，当宽度增加到一定位置时，会显示更多的页面，如下图所示。

Step 05 显示多张页面时，当光标定位在某页面中，则该页面显示水平标尺。

增加列宽的多页显示效果

☞ **方法二：通过"缩放"对话框设置多页**

Step 01 在Word文档中打开"缩放"对话框。

Step 02 在"显示比例"选项区域中选中"多页"单选按钮❶，然后单击下方图标▦❷，在列表中选择1×2页❸，然后单击"确定"按钮❹，如下左图所示。

Step 03 返回文档中，无论如何调整编辑窗口的宽度，每页只显示两张页面，如下右图所示。

2.2.3 导航窗格的应用

在处理长文档时，有时需要快速查看不同部分的内容，此时可以使用"导航"窗格功能快速准确地定位文档。Word 2019的"导航"窗格中包括"标题""页面"和"结果"3个选项卡。

扫码看视频

1. 打开"导航"窗格

☞ **方法一：通过"视图"选项卡打开**

Step 01 切换至"视图"选项卡❶，在"显示"选项组中勾选"导航窗格"复选框❷，如下左图所示。

Step 02 返回文档中，在编辑窗口左侧显示"导航"窗格❸，默认在"标题"选项卡中显示应用标题样式的文本。

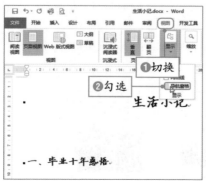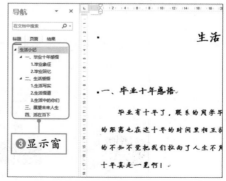

Step 03 在"导航"窗格中如果需要查看某部分内容，直接单击该标题文本即可，如单击"三、展望未来人生"❶，编辑窗口将快速跳转至该内容所在的页面❷，如下图所示。

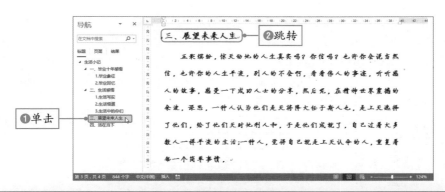

温馨提示：隐藏标题内容

在"导航"窗格中有的标题左侧显示 ◢ 图标，说明在该标题下方还有下一级别的标题。如果单击该图标，下级标题会被隐藏，此时变为 ▷ 图标，若再单击该图标，则会显示下级标题内容。

☞ **方法二：通过状态栏打开**

在Word文档的状态栏左侧显示"第x页，共n页"，直接单击即可打开"导航"窗格，再次单击即可隐藏该窗格。

2. 切换文档的页面

在"导航"窗格中，切换至"页面"选项卡，可以浏览文档的缩略图，并且可以快速切换到指定的页面。

Step 01 在"视图"选项卡的"显示"选项组中勾选"导航窗格"复选框。

Step 02 打开"导航"窗格，切换至"页面"选项卡❶，调整宽度，即可显示该文档所有页面的缩略图，如下左图所示。

Step 03 在页面上单击，在编辑窗口中即可快速跳转至该页面。例如单击第4页缩略图❷，如下右图所示。

3. 查找指定的内容

通过"导航"窗格中的"结果"选项卡可以快速在Word文档中查找到指定的关键字，并且可以快速浏览。下面介绍具体操作方法。

Step 01 打开Word文档，在"导航"窗格中切换至"结果"选项卡❶。

Step 02 然后在文本框中输入"努力"文本❷，Word自动搜索文档中"努力"的文本，并在"结果"选项卡中显示查找的内容和数量❸。

Step 03 在Word文档窗口中所有"努力"文本均以黄色底纹显示❹。而且在"结果"选项卡中单击查找的结果，即可跳转至指定位置，如下图所示。

在1.3.4节中介绍查找功能时，也是通过"导航"窗格的"结果"选项卡实现，读者可以参考学习。

2.2.4　网格线的应用

网格线是编辑排版时对齐或对准的基准，在Word文档中添加的网格线是虚拟的，在打印时不会显示，下面介绍添加网格线的方法。

扫码看视频

1. 添加网格线

Step 01 打开"生活小记.docx"文档，切换至"视图"选项卡❶，在"显示"选项组中勾选"网格线"复选框❷。

Step 02 即可为Word文档添加网格线❸，如下图所示。

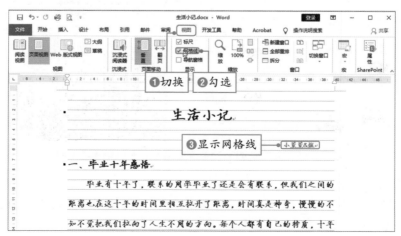

2. 设置网格线

Step 01 切换至"布局"选项卡❶，单击"排列"选项组中"对齐"下三角按钮❷，在列表中选择"网格设置"选项❸，如下左图所示。

Step 02 打开"网格线和参考线"对话框，在"网格设置"选项区域中设置水平间距为"0.86字符"、垂直间距为"0.5行"❹，勾选"垂直间隔"复选框，设置垂直和水平间隔为2❺，如下右图所示。

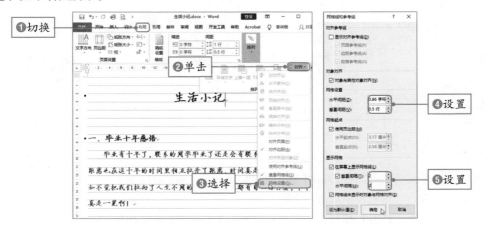

Step 03 单击"确定"按钮，返回文档中可见网格线呈方格形状显示。而且其他文档没有应用设置的网格线格式，如下图所示。

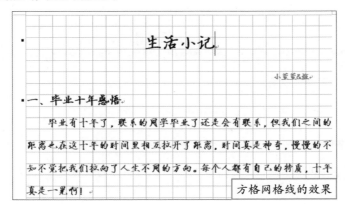

方格网格线的效果

2.2.5　窗口的操作

在处理多文档或者长文档需要进行对照操作时，可以打开多个窗口显示，还可以并排查看及拆分文档等，下面将详细介绍关于窗口的操作方法。

扫码看视频

1. 新建窗口

在使用Word时，无法同时打开两个名称相同的文档，可以通过"新建窗口"功能打开两个名称相同的文档。

Step 01 打开"生活小记.docx"文档。

Step 02 切换至"视图"选项卡❶，单击"窗口"选项组中"新建窗口"按钮❷，如下左图所示。

Step 03 在新的窗口打开"生活小记"文档，之前的文档名称为"生活小记.docx:1"，而新建文档名称为"生活小记.docx:2"❸，如下右图所示。

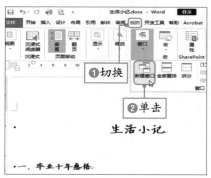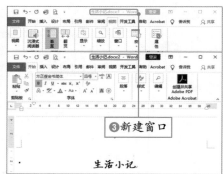

Step 04 在两个文档中可以查看不同部分的文本，相互之间不会干扰。

Step 05 在"窗口"选项组中单击"全部重排"按钮。

Step 06 可见两个文档竖着排列在一起并充满整个电脑屏幕，如下图所示。

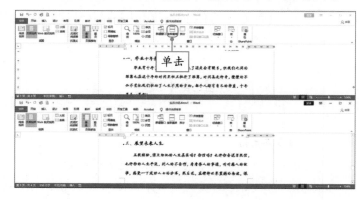

当关闭两个文档中任意一个，剩下文档会自动将名称更换为原来名称。

2. 同步查看文档

在两个窗口中并排查看功能是Word中经常使用的功能之一，这一功能可以使两个窗口同步滚动，可以很好地比较数据。

Step 01 保持"生活小记"的两个文档为打开状态，将光标都定位在首页。

Step 02 在任意一个文档中切换至"视图"选项卡❶，单击"窗口"选项组中"并排查看"按钮❷，如下左图所示。

Step 03 打开"并排比较"对话框，在"并排比较"列表框中选择需要比较的文档名称，如"生活小记.docx:1"❸，单击"确定"按钮❹，如下右图所示。

Step 04 操作完成后，可见当前文档和选中的文档并排显示，但是两个文档窗口大小不同，这使得显示效果不是很好，如下左图所示。

Step 05 在任意文档中切换至"视图"选项卡❶，单击"窗口"选项组中"重设窗口位置"按钮❷，如下右图所示。在"窗口"选项组中可见"并排查看"和"同步滚动"按钮均为激活状态。

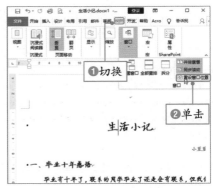

Step 06 可见两张文档在电脑屏幕上平均分布，当滚动鼠标中轴时两个窗口同步滚动。调整水平滚动条时也同时滚动，如下图所示。

3. 拆分窗口

在查看长文档前后不连续的内容时，如果来回拖曳滚动条，会极大降低工作效率，除了通过新建窗口外，还可以拆分窗口在两个区域中查看不同区域。

Step 01 打开"生活小记.docx"文档，切换至"视图"选项卡❶，单击"窗口"选项组中"拆分"按钮❷，如下左图所示。

Step 02 操作完成后，可见系统将一个窗口变为上下两部分子窗口，在不同的窗口中可以分别滚动并停留在不同的位置，方便用户对比，如下右图所示。

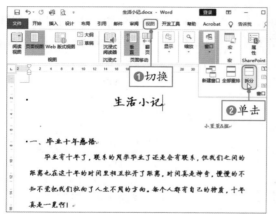 

Step 03 如果不需要拆分窗口，将"窗口"选项组中的"拆分"按钮变为"取消拆分"按钮，然后单击该按钮即可。

2.2.6 查看文档中的字数

在编辑文档时，有时需要有字数的限制，此时可以通过状态栏查看字数。我们不但可以统计整个文档的字数，还可以统计选中文本的字数，下面介绍具体操作方法。

扫码看视频

Step 01 打开"生活小记.docx"文档，不选中任何文本时在状态栏中显示共950个字，如下左图所示。

Step 02 然后单击状态栏中的字数❶。

Step 03 打开"字数统计"对话框，在"统计信息"选项区域中显示文档的页数、字数、段落数、行等信息❷，如下右图所示。

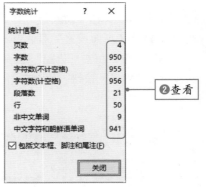

Step 04 查看完成后关闭该对话框。返回文档中选中第一段文本，则在状态栏中显示94/950个字。表示选中段落文本的字数为94，该文档的总字数为950，如下左图所示。

Step 05 单击状态栏中字数❶，打开"字数统计"对话框，显示页数、字数、段落数、行数等信息❷，均为选中文本的信息，而非整个文档的信息，如下右图所示。

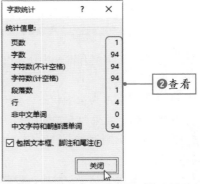

实用技巧：通过"审阅"选项卡打开"字数统计"对话框

切换至"审阅"选项卡，单击"校对"选项组中的"字数统计"按钮，即可打开"字数统计"对话框。

高手进阶：段落格式、项目符号与视图

本小节学习了浏览文档的操作，如在不同视图中查看文档、设置页面显示比例、导航窗格的应用等。下面通过制作"公司财务规章制度"文档进一步巩固所学的知识，本部分涉及的未学到的知识将在以后章节中详细介绍。

扫码看视频

Step 01 在"开始"选项区域中单击"空白文档"按钮。

Step 02 打开"文档1"名称的文档，单击快速访问工具栏中"保存"按钮，在打开的对话框中保存文档。

Step 03 在Word文档中输入公司财务规章制度的相关文本，如下左图所示。

Step 04 打开"页面设置"对话框，在"纸张"选项卡❶中设置纸张宽度为19厘米、高度为28厘米❷，在"页边距"选项卡❸中设置左和右边距为3厘米❹，其他参数保持不变，单击"确定"按钮，如下右图所示。

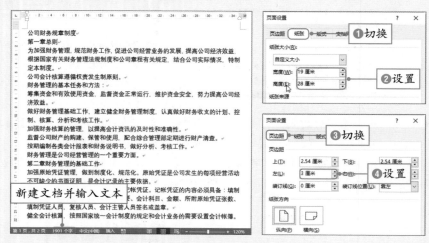

Step 05 按Ctrl+A组合键选中所有文本，在"字体"选项组中设置字体为"宋体"，字号为"小四"。

Step 06 保持文本为选中状态，打开"段落"对话框，设置段前和段后均为0.5行，设置行距为1.5倍，效果如下左图所示。

Step 07 设置标题文本，选中该文本，在"开始"选项卡的"样式"选项组中应用"标题1"样式。

Step 08 设置居中对齐，然后再设置段前为2行，段后为1.5行，效果如下右图所示。

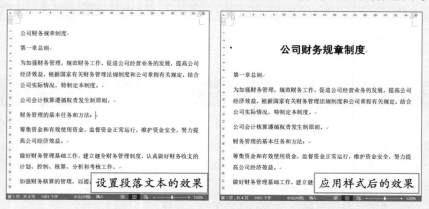

Step 09 设置2级标题，在文档中选章名称，通过按住Ctrl键选择。

Step 10 在"样式"选项组中为选中的章名称应用"标题2"样式，效果如下左图所示。

Step 11 保持章名称为选中状态，在"样式"列表中右击"标题2"，在快捷菜单中选择"修改"命令。

Step 12 打开"修改样式"对话框，设置字体为"黑体"并居中显示。单击"格式"下三角按钮，在列表中选择"段落"选项。

Step 13 打开"段落"对话框，设置段前和段后为18磅，返回"修改样式"对话框，在预览区域下方查看设置的效果❶，单击"确定"按钮❷，如下右图所示。

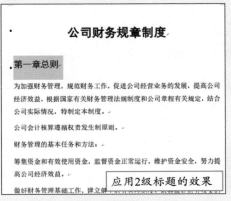

应用2级标题的效果

❶设置

❷单击

Step 14 添加项目符号，选中第一章部分最后6段文本，添加编号，并设置字体为加粗显示，效果如下左图所示。

Step 15 选中其他所有正文文本，并添加大写数字的编号。

Step 16 保持文本为选中状态，打开"定义新编号格式"对话框，在"编号格式"文本框中输入"第一条"文本❶，并加粗显示，单击"确定"按钮❷，如下右图所示。

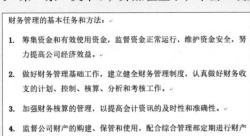

添加项目符号

❶输入

❷单击

Step 17 返回文档中可见添加的编号应用于设置的文本，然后将第三条下方的文本通过拖曳水平滑块的方式向右缩进2个字符。

Step 18 切换至"视图"选项卡，在"视图"选项组中单击"草稿"按钮。

Step 19 文档进入"草稿"视图模式中，查看并修改文本错误，落款文本需要右对齐。

Step 20 设置落款文本右对齐，并通过"右缩进"滑块适当向左移动，如下图所示。

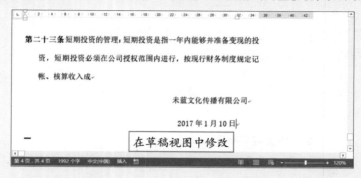

Step 21 修改完成后，单击状态栏中"页面视图"按钮，进入"页面视图"。

Step 22 单击"视图"选项卡中"多页"按钮，将所有页面同时显示，如下图所示。

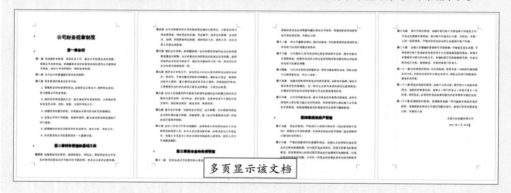

2.3　Word文档的强化

　　一篇生动的文档，除了文本还需要大量其他元素的修饰，如图片、文本框、形状等，这样才能在文字说明的基础上使文档更加美观。

2.3.1　插入图片——制作"水果海报"

扫码看视频

　　在文档中使用图片可以强有力地突出文本内容，同时可以吸引浏览者的注意力，增强文档的阅读性。

Step 01 新建Word文本，并保存为"水果海报"。

Step 02 打开"页面设置"对话框，在"纸张"选项卡中设置宽度为21厘米、高度为26.5厘米，如下左图所示。

Step 03 将光标定位在需要插入图片的位置，此海报需要定位在首行最左侧。

Step 04 切换至"插入"选项卡❶，单击"插图"选项组中"图片"按钮❷，如下右图所示。

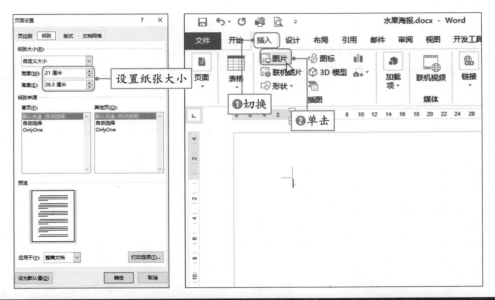

实用技巧：插入联机图片

当我们没有准备好图片时，可以通过"联机图片"功能联网插入图片，在"插入"选项卡中单击"插图"选项组中"联机图片"按钮，打开"联机图片"面板，在搜索框中输入关键字，按Enter键即可搜索相关图片，注意在使用联机图片时首先确认电脑要在联网状态下。

Step 05 打开"插入图片"对话框，选择合适的图片，此处选择"水果背景.jpg"图片❶，单击"插入"按钮❷，如下左图所示。

Step 06 返回工作表，即可在文档中插入选中的图片，在功能区显示"图片工具-格式"选项卡。

Step 07 图片四周有8个控制点，拖曳右下角控制点使图片充满页面，如下右图所示。

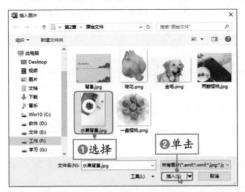
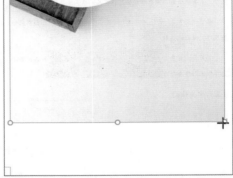

实用技巧：调整图片大小时的注意事项

在Word中插入图片后，在调整其大小时需要特别注意，尽量通过拖曳角控制点调整图片大小，因为，当调整边控制点时，容易将图片调整变形。

2.3.2 图片布局

　　默认情况下，插入的图片以嵌入的方式显示，即图片作为一个对象嵌入在行中。图片与文档的布局还包括四周型、紧密型环绕、穿越型环绕、上下型环绕、衬于文字下方和浮于文字上方几种。

扫码看视频

　　下面介绍图片与文档布局的类型。

- **嵌入型：** 图片作为一个对象嵌入在一行之中，图片的底线在嵌入的那个行，如下左图所示。
- **环绕型：** 文字或其他对象环绕在图片周围，有可能会被图片分开。包括四周型、紧密型环绕、穿越型环绕，下中图为四周型效果。
- **上下型环绕：** 图片独立占一行或多行，其他对象在图片的上下两方，如下右图所示。

- **衬于文字下方：** 图片在文字等对象的下方，不会影响文本的排版和显示，图片的位置也可以移动，如下左图所示。
- **浮于文字上方：** 图片浮在文字或其他对象的上方，会覆盖下方的对象，可以任意移动，但不会影响其他对象，如下右图所示。

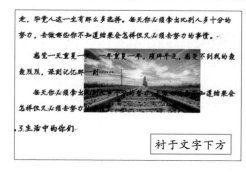

　　了解了图片的各种布局效果后，可以使用3种方法设置布局，下面详细介绍操作方法。

☞ **方法一：通过"图片工具-格式"选项卡设置**

Step 01 打开"生活小记.docx"文档，选中图片。

Step 02 切换至"图片工具-格式"选项卡，单击"排列"选项组中"环绕文字"下三角按钮，在列表中选择合适的布局方式，如下左图所示。

方法二：通过"布局选项"按钮设置

选中文档中的图片，在图片的右上角显示"布局选项"按钮，单击该按钮，在列表中选择即可，如下右图所示。

方法三：通过右键菜单设置

选中图片并右击❶，在快捷菜单中选择"环绕文字"命令❷，在子命令中选择合适的选项即可，如下图所示。

当为图片设置环绕型布局后，用户可以根据需要对图片与四周文本或其他对象的距离进行设置。选择设置环绕型图片，切换至"图片工具-格式"选项卡，单击"排列"选项组中"环绕文字"下三角按钮，在列表中选择"其他布局"选项。打开"布局"对话框，在"文字环绕"选项卡中可以设置距正文上、下、左、右的距离，其单位为"厘米"，如右图所示。

在"环绕方式"选项区域中也可以选择布局的方式，当选择"上下型"时，只可以设置上和下的距离。

在"布局"对话框中还有"位置"和"大小"两个选项卡。在"位置"选项卡中可以设置水平和垂直方向上的位置，在"大小"选项卡中可以设置图片的大小以及旋转角度。如设置图片的旋转角度为30°，如下左图所示。返回工作表中可见图片顺时针旋转30°，其布局方式不发生变化，如下右图所示。

2.3.3 调整图片的层次

在Word文档中插入图片并设置为浮于文字上方布局后，图片会覆盖下方的文本，此时需要调整图片的层次，当多张图片叠放在一起时也需要调整层次。

扫码看视频

Step 01 切换至"水果海报"文档，将光标定位在已经插入图片的左侧。

Step 02 插入"一盘樱桃.png"图片。

Step 03 可见该图片在下一张页面中显示，选中该图片，设置布局方式为"浮于文字上方"，可见该图片自动在第一张页面中显示，并覆盖在原图片上方。

Step 04 适当缩小该图片，使其完全覆盖在背景图片中的一盘樱桃上方，如下左图所示。

Step 05 选中背景图片并设置为浮于文字上方，可见背景图片位于"一盘樱桃.png"图片的上方，并覆盖住该图片，如下右图所示。

插入图片覆盖住下方图片

下方图片覆盖住插入图片

Step 06 保持背景图片为选中状态，切换至"图片工具-格式"选项卡，单击"排列"选项组中"下移一层"按钮，则该图片向下移动一层并位于"一盘樱桃.png"图片下方，如下图所示。

实用技巧：选择被覆盖的图片

在本案例中当大图片覆盖在小图片上方时，如果需要选择小图片，可以任意选择一张图片，切换至"图片工具-格式"选项卡，单击"排列"选项组中"选择窗格"按钮，打开"选项"导航窗格后，会在下方显示文档中所有对象，然后选择小图片即可。

调整图片层次的效果

2.3.4 设置图片背景为透明

在创建各种海报时，经常需要在图片上方显示其他图片的信息，此时我们只想显示上方图片的主体部分，则需要对图片进行背景处理，本节将介绍两种方法。

扫码看视频

1. 设置透明色

当图片的背景色比较单一，而且与主体颜色不同时，可以使用"设置透明色"功能去除背景。

Step 01 在"水果海报.docx"文档中，插入"一盘樱桃.jpg"图片并设置浮于文字上方，可见该图片背景为深蓝色，如下左图所示。

Step 02 选中该图片❶，切换至"图片工具-格式"选项卡❷，单击"调整"选项组中"颜色"下三角按钮❸，在列表中选择"设置透明色"选项❹，如下右图所示。

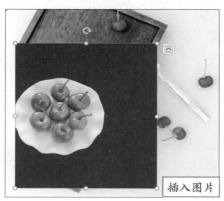

插入图片

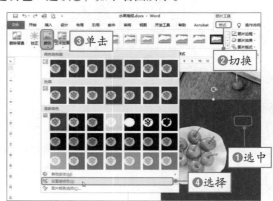

Step 03 此时光标变为 ✐ 形状，在背景颜色上单击，如下左图所示。

Step 04 操作完成后可见背景的蓝色变为透明色，只显示主体部分，如下右图所示。

单击

透明背景的效果

2. 删除背景

当图片的背景很复杂时，无法使用"设置透明色"的方法实现。需要在Word上使用其他方法，下面介绍具体操作步骤。

Step 01 在Word文档中插入"两颗樱桃.jpg"图片，可见背景为黑色方格桌布、花瓶、绿植和白色的墙，如下左图所示。

Step 02 选中插入的图片❶，切换至"图片工具-格式"选项卡❷，单击"调整"选项组中"删除背景"按钮❸，如下右图所示。

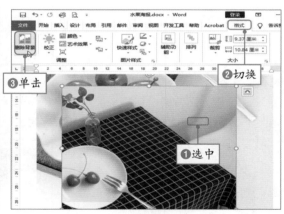

插入图片

Step 03 此时选中图片有的部分保留原图像效果，有的部分显示洋红色，洋红色区域为删除区域，此时切换至"背景消除"选项卡。

Step 04 单击"优化"选项组中"标记要保留的区域"按钮，如下左图所示。

Step 05 光标变为铅笔形状，在主体部分拖曳绘制出绿色的区域，释放鼠标左键，主体部分区域会显示出来，如下右图所示。

Step 06 根据相同的方法将盘、樱桃和叉子都显示出来。

Step 07 可见背景部分也显示出来，再单击"标记要删除的区域"按钮，在背景上绘制，则背景会涂上洋红色。

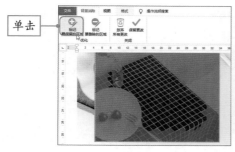

单击

在主体上绘制

Step 08 当需要去除某些细节时，如去除左下角背景，此时可以放大页面比例，再去除背景，如下左图所示。

Step 09 将所有主体都显示，所有背景都被洋红色覆盖，单击"关闭"选项组中"保留更改"按钮，即可删除背景，如下右图所示。

放大比例去除背景

查看删除背景效果

2.3.5 调整图片

在本案例中可见一盘樱桃的颜色和其他不一致，所以还需要进一步调整，此时可以通过亮度/对比度、色调等设置进行调整。除此之外，Word还提供了"艺术效果"功能，为制作不同风格的图片提供了依据。

扫码看视频

1. 调整亮度/对比度

当图片的色彩亮度和对比度不正常或是和其他图片不一致时，可以适当调整亮度/对比度的参数，下面介绍具体操作方法。

Step 01 选中需要调整的图片❶，此处选择"一盘樱桃.png"图片。

Step 02 在"图片工具-格式"选项卡❷的"调整"选项组中单击"校正"下三角按钮❸。

Step 03 在列表中选择"亮度0%(正常)对比度+40%"选项❹，保持亮度不变，增加对比度，可见图片比之前更加明亮，如下左图所示。

Step 04 图片的对比度提高了，但是图片的清晰度不是很高，保持该图片为选中状态，在"校正"列表中选择"图片校正选项"选项。

Step 05 打开"设置图片格式"导航窗格，在"图片"选项卡的"图片校正"选项区域中设置清晰度为50%、对比度也设为50%，如下右图所示。

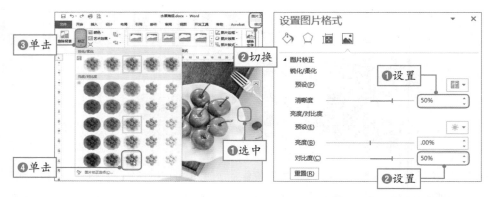

Step 06 操作完成后，可见调整后的樱桃的颜色、亮度和对比度与其他樱桃基本上一致，效果如下图所示。

查看调整图片后的效果

2. 设置图片的色调

当图片的色调与背景不是一个风格时，在Word中也可以通过调整色调对图片进行设置，下面介绍具体操作方法。

Step 01 选中图片，单击"调整"选项组中"颜色"下三角按钮。

Step 02 在列表的"色调"选项区域中选择"色温7200K"选项，如下左图所示。

Step 03 返回文档中，因为增加色温的效果，可见图片稍微有点黄，如下右图所示。

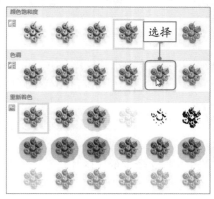

查看调整色调后效果

在"颜色"列表中还包含"重新着色"内容，对图片进行重新着色可以消弱图片本身的色彩冲击，从而利于文字的展示。重新着色包括3种类型，分别为冲蚀效果、单一颜色和灰度着色。

（1）冲蚀效果

冲蚀效果可以让图片看起来像蒙上一层透明的纸，若隐若现。对于颜色比较暗的图片使用该效果，然后再适当设置色彩的饱和度和色调后，可以增加色彩的表现力。下左图为原图，下右图为冲蚀后的效果。

（2）单一颜色

单一颜色是将图片只呈现出某一种颜色，该效果可以直接过滤掉图片中其他颜色，让图片看起来很纯粹。在使用的时候可以将同一张图片应用不同颜色，并结合为完整的一张图片。下左图为原图，下右图为效果图。

同一张图片呈现出3种颜色，就是应用了单一颜色的功能。下面介绍具体操作方法。

Step 01 首先在Word文档中插入一张图片，将原图片复制两份，并将所有图片浮于文字上方❶。

Step 02 选择所有图片，切换至"图片工具-格式"选项卡，单击"排列"选项组中"对齐"下三角按钮❷，在列表中选择"左对齐"选项❸，如下左图所示。

Step 03 打开"对齐"列表，选择"顶端对齐"选项，选中图片重叠在一起。

Step 04 选中最上方图片，在"图片工具-格式"选项卡中，单击"调整"选项组中"颜色"下三角按钮❶，在列表的"重新着色"中选择橙色❷，如下右图所示。

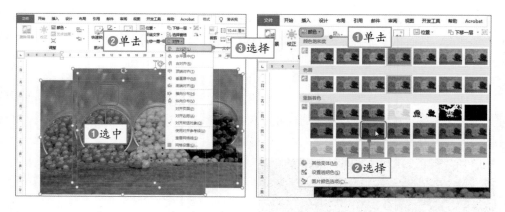

Step 05 保持该图片为选中状态，单击"大小"选项组中"裁剪"按钮，此时图片四周出现裁剪控制点，拖曳右边控制点向左到图片三分之二处，如下左图所示。

Step 06 选中下方一张图片，保持图片为原样式，并裁剪到三分之一位置。

Step 07 将最下面的图片应用其他颜色，即可制作出一张图片三种颜色的效果，如下右图所示。

裁剪图片

调整其他图片

（3）灰色着色

灰色也是单一颜色，但其应用很广泛，所以进行单独介绍。灰度着色可以弱化图片的背景，在多张图片上使用时可以快速避掉多种颜色之间的冲突。下左图为原图，下右图为应用灰色后的效果。

原始图片

灰色着色效果

▶ 技能提升：为图片应用艺术效果

Word中还有20多种艺术效果，包括标记、铅笔灰度、马赛克气泡等，应用艺术效果后，还可以对艺术效果的参数进一步设置。下面介绍具体操作方法。

Step 01 打开Word文档，插入一张图片，如下左图所示。

Step 02 选中该图片，切换至"图片工具-格式"选项卡，单击"调整"选项组中"艺术效果"下三角按钮❶，在列表中选择"混凝土"艺术效果选项❷，如下右图所示。

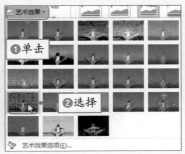

Step 03 保持该图片为选中状态，再次单击"艺术效果"下三角按钮，在列表中选择"艺术效果选项"选项。

Step 04 打开"设置图片格式"导航窗格，在"艺术效果"选项区域中可以设置"透明度"和"列缝间距"两个参数，如下左图所示。

Step 05 返回文档中，可见图片应用设置的艺术效果，如下右图所示。

2.3.6 设置图片的其他格式

在Word中设置图片的格式，除了上述介绍之外，还有设置图片的效果、应用图片样式等。其中图片的效果包括阴影、映像、发光、柔化边缘、棱台和三维旋转等效果。

1. 设置图片的效果

在Word中包含6种图片效果，应用效果后可根据需要进一步设置相关参数，下面以阴影效果为例介绍具体操作方法。

Step 01 打开"生活小记.docx"文档，选择第2幅图片。

Step 02 切换至"图片工具-格式"选项卡，在"图片样式"选项组中单击"图片效果"下三角按钮❶，在列表中选择"阴影>偏移:右下"选项❷，如下左图所示。

Step 03 返回文档，可见图片的右下角显示阴影，如下右图所示。

Step 04 单击"图片效果"下三角按钮，在列表中选择"阴影>阴影选项"选项。

Step 05 打开"设置图片格式"导航窗格，为了使阴影效果更加明显，在"阴影"选项区域中设置颜色为橙色、透明度为50%、模糊为5磅、距离为11磅，其他参数不变，如下左图所示。

Step 06 返回文档，可见在图片的右下角显示设置的橙色阴影，如下右图所示。

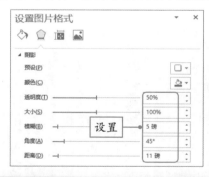

> **温馨提示：设置其他图片效果**
>
> 如果需要为图片应用其他效果，可参考设置阴影的方法，并且可以进一步设置效果参数，此处不再详细介绍。如果需要取消应用设置的效果，在"图片效果"列表的应用的效果子列表中选择"无"选项即可。

2. 应用图片样式

在Word 2019中提供了20多种图片样式，图片样式就是将透视、边框、映像、阴影等打包在一起创建的一种样式。应用图片样式可以增强图片的观感效果，突出主题，下面介绍具体的操作方法。

Step 01 在Word文档中选中图片。

Step 02 切换至"图片工具-格式"选项卡，单击"图片样式"选项组中"其他"按钮。

Step 03 在打开的样式库列表中选择合适的样式，如选择"旋转:白色"，如下左图所示。

Step 04 可见选中的图片应用选中的样式，如下右图所示，可见该图片效果应用了图片边框、三维旋转、阴影的效果。

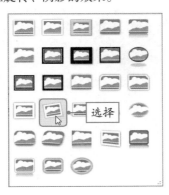

查看应用图片样式的效果

▶ 技能提升：进一步设置图片样式

当图片应用图片样式后，用户可以根据应用的效果进一步设置，也可以添加效果，下面介绍具体操作方法。

Step 01 右击应用图片样式的图片，在快捷菜单中选择"设置图片格式"命令。

扫码看视频

Step 02 打开"设置图片格式"导航窗格。

Step 03 在"阴影"选项区域中设置颜色为红色、透明度为60%、距离为6磅，可见效果如下左图所示。

Step 04 在"三维旋转"选项区域中默认Z轴旋转为6°，现在设置Z轴旋转为15°，可见图片的旋转效果更明显，如下右图所示。

添加阴影的效果

设置三维旋转的效果

Step 05 切换至"图片工具-格式"选项卡，单击"图片样式"选项组中"图片边框"下三角按钮，在列表中选择合适的颜色，如选择浅蓝色，如右图所示。

Step 06 在"图片边框"列表中可以设置边框的宽度。

添加图片边框的效果

2.3.7 文本框的应用

在制作文档的过程中，有时需要在图片上方显示文本，此时需要使用文本框。文本框是指一种可以移动、可调节大小的文字容器，在Word中包括横排文本框和竖排文本框两种类型。

扫码看视频

1. 插入文本框

Step 01 打开"水果海报.docx"文档，将图片移至合适的位置。

Step 02 切换至"插入"选项卡❶，单击"文本"选项组中"文本框"下三角按钮❷，在列表中选择"绘制竖排文本框"选项❸，如下图所示。

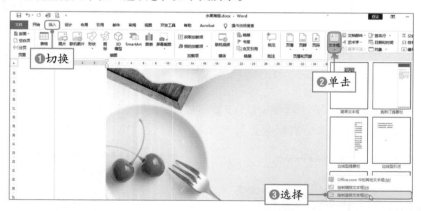

Step 03 此时光标变为黑色十字形状，在图片上方单击即可创建一个竖排文本框，光标定位在文本框内。

Step 04 用户也可以在图片上方单击并按住鼠标左键进行拖曳绘制文本框，如下左图所示。

Step 05 绘制文本框默认为黑色边框、白色底纹。

Step 06 在文本框中输入"樱桃"文本，并在"字体"选项组中设置字体为"宋体"、字号为"100"，字体颜色为"红色"，如下右图所示。在调整字号时，可以调整文本框大小使文本全部显示。

绘制文本框　　　　　　　　　　　　　输入文本并设置格式

2. 设置文本框的格式

选中文本框后，在功能区显示"绘图工具-格式"选项卡，在"形状样式"选项组中可以快速设置形状样式，下面介绍具体操作方法。

Step 01 选中文本框，在"形状样式"选项组中单击"其他"按钮。

Step 02 在打开的样式库中选择合适的样式，如选择"细微效果-橙色,强调色2"选项，如下左图所示。

Step 03 文本框填充浅橙色，边框为橙色。

Step 04 保持文本框为选中状态，单击"形状样式"选项组中"形状填充"下三角按钮❶，在列表中选择无填充❷，如下右图所示。

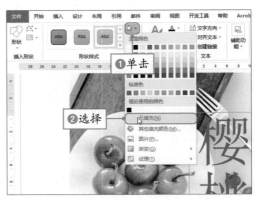

Step 05 竖排文本框应用无填充，保留橙色的边框。

Step 06 单击"形状样式"选项组中"形状轮廓"下三角按钮，在列表中选择"粗细"选项，在子列表中选择"1.5磅"，即可为边框设置宽度。

Step 07 将光标移到文本框的边框上，按住鼠标左键拖曳到右下角空白处，如下左图所示。

实用技巧：调整文本框内文本的对齐

右击文本框，打开"设置形状格式"导航窗格，切换至"文本选项"，在"布局属性"选项卡中设置对齐方式为"居中"，还可以设置文本到文本框四周的距离。

Step 08 根据相同的方法添加横排文本框，并设置填充和边框，放在水果海报的不同位置，最终效果如下右图所示。

设置边框的效果

查看最终效果

实用技巧：为文本框应用效果

在Word中用户也可以为文本框应用阴影、映像、发光、三维旋转等效果，其操作方法和设置图片样式一样，此处不再赘述。

2.3.8 艺术字的应用——制作"邀请函"

艺术字是经过特殊设置的文字，在Word中灵活使用艺术字，可以为文档添加特殊的视觉效果，为文本应用艺术字后，用户根据需要可以进一步设置相关格式。

扫码看视频

1. 插入艺术字

插入艺术字一般有两种方法，一种是先输入文字，再应用艺术字样式，另一种是插入艺术字文本框，再输入文字，下面详细介绍两种方法。

☞**方法一：先输入文字再应用艺术字样式**

Step 01 创建Word新文档，设置纸张大小的宽度为21厘米、高度为17.8厘米。

Step 02 在文档中输入"邀请函"文本，如下左图所示。

Step 03 选中输入的文本❶，切换至"插入"选项卡❷，单击"文本"选项组中"艺术字"下三角按钮❸，在列表中选择合适的艺术字样式❹，如下右图所示。

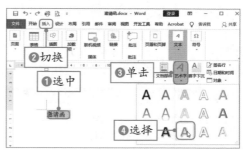

Step 04 返回工作表，可见选中的文本应用了艺术字样式，同时文本在文本框中显示，如右图所示。

查看应用艺术字效果

☞ **方法二：插入艺术字样式文本框**

Step 01 在Word文档中切换至"插入"选项卡，单击"文本"选项组中"艺术字"下三角按钮，在列表中选择合适的艺术字样式。

Step 02 在文本中插入选中艺术字样式的文本框，如下左图所示。

Step 03 删除文本框内所有文本并输入"邀请函"文本，效果如下右图所示。

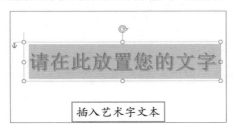

插入艺术字文本

输入文本

2. 编辑艺术字

在文档中插入艺术字后，用户可以在"绘图工具-格式"选项卡中编辑艺术字，如设置填充颜色、边框颜色、应用艺术字效果等。本案例需要设置不同文字的大小和位置，所以要分开设置"邀请函"这几个文字。

Step 01 在创建的艺术字文本框中删除"请函"文本，只保留"邀"字❶。

Step 02 选中该文本框，切换至"绘图工具-格式"选项卡，单击"艺术字样式"选项组中"文本填充"下三角按钮❷，在列表中选择深红色❸，如下左图所示。

Step 03 在"艺术字样式"选项组中单击"文本轮廓"下三角按钮❶，在列表中选择金黄色❷，如下右图所示。

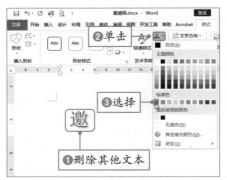

Step 04 在"艺术字样式"选项组中单击"文字效果"下三角按钮，在列表中选择"阴影>内部:左上"选项。

Step 05 切换至"开始"选项卡，在"字体"选项组中设置字体和字号，如下左图所示。

Step 06 复制两个艺术字文本框，并分别输入"请"和"函"，设置"请"的字号为72，"函"的字号为48，并排列在"邀"字的右侧，如下右图所示。

设置格式的效果

设置其他两个字

3. 组合艺术字文本框

在设计邀请函标题时，3个字位于不同的文本框，为了方便操作可以将其组合在一起。按住Ctrl键选择3个艺术字文本框❶，切换至"绘图工具-格式"选项卡，单击"排列"选项组中"组合"下三角按钮❷，在列表中选择"组合"选项❸，如下图所示。即可将3个文本框组合在一起。

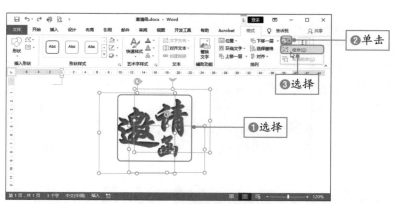

4. 插入背景图片和文本框

邀请函的标题设计完成后，还需要添加背景图片和文本框，背景图片起到修饰作用，文本框是输入邀请函的内容。

Step 01 将光标定位在文本最左侧，单击"插入"选项卡的"图片"按钮，在打开的对话框中选择"背景.jpg"图片❶，单击"插入"按钮❷，如下左图所示。

Step 02 调整插入图片的右下角控制点，拖曳并充满整个页面。

Step 03 将组合的"邀请函"文本框放在图片上方，如下右图所示。

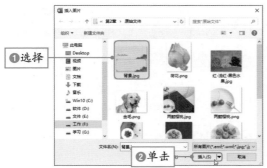

将文本框放在图片上方

Step 04 在图片下方插入横排文本框，并输入文本内容。

Step 05 设置横排文本框为无填充和无边框。

Step 06 根据之前学习设置文本格式的内容，设置文本，最终效果如下图所示。

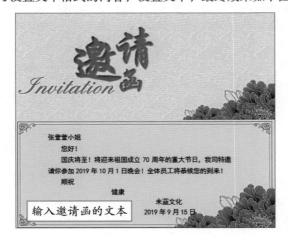

输入邀请函的文本

2.3.9　形状的应用——制作"企业宣传封面和封底"

在Word中提供各种类型的形状，用户可以通过形状绘制不同的图形。形状主要包括线条、矩形、基本形状、公式形状、流程图等，形状还是一个容器，可以在内添加文字。下面通过制作企业宣传封面和封底介绍形状的应用的设置。

扫码看视频

1. 使用线条制作辅助线

Step 01 打开Word软件新建空白文档，然后保存为"企业宣传封面和封底"。

Step 02 单击"布局"选项卡中"页面设置"对话框启动器按钮，因为封面和封底要在一张页面中，所以在打开的"页面设置"对话框中设置纸张的宽度为40厘米、高度为25厘米。

Step 03 在"页边距"选项卡中设置上、下、左、右的边距均为3厘米，并单击"横向"按钮，页面效果如下左图所示。

Step 04 切换至"插入"选项卡❶，单击"插图"选项组中"形状"下三角按钮❷，在列表中选择"直线"❸，如下右图所示。

Step 05 当光标变为黑色十字形状时，按住Shift键在页面中绘制一条垂直的直线，直线要求超出页面范围，作为参考线使用，如下左图所示。

Step 06 保持该线条为选中状态①，切换至"绘图工具-格式"选项卡，单击"排列"选项组中"对齐"下三角按钮②，在列表中选择"水平居中"选项③，如下右图所示。

Step 07 选中的垂直线条显示在页面的中间位置，在线条的右侧制作封面，在线条的左侧制作封底。

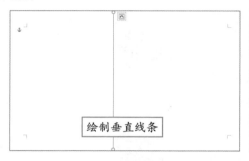

绘制垂直线条

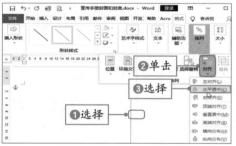

2. 通过添加矩形形状创建封面和封底颜色

Step 01 切换至"插入"选项卡①，单击"插图"选项组中"形状"下三角按钮②，在列表中选择"矩形"形状③，如下左图所示。

Step 02 在页面的右侧绘制一个矩形，使其充满右侧页面。

Step 03 在"绘图工具-格式"选项卡的"形状样式"选项组中设置填充浅灰色，无轮廓，如下右图所示。

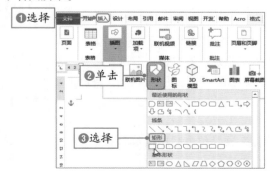

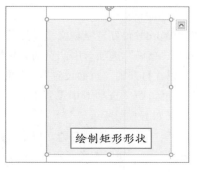

绘制矩形形状

Step 04 复制一份矩形，将其移到左侧页面中，在"形状样式"选项组中设置填充颜色为深红色，然后删除垂直线条，如右图所示。

复制矩形形状并填充颜色

3. 通过矩形形状为图片添加蒙版

Step 01 光标定位在页面中，切换至"插入"选项卡，单击"图片"按钮。

Step 02 在打开的对话框中选择合适的图片，如"办公大厦.jpg"❶，单击"插入"按钮❷，如下左图所示。

Step 03 可见图片在矩形的下方，在"图片工具-格式"选项卡中设置为"浮于文字上方"，即可显示插入的图片，如下右图所示。

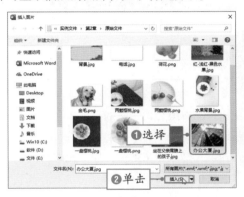

设置图片浮于文字上方

Step 04 对图片进行裁剪并适当缩小。

Step 05 将图片移到右侧页面的右上角并与矩形右侧边对齐，如下左图所示。可见图片中天空和大厦部分太亮。

Step 06 在图片上方绘制一个矩形，使其和图片大小一样，如下右图所示。

裁剪并对齐图片

绘制矩形

Step 07 选中绘制的矩形并右击，在快捷菜单中选择"设置形状格式"命令。

Step 08 在打开的"设置形状格式"导航窗格的"填充"选项区域中选择"渐变填充"单选按钮。

Step 09 设置渐变类型为"射线"、方向为"从中心"、渐变光圈均为黑色，从左向右的光圈的透明分别为70%、50%和20%，如下左图所示。

Step 10 返回文档，可见图片整体变暗，在图片上方的矩形相当于一层蒙版覆盖在上方，效果如下右图所示。

4. 使用直线起到连接作用

Step 01 在图片下方输入"宣传手册"和"未蓝文化传播有限公司"文本。

Step 02 根据文本框和设置文字格式功能对其进行设置。

Step 03 在下方输入企业的宣传主题和相关正文，并设置格式和文本框，如下左图所示。

Step 04 可见两段文本颜色不同，现在需要通过直线连接两部分内容。

Step 05 在两部分文本中间绘制一条水平直线，其长度与"服务广大受众"文本一样。

Step 06 设置直线的颜色为深红色，透明度为40%，宽度为2磅。

Step 07 将所有文本框和线条设置与图片的左边对齐，至此，企业宣传封面制作完成，效果如下右图所示。

5. 通过圆形制作封底文本内容

Step 01 在左侧页面中绘制正圆，在"形状样式"选项组中设置无填充，轮廓为白色、宽度为1.5磅。

Step 02 设置宽和高均为1.5厘米，然后复制两份❶。分别调整上方和下方圆形的位置。

Step 03 按住Ctrl键选择3个正圆形，切换至"绘图工具-格式"选项卡，单击"排列"选项组中"对齐"下三角按钮❷，如下左图所示。

Step 04 为了使3个正圆形排列整齐，首先选择"水平居中"选项，然后再次打开该列表，选择"纵向分布"选项❸。

Step 05 可见3个正圆形之间的距离一样，并且在垂直方向上整齐排列，如下右图所示。

Step 06 添加相关文本框并输入内容，再设置文本格式，在左下角插入企业二维码的图片，如下图所示。

6. 通过形状绘制图标

在封底的下方还需要输入企业的联系电话、邮箱、地址等信息，如果只输入文本会显得单调，因此将使用形状绘制相关的图标美化封底，下面介绍具体操作方法。

Step 01 在"形状"列表中选择"流程图:延期"形状，在页面中绘制高为0.5厘米、宽为0.13厘米的形状。

Step 02 在"形状样式"选项区域中设置填充颜色为纯白、无轮廓，效果如下左图所示。

Step 03 选中形状❶，切换至"绘图工具-格式"选项卡，在"排列"选项组中单击"旋转"下三角按钮❷，在列表中选择"水平翻转"选项❸，如下右图所示。

绘制形状并填充白色

Step 04 保持该形状为选中状态，再次单击"旋转"下三角按钮，在列表中选择"其他旋转选项"选项。

Step 05 打开"布局"对话框，在"大小"选项卡❶的"旋转"区域中设置"旋转"为 $-30°$ ❷，单击"确定"按钮❸，如下左图所示。

Step 06 可见选中形状逆时针旋转30°。

Step 07 绘制扁平的矩形，并设置填充颜色为白色、无轮廓。

Step 08 设置顺时针旋转60°，将其移到上一形状的上方，复制一份移到下方并进行组合，电话的图标制作完成，如下右图所示。

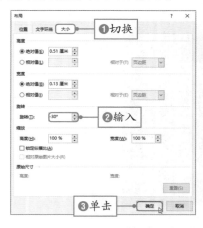

绘制矩形制作电话形状

Step 09 通过矩形和线条形状绘制邮箱的图标。

Step 10 通过圆形和等腰三角形绘制地址的图标，需要设置等腰三角垂直翻转。

Step 11 由于图标整体外观不一致会影响展示的效果，所以最后在所有图标外添加无填充、白色线框的正圆形。

Step 12 在图标的右侧输入相关信息。企业宣传的封底制作完成，封面和封底的最终效果如下图所示。

封面封底的最终效果

本节通过制作宣传手册的封面和封底，认识到形状的几大作用。

● 在页面底部两个大的矩形能够很好地控制设计的版面。

● 在图片上方添加矩形并设置填充颜色和透明度，可以起到蒙版的作用，这和
Photoshop中的图层蒙版的效果相同。

● 在两部分文字之间使用线条起连接作用，不至于将两部分内容分开。

● 在封底将字母和图标放在圆形内，布局效果会很整齐。

● 使用形状还可以快速绘制需要的图标，以达到修饰效果。

实用技巧：在形状中输入文字

如果在形状中输入文字，只需要右击形状，在快捷菜单中选择"添加文字"命令，光标会定位在形状内，然后
输入即可。

2.3.10 表格的应用——制作"个人简历"文档

扫码看视频

提到表格，相信很多用户会想到Excel，Excel是专门处理数据的表格，使
用Word可以处理一些文字型的表格，如个人简历、申请表、KPI考核表等。

1. 插入表格

表格是由多个行或列的单元格组成的，在使用表格之前需要学会创建表格，在Word
2019中有多种创建表格的方法，并且还可以创建Excel表格。

☞ **方法一：自动创建表格**

Step 01 打开Word文档，将光标定位在需要插入表格的位置。

Step 02 切换至"插入"选项卡❶，单击"表格"选项组中"表格"下三角按钮❷。

Step 03 在列表中显示8列10行的方格❸，当光标在该区域移动时，选中的方格会变成橙色的
边框，表示创建的表格。上方显示的数据，如4×5，表示4列5行，单击即可在指定位置创
建表格，如下图所示。

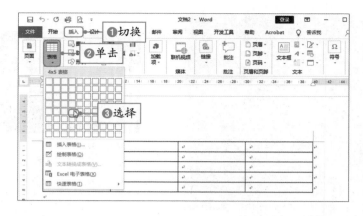

☞ **方法二：通过"插入表格"对话框创建表格**

Step 01 定位光标，单击"表格"下三角按钮。

Step 02 在打开的列表中选择"插入表格"选项❶，如下左图所示。

Step 03 打开"插入表格"对话框，在"表格尺寸"选项区域中设置列数和行数，如分别设置5和8❷，单击"确定"按钮❸，即可创建5列8行的表格，如下右图所示。

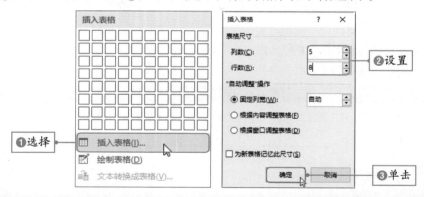

> **温馨提示：使用"插入表格"对话框的好处**
>
> 当需要插入的表格大于8列10行时，使用"插入表格"对话框可以创建指定列数和行数的表格，而不需要再添加行或列。

☞ **方法三：绘制表格**

在Word中用户可以自定义边框，然后通过手动绘制表格。

Step 01 单击"插入"选项卡中"表格"下三角按钮，在列表中选择"绘制表格"选项。

Step 02 光标变为铅笔形状，在Word中单击并拖曳绘制出表格的外边框，形状为矩形，如下左图所示。

Step 03 绘制的线型为上一次在"表格工具-设计"选项卡的"边框"选项组中设置的线型一致。

Step 04 切换至"表格工具-设计"选项卡，在"边框"选项组中设置细点的实线，然后在表格内部绘制内边框，如下右图所示。

绘制表格外边框

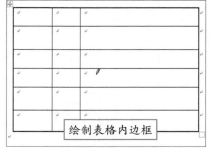

绘制表格内边框

实用技巧：绘制斜线

手动绘制表格时，可以根据需要绘制斜线表头，与绘制直线线条的方法一样。

☞ 方法四：创建Excel表格

Step 01 在Word中，切换至"插入"选项卡，单击"表格"选项组中"表格"下三角按钮，在列表中选择"Excel电子表格"选项。

Step 02 在Word中插入Excel电子表格，同时在功能区显示Excel的相关功能，如下图所示。

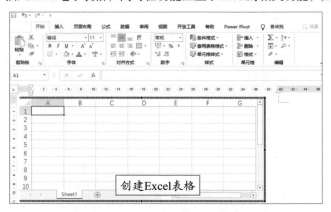

创建Excel表格

Step 03 操作完成后，在Word空白处单击即可返回文档，调整表格的控制点可改变表格的大小。

2. 调整列宽和行高

在Word中插入的表格，行宽是由字体决定的，列宽是平均分布的，我们可以根据制作表格的结构适当调整列宽和行高。下面介绍几种常用的方法。

☞ 方法一：手动统一调整

Step 01 将光标定位在表格内，在表格右下角会显示小方块，当光标移至小文块上方时变为双向箭头。

Step 02 按住鼠标左键不放，水平左右拖曳可以将表格统一调整列宽，如下左图所示。

Step 03 若垂直方向拖曳鼠标，可以统一调整行高，如下右图所示。

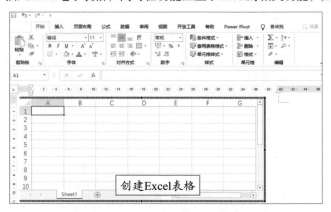

统一调整列宽

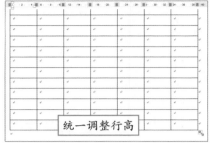

统一调整行高

☞ **方法二：手动逐个调整**

Step 01 将光标移至需要调整列宽的列的右侧边界线上，此时光标变为双向箭头。

Step 02 按住鼠标左键不放，水平方向拖曳即可调整该列的列宽，如下左图所示。

Step 03 光标移至行的下方边界线，按住鼠标左键不放，垂直方向拖曳即可调整行高，如下右图所示。

拖曳调整列宽

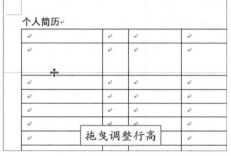

拖曳调整行高

☞ **方法三：平均分布行或列**

Step 01 选择需要平均分布的列，如选择第一列到第三列。将光标移到表格最上方，当光标变为向下黑色箭头时，按住鼠标左键拖曳选择左侧3列❶。

Step 02 切换至"表格工具-布局选项卡"❷，单击"单元格大小"选项组中"分布列"按钮❸，如下左图所示。即可将选中列的列宽设置一样宽度。

Step 03 选择上方3行，单击"分布行"按钮，即可将选中行的行高设置相同高度，如下右图所示。

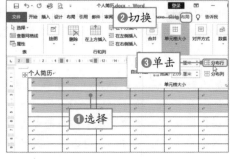

☞ **方法四：精确设置行高和列宽**

Step 01 选择需要设置行高的行，此处全选表格❶。切换至"表格工具-布局"选项卡，单击"表"选项组中"属性"按钮❷，如下左图所示。

Step 02 打开"表格属性"对话框，在"行"选项卡中勾选"指定高度"复选框，并在右侧数值框中输入0.7厘米❸，如下右图所示。

Step 03 单击"确定"按钮即可将选中行的行高设置为0.7厘米。

Step 04 精确设置列宽的方法和行高一样，此处不再赘述。

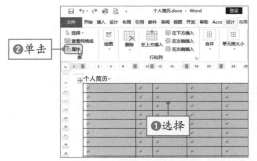 

> **实用技巧：快捷菜单打开"表格属性"对话框**
>
> 我们可以通过右击选中的行，在快捷菜单中选择"表格属性"命令，即可打开"表格属性"对话框，然后设置即可。

☞ **方法五：调整部分列宽**

Step 01 选择需要调整列宽的单元格，如选择第一列中间连续的单元格❶。

Step 02 将光标移到单元格区域的右侧分界线上，按住鼠标左键拖曳即可只调整选中单元格的列宽❷，如右图所示。

> **实用技巧：在功能区精确设置行高或列宽**
>
> 选中需要设置行高或列宽的表格后，切换到"表格工具-布局"选项卡，在"单元格大小"选项组中设置高度和宽度的值即可精确设置行高或列宽。

3. 单元格的合并与拆分

用户可以根据制作表格的要求，把多个单元格合并为一个大的单元格，也可以将一个单元格拆分为多个小的单元格。

Step 01 选择第4排的第2个和第3个单元格❶。

Step 02 单击"表格工具-布局"选项卡中的"合并单元格"按钮❷，如下左图所示。

Step 03 选中的单元格合并为一个单元格❸，如下右图所示。

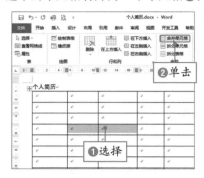

Step 04 选中需要拆分的单元格，单击"拆分单元格"按钮。

Step 05 打开"拆分单元格"对话框，设置需要将选中单元格拆分为的列数和行数❶，单击"确定"按钮❷，如下左图所示。

Step 06 将选中的单元格拆分为两列一行的单元格，如下中图所示。

Step 07 拆分表格就是将一个表格拆分为多个表格，选中需要拆分表格的行，单击"拆分表格"按钮，即可从选中行的下方进行拆分，如下右图所示。

实用技巧：通过擦除的方法合并单元格

将光标定位在表格中，切换到"表格工具–布局"选项卡，在"绘图"选项组中单击"橡皮擦"按钮，光标变为橡皮擦形状，在线条上单击，即可将相邻的两个单元格合并成一个单元格。

实用技巧：F4功能键快速合并单元格

在本案例中需要合并单元格的操作很多，只需要按以上方法执行一次合并，然后再选择需要合并的单元格，直接按F4功能键即可合并，不再需要单击"合并单元格"按钮。

---

4. 插入/删除行或列

当我们在制作表格时，经常需要根据要求插入行或列，也可能需要删除行或列。下面介绍具体的操作方法。

☞ **方法一：快速插入法**

将光标移至表格的左侧或上方边线上的分界线时，会出现圆圈内有加号的图标，直接单击即可在该位置的下方或右侧添加行或列，如下左图所示。

☞ **方法二：通过浮动工具栏添加行**

在表格选中一行❶，即可弹出浮动工具栏，单击"插入"下三角按钮❷，在列表中选择合适的选项即可。选择"在上方插入"或"在下方插入"选项时则会插入一行，选择在"左侧插入"或"在右侧插入"选项时❸，会插入一列。

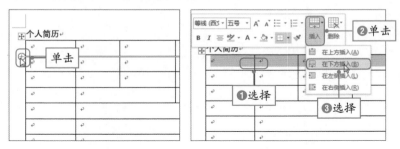

除了以上介绍的方法外，用户还可以通过右键快捷菜单或者"表格工具-布局"选项卡的"行和列"选项组中的按钮插入行或列。

删除行或删除列的方法和插入的方法相似，只是单击的按钮或选择的选项不同，此处不再赘述。

实用技巧：通过Enter键添加行

用户可以将光标定位在表格右侧边线外，按Enter键即可在该行下方插入一行。

---

5. 设置表格的边框和底纹

用户可以通过添加边框和底纹的方法使表格更加美观和层次分明，下面介绍具体操作方法。

Step 01 单击表格左上方⊞按钮，全选表格。

Step 02 切换至"表格工具-设计"选项卡，在"边框"选项组中设置"笔划粗细"为1.5磅，颜色为深蓝色。

Step 03 此时激活了该选项组中"边框刷"按钮，光标成毛笔形状，选择边框线即可应用设置的线条样式，如下左图所示。

Step 04 用户可以通过"边框"按钮设置，保持表格为全选状态❶，在"边框"列表❷中选择"外侧框线"选项❸，如下右图所示。

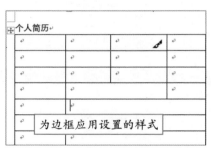

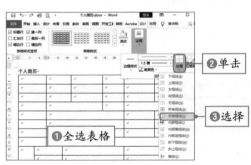

Step 05 设置细点的浅蓝色实线，然后在"边框"列表中选择"内部框线"选项。

Step 06 为表格内部框线应用设置的线条，如下左图所示。

Step 07 全选表格，切换至"表格工具-设计"选项卡，单击"表格样式"选项组中"底纹"下三角按钮，在列表中选择合适的颜色，如浅蓝色，效果如下右图所示。

设置内部边框　　　　添加底纹颜色

6. 应用表格样式

表格的结构创建完成并输入文本后，用户可以直接套用表格样式快速美化表格，下面介绍具体操作方法。

Step 01 将光标定位在表格内，切换至"表格工具-设计"选项卡，单击"表格样式"选项组中"其他"按钮。

Step 02 在打开的列表中选择合适的表格样式，如选择"网格表5 深色 着色2"，如下左图所示。

Step 03 返回文档，可见表格应用选中的样式，如下右图所示。

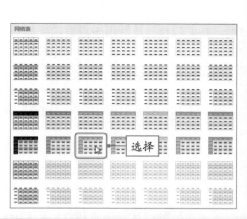

选择

应用表格样式

实用技巧：修改应用的样式

用户也可以修改应用的表格样式，在"表格样式"选项组中右击应用的样式，选择"修改表格样式"选项，在打开的"修改样式"对话框中先选择设置表格的部分如标题行、汇总行、首列、末列等，然后再设置格式，并保存后在"表格样式"列表中再次应用自定的样式即可。

▶ 技能提升：表格与文本相互转换

在Word中可以将文本与表格相互转换以满足不同的需求，下面介绍具体操作方法。

1. 将表格转换成文本

Step 01 打开"一周销售统计表.docx"文档，全选表格内容❶。

Step 02 切换至"表格工具-布局"选项卡❷，单击"数据"选项组中"转换为文本"按钮❸，如下图所示。

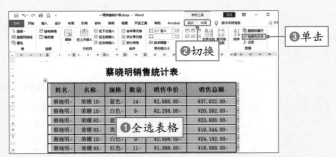

Step 03 打开"表格转换成文本"对话框，在"文字分隔符"选项区域中选中"逗号"单选按钮❶，用户也可以选择其他选项，单击"确定"按钮❷，如下左图所示。

Step 04 返回文档，可见表格转换为文本了，各列之间使用逗号分开，转换后可见文本的格式不变，如下右图所示。

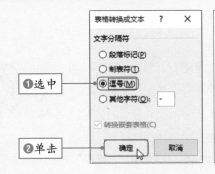

2. 将文本转换成表格

当需要将文本转换成表格时，在列内容之间需要使用相同的符号分开，因为数字中包含逗号，所以使用空格隔开。

Step 01 选中文档中需要转换为表格的文本，每列内容需要使用相同的符号隔开，如空格❶，如下左图所示。

Step 02 切换至"插入"选项卡，单击"表格"选项组中"表格"下三角按钮❷，在列表中选择"文本转换成表格"选项❸，如下右图所示。

Step 03 打开"将文字转换成表格"对话框，选中"根据内容调整表格"单选按钮❶，在"文字分隔位置"选项区域选中"空格"单选按钮❷，如下左图所示。

Step 04 单击"确定"按钮❸，可见选中文本转换成表格，如下右图所示。

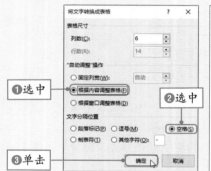

2.3.11　管理表格中的数据

在Excel电子表格中可以很方便地对表格内的数据进行计算、排序等，在Word中也可以进行简单的计算和排序，下面介绍具体操作方法。

扫码看视频

1. 对数据进行排序

Step 01 打开"一周销售统计表.docx"文档，将光标定位在表格中❶。

Step 02 切换至"表格工具-布局"选项卡❷，单击"数据"选项组中"排序"按钮❸，如下图所示。

Step 03 打开"排序"对话框，设置主要关键字为"销售总额"❶，类型为"数字"❷，保持其他参数不变，单击"确定"按钮❸，如下左图所示。

Step 04 返回文档，可见表格的销售总额数值由小到大排列，如下右图所示。

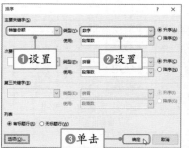

温馨提示：排序的类型

在"排序"对话框中设置类型时有4种方式，分别为笔画、数字、日期和拼音。单击"类型"右侧下三角按钮，在列表中选择合适的选项即可。

2. 计算数据

在统计完某销售员工一周销售数据后，现在需要计算出该员工的销售数量和销售次数，下面介绍具体操作方法。

Step 01 在表格底部添加一行，输入相关文本。

Step 02 将光标定位在"数量"最后一行，切换至"表格工具-布局"选项卡，单击"数据"选项组中"公式"按钮。

Step 03 打开"公式"对话框，在"公式"文本框中显示"=SUM(ABOVE)"公式，表示计算上方数据之和，单击"确定"按钮，如下左图所示。

Step 04 返回文档，可见在指定单元格中计算出了销售数量之和，如下右图所示。

Step 05 将光标定位在"销售总额"最下方单元格中。

Step 06 打开"公式"对话框，单击"粘贴函数"下三角按钮，在列表中选择COUNT函数，表示统计个数。

Step 07 在"公式"文本框中删除SUM函数公式，然后设置COUNT函数参数为ABOVE，单击"确定"按钮，如下左图所示。

Step 08 返回工作表，可见统计出了该员工一周的销售次数为13，如下右图所示。

姓名	名称	版本	规格	数量	销售单价	销售总额
蔡晓明	荣耀10	全网通 6-64	灰色	5	¥2,288.00	¥11,440.00
蔡晓明	荣耀10	全网通 6-64	黑色	7	¥2,288.00	¥16,016.00
蔡晓明	荣耀8X	全网通 6-64	红色	11	¥1,688.00	¥18,568.00
蔡晓明	荣耀8X	全网通 4-64	黑色	13	¥1,488.00	¥19,344.00
蔡晓明	荣耀8X	全网通 4-64	紫色	13	¥1,488.00	¥19,344.00
蔡晓明	荣耀10	全网通 6-64	白色	9	¥2,288.00	¥20,592.00
蔡晓明	荣耀8X	全网通 4-64	蓝色	16	¥1,488.00	¥23,808.00
蔡晓明	荣耀10	全网通 6-128	白色	9	¥2,688.00	¥24,192.00
蔡晓明	荣耀8X	全网通 6-128	紫色	14	¥1,988.00	¥27,832.00
蔡晓明	荣耀8X	全网通 6-128	蓝色	14	¥1,988.00	¥27,832.00
蔡晓明	荣耀8X	全网通 6-128	红色	14	¥1,988.00	¥27,832.00
蔡晓明	荣耀	全网通		14	¥1,488.00	¥30,384.00
蔡晓明	荣耀10	全网通		8.00		¥37,632.00
				销售数量	157	销售次数	13

计算销售总数量

温馨提示：直接输入函数

在"公式"对话框中，如果用户对函数比较熟悉，可以直接在"公式"文本框删除SUM函数，并输入相关函数即可。

2.3.12 图表的应用——制作企业利润分析图

扫码看视频

当数值还不能直观地展示数据的大小比例时，可以使用图表帮助我们分析数据。用户在Word中即可创建图表，下面介绍具体操作方法。

1. 插入图表

企业统计各业务的利润数据，现在需要直观展示数据的比例，此时最好使用饼图，下面介绍具体操作方法。

Step 01 新建Word文档，并保存为"制作企业利润分析图"。

Step 02 将光标定位在需要插入图表的位置❶，切换至"插入"选项卡❷，单击"插图"选项组中"图表"按钮❸，如下左图所示。

Step 03 打开"插入图表"对话框，在左侧选择"饼图"选项❹，在右侧选择"饼图"❺，单击"确定"按钮❻，如下右图所示。

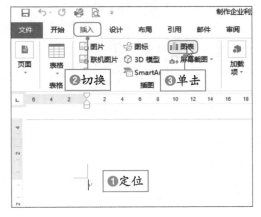

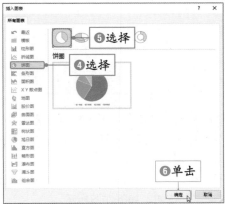

Step 04 在Word中创建一个饼图，同时打开Excel工作表，表格中有相关数据，如下左图所示。

Step 05 在Excel工作表中输入统计的数据时，数据会在饼图中自动更新，并显示标题和图例，如下右图所示。

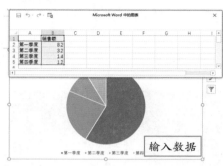

输入数据

查看创建饼图效果

2. 添加数据标签

Step 01 选中图表❶，切换至"图表工具-设计"选项卡，单击"图表布局"选项组中"添加图表元素"下三角按钮❷，在列表中选择"数据标签>居中"选项❸，如下左图所示。

Step 02 选择插入数据标签并右击❶，在快捷菜单中选择"设置数据标签格式"命令❷，如下右图所示。

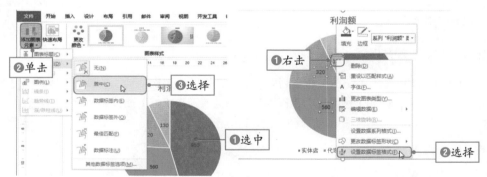

Step 03 打开"设置数据标签格式"导航窗格，在"标签选项"选项区域中勾选"类别名称"和"百分比"复选框，取消勾选"值"复选框，如下左图所示。

Step 04 在饼图各扇区显示名称和百分比，删除图例，效果如下右图所示。

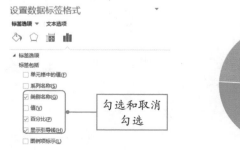

勾选和取消勾选

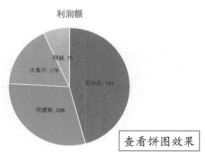

查看饼图效果

- 131 -

3. 快速美化图表

Step 01 选中创建的饼图，切换至"图表工具-设计"选项卡，单击"图表样式"选项组中"其他"按钮。

Step 02 在打开的样式库中，选择合适的图表样式，如选择"样式7"，如下左图所示。

Step 03 可见选中图表应用选中的样式。

Step 04 修改图表的标题，选中图表在"字体"选项组中设置文本格式，最终效果如下右图所示。

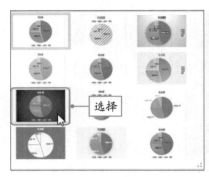
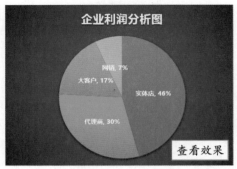

关于图表其他知识，在此将不再介绍，在第3章中将详细介绍图表的展示功能以及复合图表的应用等。

2.3.13　使用SmartArt图形制作组织结构图

Word 2019中SmartArt图形包括列表、流程、循环、层次结构、关系、矩阵等几大类，共包含200多种图形，足以满足用户的各种需求。下面以制作企业的组织结构图为例介绍SmartArt图形的应用。

扫码看视频

1. 插入SmartArt图形

Step 01 新建Word文档，并保存为"制作组织结构图.docx"文档。

Step 02 切换至"插入"选项卡❶，单击"插图"选项组中SmartArt按钮❷，如下左图所示。

Step 03 打开"选择SmartArt图形"对话框，在左侧列表中选择"层次结构"选项❸，在中间选项区域中选择合适的图表❹，在右侧可以预览，单击"确定"按钮❺，如下右图所示。

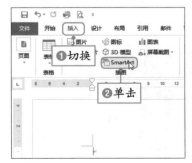

Step 04 在文档中插入选中的SmartArt图表，如右图所示。

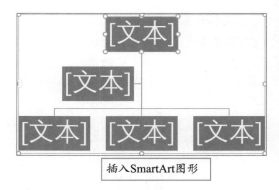

插入SmartArt图形

2. 添加形状

Step 01 如果需要在图形中输入文字，只需要单击图形，然后输入文本，如在最上方图形中输入"总经理"。

Step 02 所有文本会统一调整文本的大小，根据相同的方法输入其他同级别的职务，如下左图所示。可见默认的图形是不能满足要求的，现在需要在"人事部"后方添加形状。

Step 03 选择"人事部"形状，切换至"SmartArt工具-设计"选项卡，单击"创建图形"选项组中"添加形状"下三角按钮❶，在列表中选择"在后面添加形状"选项❷，如下右图所示。

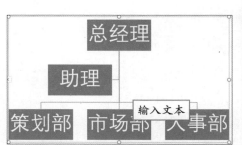

输入文本

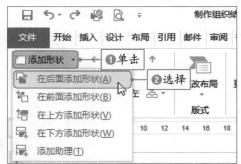

温馨提示：通过文本窗格输入文字

单击"创建图形"选项组中"文本窗格"按钮，在打开的窗格中选中对应的文本框然后输入文本，也可以完成在SmartArt图表中输入文本。

Step 04 选中添加的形状，并输入"财务部"，然后在下方添加两个形状并输入"财务专员"和"会计"，如右图所示。

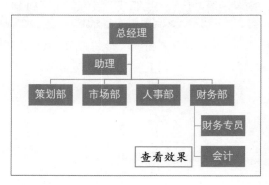

查看效果

3. 美化SmartArt图形

Step 01 选中创建的SmartArt图形，切换至"SmartArt工具-设计"选项卡，在"SmartArt样式"选项组中单击"其他"按钮。

Step 02 在打开的样式库中选择"砖块场景"样式，如下左图所示。

Step 03 SmarArt图形即可应用选中的样式。

Step 04 单击"SmartArt样式"选项组中"更改颜色"下三角按钮，在列表中选择合适的颜色，如下右图所示。

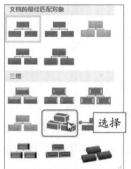 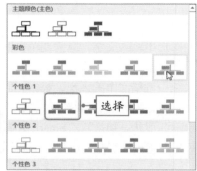

Step 05 切换至"SmartArt工具-格式"选项卡，在"形状样式"选项组中设置填充颜色和无边框，并拖曳"财务部"下方两个图形至合适位置，最终效果如下图所示。

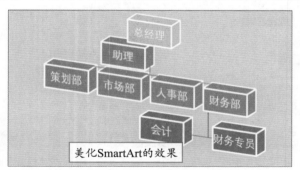

美化SmartArt的效果

高手进阶：图片、文本框与形状的应用

本节学习了图文混排的相关知识，主要了解Word中的各个元素的应用，如图片、文本框、艺术字、形状、表格和图表等，下面通过制作"数学手抄报"学习图片、形状和文本框的应用。

扫码看视频

1. 应用图片

本案例是制作小学生的手抄报，要以图片为背景制作出可爱的效果，主要使用卡通图片，下面介绍图片的应用。

Step 01 新建Word空白文档，并保存为"数学手抄报.docx"文档。

Step 02 切换至"布局"选项卡，单击"页面设置"对话框启动器按钮。

Step 03 打开"页面设置"对话框，在"纸张"选项卡中设置宽度为21厘米、高度为15.5厘米。

Step 04 单击"插入"选项卡中的"图片"按钮，在打开的对话框中选择"手抄报背景.png"①，单击"插入"按钮②，如下左图所示。

Step 05 调整图片大小，使其充满整个页面，然后再导入"彩虹.png"、"书包.jpg"、"文本框.png"和"小女孩.png"等，并分别排放在页面中，效果如下右图所示。

Step 06 书包的图片与周围背景有点格格不入，因此选中该图片①，切换至"图片工具-格式"选项卡，单击"图片样式"选项组中"图片效果"下三角按钮②，在列表中选择"柔化边缘>25磅"选项③，如下左图所示。

Step 07 将图片的柔化边缘值设置大点，然后适当增大图片，效果如下右图所示。

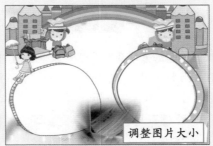

2. 形状的应用

在制作手抄报时，为了使其内容丰富，可以在中间空白处通过形状绘制一个彩色的风车，下面介绍具体操作方法。

Step 01 单击"插入"选项卡中"形状"下三角按钮，在列表中选择梯形形状，在页面中绘制形状，如下左图所示。

Step 02 右击形状，在快捷菜单中选择"编辑顶点"命令。

Step 03 将光标移到左上角控制点，按住鼠标垂直向下拖曳，调整梯形形状，效果如下右图所示。

绘制梯形形状

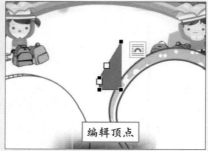

编辑顶点

Step 04 选择梯形形状，在"图片工具-格式"选项卡中单击"旋转"下三角按钮，在列表中选择"水平翻转"选项。

Step 05 按Ctrl+C组合键复制，再按Ctrl+V组合键进行粘贴。

Step 06 选中复制的梯形，在"旋转"列表中选择"向右旋转90°"选项，则形状进行顺时针旋转，如下左图所示。

Step 07 然后将复制的梯形形状向右移动，并使两个形状底端对齐，效果如下右图所示。

复制梯形并旋转

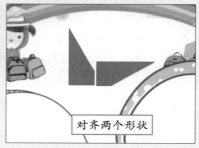

对齐两个形状

Step 08 根据相同的方法复制形状并设置合适的旋转角度，效果如下左图所示。

Step 09 在"形状工具-格式"选项卡的"形状样式"选项组中设置不同形状的填充和无轮廓，设置完成后组合在一起，如下右图所示。

复制并旋转成风车

填充不同颜色

Step 10 选中组合后的形状，逆时针进行旋转，然后在"形状样式"选项组中为其添加阴影效果，如下图所示。

旋转风车并添加阴影效果

3. 文本框的应用

数学手抄报的背景制作完成后，还需要添加文本内容，下面介绍具体操作方法。

Step 01 在页面中插入横排文本框，并输入"数学手抄报"文本。

Step 02 选择输入的文本，在"字体"选项组中设置字体、字号和字体颜色，如下左图所示。

Step 03 文字在彩虹下方，为了使画面更和谐，还需将文字弯曲排列与彩虹相呼应。

Step 04 选中文本框，切换至"绘图工具-格式"选项卡，单击"艺术字样式"选项组中"文字效果"下三角按钮，在列表中选择"转换>V型:倒"选项。

Step 05 返回文档，放大页面，调整黄色控制点，使文字的弯曲程度和彩虹相协调，效果如下右图所示。

输入标题文本并设置格式

为标题应用转换效果

Step 06 在其他两个空白区域添加文本，并设置字体格式，最终效果如右图所示。

输入正文并设置格式

2.4 Word长文档——制作"员工手册"

之前我们学习了Word文档建立的基本要素，如文本、图片、形状、表格等，同时还学习了一些设置格式的技巧，如设置文本格式、段落格式、图片的应用等。通过以上知识，我们可以制作出简短、图文混排的文档，如果编排像员工手册、计划书等大型文档的话，还需要学习本节的知识。

2.4.1 样式的应用

样式是字体格式和段落格式的集合，在对长文档排版时可以对相同性质的文本重复套用特定样式以提高排版效率。在应用样式后，我们也可以根据需要对其进行修改。

扫码看视频

1. 应用样式快速格式化文档

Word 2019中有预设标题、强调、明显强调、要点等10多种样式，用户可以直接应用样式，下面介绍两种直接套用样式的方法。

☞ **方法一：使用样式库应用样式**

Step 01 打开"员工手册.docx"文档，将光标定位在需要设置样式的文本中，如定位在"第一章 欢迎词"文本❶。

Step 02 切换至"开始"选项卡❷，单击"样式"选项组中"其他"按钮❸，如下图所示。

Step 03 在打开的样式库中选择"标题2"样式，如下左图所示。

Step 04 返回Word文档中，可见定位的文本应用"标题2"的样式，如下右图所示。

☞**方法二：使用"样式"导航窗格应用样式**

Step 01 在"员工手册.docx"中选中需要应用三级标题的文本，如"第一节 办公环境"。

Step 02 切换至"开始"选项卡，单击"样式"选项组中对话框启动器按钮。

Step 03 打开"样式"导航窗格，其中显示推荐的样式，用户可以进一步设置显示所有样式，然后再选择合适的样式，单击"选项"按钮，如下左图所示。

Step 04 打开"样式窗格选项"对话框，单击"选择要显示的样式"右侧下三角按钮，在列表中选择"所有样式"选项❶，单击"确定"按钮❷，如下中图所示。

Step 05 返回"样式"导航窗格，可见显示Word内置的所有样式，然后将光标移到需要应用的样式上，如"标题3"样式上方，在右下角显示标题3的字体、段落和样式的格式，如下右图所示。

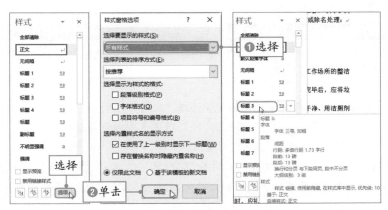

Step 06 在"标题3"上单击即可将选中的文本应用标题3样式,根据相同的方法将文本中对应的文本应用样式。

实用技巧：快速应用相同的样式

当我们在排版长文档时，经常会遇到需要为多个文本应用相同的样式，此时可以通过Ctrl键选择所有需要应用相同样式的文本，然后再根据以上方法应用样式。

---

2. 修改样式

为文档应用"标题2"和"标题3"后，两个样式的文本的字体和段落格式相同，只是样式级别不同。为了更好地划分等级，需要修改应用"标题3"的文本字体和段落格式。

Step 01 在"开始"选项卡的样式库中右击"标题3"样式❶，在快捷菜单中选择"修改"命令❷，如下左图所示。

Step 02 打开"修改样式"对话框，在"格式"选项区域中可以设置常用的字体格式，如字体、字号、对齐方式等。

Step 03 单击"字号"右侧下三角按钮，在列表中选择"四号"选项❸，其他参数保持不变，如下右图所示。

实用技巧：通过"字体"对话框设置字体格式

除了上述介绍的设置字体格式的方法外，还可以单击"格式"下三角按钮，在列表中选择"字体"选项，在打开的"字体"对话框中设置格式。

Step 04 单击"格式"下三角按钮，在列表中选择"段落"选项。

Step 05 打开"段落"对话框，在"缩进和间距"选项卡中设置段前和段后均为6磅❶，行距为1.3倍❷，单击"确定"按钮，如下左图所示。

Step 06 设置完成后，返回Word文档，应用标题3样式的文本自动应用设置的格式，可见标题3和标题2的字体和段落格式均不同，可以清晰地展示不同级别的标题，如下右图所示。

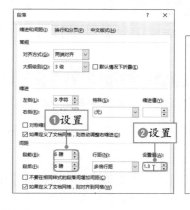

3. 自定义样式

　　用户可以根据文档的需要创建新的样式，如对文本、图片、图表等创建样式。本案例介绍对图片创建样式的方法，用户可以根据相同的方法对其他元素创建样式。我们可以在"样式"选项组的"其他"列表中选择"创建样式"，然后再修改创建的样式格式，也可以直接创建新的样式，下面介绍具体操作方法。

Step 01 在"员工手册.docx"文档中，选中图片，切换至"开始"选项卡，单击"样式"选项组中对话框启动器按钮。

Step 02 打开"样式"导航窗格，单击下面"新建样式"按钮❶，如下左图所示。

Step 03 打开"根据格式创建新样式"对话框，该对话框内的参数和"修改样式"对话框中一样，首先重命名样式，然后设置居中对齐，最后单击"格式"下三角按钮❷，在列表中选择"段落"选项。

Step 04 打开"段落"对话框，在"缩进和间距"选项卡中设置段前和段后为0.5行❸，依次单击"确定"按钮，如下右图所示。

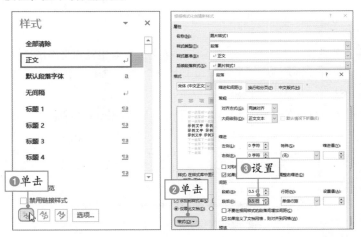

Step 05 返回Word文档可见图片应用设置的样式，同时在"样式"导航窗格中显示创建的样式，如下图所示。

图片应用样式的效果

温馨提示：取消和删除样式

当文档不需要应用样式时，只需选中取消样式的文本，然后单击"样式"选项组中"其他"按钮，在列表中选择"清除格式"选项或者应用"正文"样式即可。

如果需要删除某样式，在样式库中或者在"样式"导航窗格中右击样式，如"图片样式1"，在快捷菜单中选择"从样式库中删除"命令，即可删除该样式，文档应用该样式的元素不发生变化。如果在"样式"导航窗格中右击样式，选择"删除'图片样式1'"命令，在弹出的对话框中单击"是"按钮，则应用该样式的元素将恢复到之前的状态。

2.4.2 主题的应用

通过"设计"选项卡的"主题"功能可以确定文档的主题，一个主题又由多个样式组成"样式集"，在样式集中可选定某个"样式"，这个样式就是上一节中介绍的"样式"，本节将介绍主题的应用。

扫码看视频

1. 套用内置主题

在创建大型文档时可以通过主题确定文档的风格，如字体、字号、段落缩进等，下面介绍主题的应用。

Step 01 在"员工手册.docx"文档中为文本应用样式，并为相应的文本填充底纹颜色❶。

Step 02 切换至"设计"选项卡❷，单击"文档格式"选项组中"主题"下三角按钮❸。

Step 03 在列表中选择"环保"主题❹。

Step 04 可见应用样式的文本的字体格式发生了变化，底纹颜色由橙色变为青色，如下图所示。

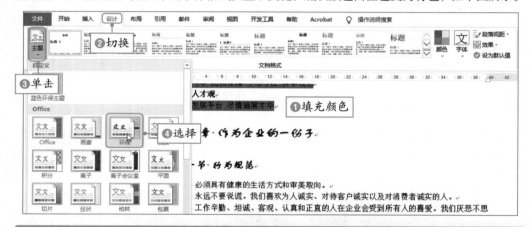

> **温馨提示：预览主题效果**
>
> 在选择主题时，可以将光标移到主题的上方，即可在文档中预览该主题的效果，如果满意可直接单击应用该主题。

2. 设置颜色和字体

主题能确定文本的总体配色风格和默认的字体、字号等风格，用户也可以根据需要对主题进行设置。下面介绍设置颜色和字体的操作方法。

Step 01 单击"文档格式"选项组中"颜色"下三角按钮❶，在打开的列表中用户可以选择合适的配色方案，如选择"橙红色"❷。

Step 02 原来青色的底纹变为橙色，黑色文本变为白色文本❸，如下左图所示。

Step 03 为了体现文档的正式，还需将字体进行修改，单击"字体"下三角按钮❶。

Step 04 在列表中选择合适的字体，如"黑体"❷。

Step 05 返回Word文档，可见所有应用样式的文本的字体均修改为黑体，其他字号、颜色不变❸，如下右图所示。

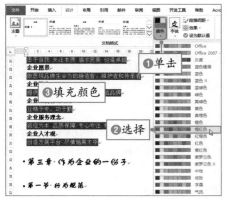 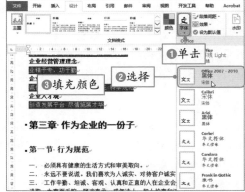

温馨提示：设置段落间距

用户可以统一设置段落间距，在"文档格式"选项组中单击"段落间距"下三角按钮，在列表中选择合适的选项，如紧凑、紧密、疏行、松散等，也可以选择"自定义段落间距"选项，打开"管理样式"对话框设置相关参数。

▶ 技能提升：通过样式集规范文档

　　在Word中内置17种样式，用户可以通过应用样式集确定文本样式，下面介绍具体操作方法。

Step 01 根据前两节的方法为文档应用样式和主题。

Step 02 切换至"设计"选项卡，单击"文档格式"选项组中"其他"按钮，在打开的样式集中选择合适的样式，如下图所示。

Step 03 应用选中的样式。

扫码看视频

　　应用样式后，还可以设置配色或字体等，如果设置"效果"会改变文档中插入的形状的显示效果。Word默认的样式在任何一个主题下都列在最前面，并被标识为"此文档"，如果我们改变了文档的样式，则"此文档"下的样式就会被改变。

　　一个Word文档的样式决定文档中各段落的基本格式，应当在撰写文档之前设计好，如果在撰写文档后期设置样式，则文档会发生很大改动。

2.4.3 分页和分节

在制作长文档时，当文本或图片等元素充满一页时，Word文档会自动插入一个分页符并开始在新的一页进行操作。为了页面的美观有时需要强制进行分页或分节，下面介绍具体操作方法。

1. 插入分页符

分页符是一种符号，显示在上一页结束以及下一页开始的位置。在Word中可以通过分页符将指定的内容单独放在一页，如在本案例中需要将第一章的欢迎词单独放在第一页，下面介绍具体操作方法。

Step 01 将光标定位在"第二章 企业文化"文本的最左侧。

Step 02 切换至"布局"选项卡，单击"页面设置"选项组中"分隔符"下三角按钮❶。

Step 03 在打开的列表中选择"分页符"选项❷，如下左图所示。

Step 04 操作完成后，返回文档，可见光标定位的位置之后的文本移到下页，如下右图所示。

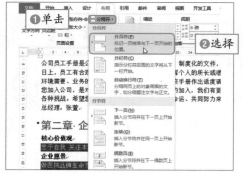

Step 05 将光标定位在"须首先防止病毒传染"文本右侧。

Step 06 根据相同的方法添加分页符，可见"第六 文件管理办法"之后所有文本移到下一页，如下图所示。

2. 插入分节符

分节符是指为表示节的结尾插入的标记，分节符起着分隔其前面文本格式的作用，如页边距、页面方向、页眉和页脚等，如果删除分节符，它前面的文字会合并到后一节中，并采用后者的格式设置。

Step 01 将光标定位在第4页中"第五节 电脑管理制度"文本最左侧❶。

Step 02 单击"页面设置"选项组中"分隔符"下三角按钮❷，在列表中选择"下一页"选项❸，如下图所示。

Step 03 光标下方文本移至下一页。

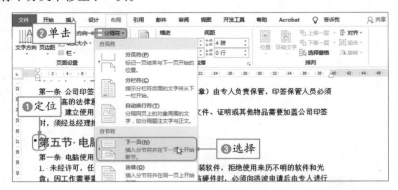

2.4.4 孤行控制

孤行控制是指单独打印在一页顶部的某段落的最后一行，或者是单独打印在一页底部的某段落的第一行，下面介绍孤行控制的具体操作方法。

扫码看视频

Step 01 在文档中的第3页，最上方显示半行文字，其他部分在第2页显示。

Step 02 将光标定位第3页第一行文本。

Step 03 切换至"布局"选项卡，单击"段落"选项组中对话框启动器按钮。

Step 04 打开"段落"对话框，切换至"换行和分页"选项卡❶，在"分页"选项区域中勾选"孤行控制"复选框❷，单击"确定"按钮❸，如下左图所示。

Step 05 返回Word文档，可见第2页的最下一行文本移到第3页最上方，如下右图所示。

查看孤行控制的效果

2.4.5　插入封面

在Word 2019中提供16种预设封面效果，我们可以直接套用为文档添加封面，然后根据实际需要修改封面中的内容，下面介绍插入封面的具体操作方法。

Step 01 将光标定位在文档开头的最左侧，如在"第一章 欢迎词"的左侧❶。

Step 02 切换至"插入"选项卡，单击"页面"选项组中"封面"下三角按钮❷，在列表中选择"边线型"封面效果❸，如下左图所示。

Step 03 返回文档，可见在光标前插入选中的封面，封面中包含公司名称、文档标题、副标题、日期等，如下右图所示。如果不需要某部分内容可直接选中然后按Delete键删除，用户也可以通过添加文本框的方法在封面中添加其他文本。

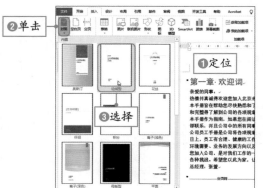

Step 04 用户可以在各部分中输入相关文本，也可以修改文本的格式。其中封面的颜色与2.4.2节中设置的主题颜色和字体有关。

温馨提示：删除当前封面

如果不需要插入的封面，我们可以将其删除，单击"插入"选项卡中"封面"下三角按钮，在列表中选择"删除当前封面"选项即可。

用户除了可以直接应用内置的封面效果外，也可以在"插入"选项卡的"页面"选项组中单击"空白页"按钮，在最前面插入空白页，然后根据2.3节中所学的文本框、图片、形状、艺术字等知识设计封面。

2.4.6　添加页眉和页脚

页眉和页脚分别位于页面上正文以外的上、下空间，可以帮助用户在每一页上、下的空间重复同样的信息。我们可以在页眉输入企业名称或LOGO标志，在页脚插入日期或页码等。

为长文档添加页眉和页脚时，通常情况下为奇偶页设置不同的显示内容，如在偶数页页眉中显示企业名称，奇数页页眉中显示文档标题名称。页脚也只显示页码并且偶数页在左侧，奇数页在右侧，下面介绍具体操作方法。

1. 进入页眉和页脚状态的方法

在设计页眉和页脚时，首先进入该状态，通常有两种方法，一是通过"插入"选项的页眉和页脚功能，二是直接双击页眉或页脚。

☞ 方法一：通过"插入"选项卡的页眉和页脚功能

Step 01 在Word文档中切换至"插入"选项卡❶，单击"页眉和页脚"选项组中"页眉"下三角按钮❷，在列表中选择合适的页眉形式❸，如下左图所示。

Step 02 系统根据选择的页眉格式提供页眉的结构，并定位在页眉中，然后设置页眉内容即可。

Step 03 插入页脚的方法与此类似，此处不再赘述。

☞ 方法二：双击页眉或页脚

Step 01 双击文档中的页眉或页脚位置，系统进入页眉页脚状态，如下右图所示。

Step 02 分别设置页眉和页脚，然后在文档页眉和页脚之外区域双击即可退出页眉和页脚状态。

Step 03 用户也可以切换至"页眉和页脚工具-设计"选项卡中单击"关闭页眉和页脚"按钮，退出页眉和页脚状态。

以上两种方法中，第一种对于新增页眉和页脚是很便利的操作，因为可以直接采用系统内置的页眉或页脚格式。如果需要对现有的页眉或页脚进行修改，采用第二种方法更为方便。

在编辑长文档时，在页眉或页脚中插入页数信息有助于提高文档的规范性，并且可以在撰写过程中起到提醒作者的作用，页眉中的信息可以很好地提醒阅读者该页内容所属的区域，也可在页眉中添加企业LOGO图片，以增强文档的感染力和标识度。

2. 插入页眉

Step 01 将光标定位在文档中，单击"插入"选项卡的"页眉"下三角按钮，在列表中选择"母版型"选项，如下左图所示。

Step 02 页眉处于可编辑状态，切换至"页眉和页脚工具-设计"选项卡，在"选项"选项组中勾选"奇偶页不同"复选框。

Step 03 在奇数页页眉中输入"员工手册"文本并设置格式，如下右图所示。

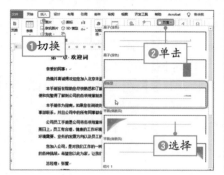

Step 04 切换至偶数页页眉，并定位在页眉中，单击"页眉和页脚工具-设计"选项卡的"插入"选项组中"图片"按钮❶。

Step 05 在打开的"插入图片"对话框中选择企业的LOGO图片❷，单击"插入"按钮❸，如下左图所示。

Step 06 适当缩小LOGO图片，并设置图片的环绕方式为"浮于文字上方"。

Step 07 然后在页眉中输入企业名称并设置文本格式，如下右图所示。

Step 08 完成为奇偶页添加不同的页眉内容。

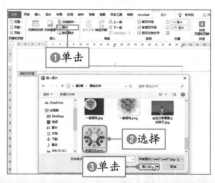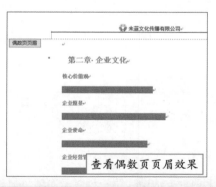

实用技巧：删除页眉中的横线

相信使用过Word文档添加页眉的朋友都遇到过被页眉的一根小小的横线所困扰的情况，那么怎么删除这条横线呢？进入页眉在"开始"选项卡的"样式"选项组中设置样式为"正文"即可将这条横线删除。

3. 插入页脚

Step 01 切换至奇数页页脚，单击"页眉和页脚工具-设计"选项卡的"导航"选项组中"转到页脚"按钮，也可以滚动文档将光标定位在页脚中。

Step 02 单击"页眉和页脚"选项组中"页码"下三角按钮❶，在列表中选择"页面底端>加粗显示的数字3"选项❷，如下左图所示。

Step 03 在奇数页页脚的右侧显示插入页码格式。

Step 04 左侧数字表示当前页码，右侧数字表示文档总页数。在文本两侧分别输入相应的文本，形式为"第1页/共16页"，并设置文本的格式，如下右图所示。

奇数页页脚效果

Step 05 切换至偶数页页脚中插入"加粗显示的数字1"，并按照相同的方法添加文本并设置页码的格式。

Step 06 将文档以多页显示并调整缩放比例，使文本中显示两个页面，可见奇偶的页眉和页脚均显示不同的信息，如下图所示。

查看页眉页脚的效果

实用技巧：设置显示其他信息

在插入页眉和页脚时，除了以上介绍的显示信息外，还可以在"页眉和页脚工具-设计"选项卡的"导航"窗格中添加日期时间、文档的作者、文件名、文件路径、文档标题等信息。用户根据需要自行设置即可，此处不再赘述。

2.4.7 目录

文档中的目录是自动生成的，对于大型的长文档而言，如果手工输入目录非常繁锁，可使用Word中提供的"目录"功能，只需简单几步即可快速、准确提取。

扫码看视频

1. 创建目录

要想提取目录，首先根据2.4.1节中内容为文档应用标题样式，然后直接套用Word提供的内置目录样式即可。

Step 01 将光标定位在第2页第一行文本的最左侧❶。

Step 02 切换至"插入"选项卡❷，单击"页面"选项组中"空白页"按钮❸，如下左图所示。

Step 03 在空白页中输入"目录"文本并设置格式。

Step 04 将光标定位在"目录"下一行并左对齐，切换至"引用"选项卡❶，单击"目录"选项组中"目录"下三角按钮❷。

Step 05 在列表中选择"手动目录"选项时，需要手动输入各级标题的名称，如果选择自动目录选项，可以自动提取目录并应用格式。

Step 06 此处选择"自定义目录"选项❸，如下右图所示。

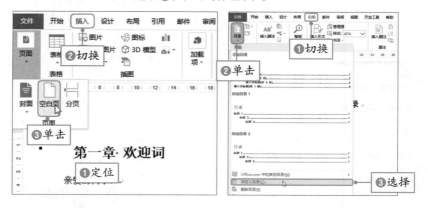

Step 07 打开"目录"对话框，在"目录"选项卡中单击"制表符前导符"下三角按钮，在列表中选择合适的样式❶，在"常规"选项区域中可以设置目录的格式和显示的级别，通过"显示页码"复选框可以设置目录页码，在"打印预览"区域中可以预览设置目录的效果，单击"确定"按钮❷，如右图所示。

Step 08 返回文档,在光标处自动提示该文档的目录,并且目录内容应用设置的格式,如下左图所示。

Step 09 当光标定位在目录上时,在左上角显示"按住Ctrl键单击可访问链接"文本,如下右图所示,如按住Ctrl键单击"第四章 规章制度总则",则自动跳转到正文中第四章。

查看提取目录的效果

按住Ctrl键单击

实用技巧:取消目录的链接功能

如果不需要目录的链接功能,用户可以将该功能取消。选择目录,单击"目录"下三角按钮,在列表中选择"自定义目录"选项,在打开的"目录"对话框中取消勾选"使用超链接而不使用页码"复选框,单击"确定"按钮。

---

2. 修改目录

提取目录后,我们还可以对目录进行修改,如设置文本和段落格式等。本案例中需要将章名称设置加粗显示,将节名称取消倾斜并缩小字号,下面介绍具体操作方法。

Step 01 将光标定位在目录中,打开"目录"对话框,设置样式为"来自模版"❶,单击"修改"按钮❷,如下左图所示。

Step 02 打开"样式"对话框,选择TOC2❸,单击"修改"按钮❹,如下右图所示。TOC2为本案例中应用的标题2的样式,在下方显示其相关格式。

Step 03 打开"修改样式"对话框，该对话框与2.4.1节中修改样式的对话框相同，然后设置标题2的格式，只设置加粗即可，单击"确定"按钮，如下左图所示。

Step 04 返回"样式"对话框中选中TOC3，单击"修改"按钮，根据相同的方法设置标题3样式为取消倾斜，设置字号为8，依次单击"确定"按钮。

Step 05 弹出提示对话框后单击"确定"按钮，如下中图所示。

Step 06 返回文档，可见目录应用设置的样式，如下右图所示。

温馨提示：更新目录

提取目录后，如果作者修改文档中应用标题样式的文本或添加内容导致页码延后，此时目录是无法自动更新的，通过以下方法可以手动更新目录。右击目录，在快捷菜单中选择"更新域"命令，在打开的对话框中选中"更新整个目录"单选按钮，单击"确定"按钮即可，也可以单击"目录"选项组中"更新目录"按钮。

▶ 技能提升：为页码添加括号

提取目录后，页码只显示数字，我们还可以为页码添加小括号，使目录更加标准美观，下面介绍通过"替换"功能为页码添加括号的方法。

扫码看视频

Step 01 选中目录内容，切换至"开始"选项卡，单击"编辑"选项组中"替换"按钮。

Step 02 打开"查找和替换"对话框，在"查找内容"文本框中输入"([0-9]{1,})"❶，在"替换为"文本框中输入"(\1)"❷，单击"更多"按钮，勾选"使用通配符"复选❸，单击"全部替换"按钮❹，如右图所示。

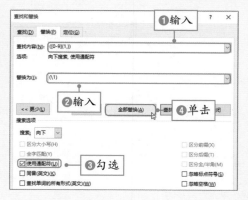

Step 03 弹出提示对话框，显示替换多少处，并询问是否搜索文档的其余部分，单击"否"按钮，如下左图所示。

Step 04 返回文档，可见目录中页码均添加了小括号，如下右图所示。

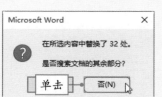

查看效果

● 高手进阶：长文档的编辑——应用样式、页眉和页脚、目录 ●

　　本节学习了长文档编辑排版的相关知识，主要了解样式的应用、主题的应用、分页和分节、封面、页眉和页脚以及目录。下面通过对"企业发展战略规划.docs"文档的编辑进一步学习长文档的编辑方法。

扫码看视频

1. 设置格式

Step 01 新建Word文档并保存为"企业发展战略规划.docx"。

Step 02 输入相关内容并全选，然后在"开始"选项卡的"字体"选项组中设置字体为"宋体"、字号为五号，字符间距为1.2磅。

Step 03 保持全选状态，打开"段落"对话框，设置段前、段后为0.5行❶，行距为1.3倍❷，并设置首行缩进2字符❸，如下左图所示。

Step 04 设置完成后返回文档，设置第一行文本的格式，效果如下右图所示。

设置格式的效果

2. 应用并修改样式

Step 01 选中所有章名称，切换至"开始"选项卡，在"样式"选项组中应用"标题1"样式，则选中的文本应用该样式，如下左图所示。

Step 02 根据相同的方法为所有章名称应用"标题2"样式。

Step 03 在样式库中右击"标题1"样式，在快捷菜单中选择"修改"命令。

Step 04 打开"修改样式"对话框，在"格式"选项区域中设置字体为"黑体"、字号为三号，然后打开"段落"对话框，设置段前和段后距离，并设置行距为2倍，依次单击"确定"按钮，如下右图所示。

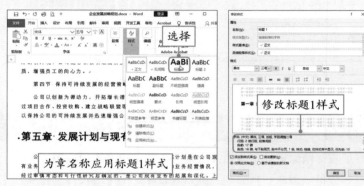

Step 05 根据相同的方法设置标题2的字体格式为"黑体"、字号为小四，段落格式为行距1.5倍、段前和段后6磅。

Step 06 设置完成后，效果如下图所示。

3. 页眉和页脚

Step 01 切换至"插入"选项卡，单击"页眉和页脚"选项组中"页眉"下三角按钮，在列表中选择"空白"选项。

Step 02 在页眉中输入企业的名称，并设置文本格式，然后删除页眉中的分隔线，如下左图所示。

Step 03 将光标定位在页脚，切换至"页眉和页脚工具-设计"选项卡，单击"页脚"下三角按钮，在列表中选择"怀旧"选项。

Step 04 在页脚中左侧显示作者的名称，在右侧显示页码，在"字体"选项组中设置文本格式，如下右图所示。

4. 提取目录

Step 01 在文档最开头插入空白页，将光标定位在空白页，在"引用"选项卡中单击"目录"下三角按钮，在列表中选择"自定义目录"选项。

Step 02 打开"目录"对话框，保持参数不变，单击"确定"按钮，如下左图所示。

Step 03 返回文档，查看插入的目录，如下右图所示。

5. 插入封面

　　文档制作完成后，因为第一页就是目录，感觉不太美观，可以在第一页之前插入"花丝"封面效果，并输入标题文本。

　　文档制作至此，用户还需要检查是否有需要插入分页符或分节符的部分，以及是否有需要在页面第一行孤行显示的文本等。

2.5 审阅文档——审阅"企业投资计划书"文档

当文档初次完成后，需要对其进行修改完善，并且需要记录修改的过程以便进行针对性的沟通，此时就需要审阅功能。

在Word中执行审阅功能通过"审阅"选项卡完成，可以对拼写语法进行检查，翻译功能以及简繁转换等，本部分主要介绍修订和批注功能。本节还涉及脚注和尾注的相关知识。

2.5.1 批注

批注是对文档的特殊说明，在Word中添加批注的对象可以是文本、表格或图片等元素。批注显示在文档边缘，批注与被批注的文本使用与批注颜色一样的虚线连接。

扫码看视频

1. 添加批注

Step 01 打开"企业投资计划书.docx"文档，选择需要添加批注的文本❶。

Step 02 切换至"审阅"选项卡❷，单击"批注"选项组中"新建批注"按钮❸，如下左图所示。

Step 03 在页面的右侧插入批注框，并显示名称。用户在文本框中输入批注内容即可，如下右图所示。

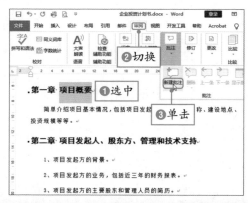 

> **实用技巧：快捷菜单插入批注**
>
> 用户也可以通过快捷菜单插入批注，在文档中选择文本并右击，在快捷菜单中选择"新建批注"命令。

2. 编辑批注

插入批注后，用户可以对其进行编辑，如修改批注颜色、改变批注框的大小和批注框的位置等。

Step 01 在添加批注的文档中单击"审阅"选项卡的"修订"对话框启动器按钮。

Step 02 打开"修订选项"对话框，单击"高级选项"按钮，如下左图所示。

Step 03 打开"高级修订选项"对话框，设置批注颜色为"鲜绿"❶、宽度为5厘米❷、边距为"左"❸，单击"确定"按钮❹，如下右图所示。

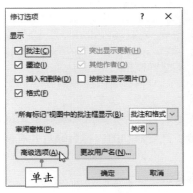

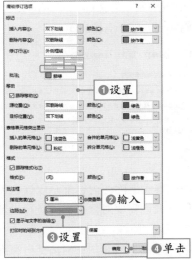

Step 04 操作完成后，可见批注的颜色变为绿色，在页面的左侧显示，如下图所示。

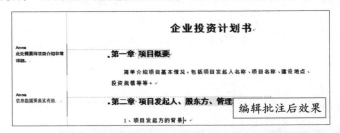

编辑批注后效果

> **温馨提示：删除批注**
>
> 如果需要删除文档中的批注，可以单击"批注"选项组中"删除"下三角按钮，在列表中选择相应的选项，也可选中批注并右击，在快捷菜单中选择"删除批注"命令。

2.5.2 修订

修订是显示文档中所做的诸如删除、插入或其他编辑更改的标记。用户使用修订功能包括接收修订、拒绝修订、删除修订等，下面介绍具体操作方法。

扫码看视频

1. 进入修订状态

如果需要将编辑文档的过程全部显示出来，首先要进入修订状态，进入修订状态后，对文档的所有修改均会被标记出来。进入修订状态一般有两种方法，一是切换至"审阅"选项卡，单击"修订"选项组中"修订"按钮，二是按Ctrl+Shift+E组合键进入修订状态。

2. 修订文档

Step 01 文档进入修订状态后，将光标定位在需要添加文本的位置，然后输入文本，可见添加的文本以红色显示，并在下方显示一条下划线，如下左图所示。

Step 02 选中需要删除的文本，按Delete键，可见选中文本并没有删除掉，而是变为红色并显示一条删除线，如下右图所示。

3. 设置修订样式

　　添加的内容和删除的内容都是以红色显示，只是存下划线和删除线的区别，这样不容易区分，因此我们需要对修订样式进行设置，设置添加的内容为绿色并有两条下划线，删除的内容有两条删除线。

Step 01 单击"修订"选项组中对话框启动器按钮。

Step 02 打开"修订选项"对话框，单击"高级选项"按钮。

Step 03 打开"高级修订选项"对话框，在"标记"选项区域中设置插入内容为双下划线、颜色为鲜绿❶；删除内容为双删除线、颜色保持不变❷，单击"确定"按钮，如下左图所示。

Step 04 返回文档中可见添加的内容和删除的内容分别应用设置的样式，如下右图所示。

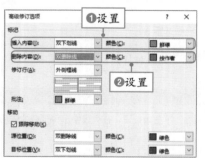 

> **温馨提示：修改用户名**
>
> Word中的用户名会显示在批注和修订内容中，如果非本人操作，可以对用户名进行修改。修改用户名是在"Word选项"对话框的"常规"选项中操作，方法一是单击"文件"标签，在列表中选择"选项"选项即可打开"Word选项"对话框，方法二是在"修订选项"对话框中单击"更改用户名"按钮。

4. 接受或拒绝修订

Step 01 如果修订内容正确则需要接受修订，光标定位在接受的修订内容中❶，切换至"审阅"选项卡❷，单击"更改"选项组中"接受"按钮，或者"接受"下三角按钮❸，在列表中选择合适的选项，如下左图所示。

Step 02 接受修订后该文本与正文文本格式相同。

Step 03 如果修订的内容有误可以拒绝修订，光标定位在拒绝修订的内容中❶，单击"更改"选项组中"拒绝"按钮，或者下三角按钮❷，在列表选择合适的选项，如下右图所示。

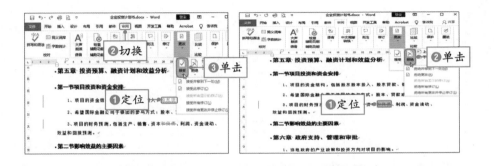

▶ 技能提升：保护批注和修订

文档中添加批注或修订后，为了防止他人修改，可以为其添加密码保护，只有授权密码的用户才能进一步修改批注和修订的内容，而没有授权密码的用户只能以只读方式浏览文档。下面介绍具体操作方法。

扫码看视频

Step 01 切换至"审阅"选项卡，单击"保护"选项组中"限制编辑"按钮。

Step 02 打开"限制编辑"导航窗格，在"编辑限制"选项区域中勾选"不允许任何更改（只读）"复选框❶，然后单击"是，启动强制保护"按钮❷，如下左图所示。

Step 03 打开"启动强制保护"对话框，然后设置新密码和确认密码为666666，单击"确定"按钮。

Step 04 返回文档，如果添加批注或修订进行修改，在文档的状态栏中会显示"由于所选内容被锁定，您无法进行此更改"，如下右图所示。

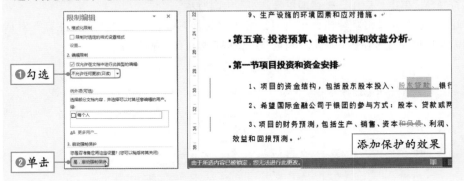

2.5.3 脚注和尾注

在Word 2019中如果需要对正文中某些文本进行解释说明，可以为文本添加脚注和尾注，它们会有条理地进行排列，对于读者理解文档内容有很大的帮助。

扫码看视频

1. 插入脚注和尾注

Step 01 在文档中选择需要添加脚注的文本❶，切换至"引用"选项卡❷，单击"脚注"选项组中"插入脚注"按钮❸，如下左图所示。

Step 02 光标定位在该页面的最下方，输入脚注的内容即可。

Step 03 选择需要添加尾注的文本，单击"脚注"选项组中"插入尾注"按钮。

Step 04 在该文档的结尾的下行插入尾注，输入相关内容即可，如下右图所示。

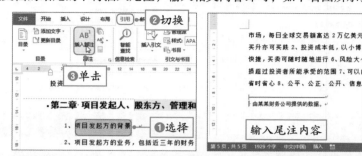

温馨提示：通过组合键创建脚注和尾注

在Word中插入脚注和尾注除了上述介绍的方法外，还可以按Ctrl+Alt+F组合键插入脚注，按Ctrl+Alt+D组合键插入尾注。

2. 编辑脚注和尾注

Step 01 单击"引用"选项卡的"脚注"选项组中对话框启动器按钮。

Step 02 打开"脚注和尾注"对话框，在"位置"选项区域中选中"脚注"单选按钮❶，然后设置编号格式、起始编号❷，单击"应用"按钮❸，如下左图所示。

Step 03 在"脚注和尾注"对话框中选中"尾注"单选按钮❶，然后设置编号格式，也可以添加特殊符号❷，单击"应用"按钮即可❸，如下中图所示。

Step 04 脚注和尾注可以相互转换，单击对话框中"转换"按钮，打开"转换注释"对话框，根据需要选择单选按钮❶，单击"确定"按钮即可❷，如下右图所示。

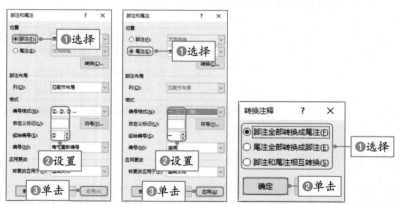

实用技巧：设置脚注和尾注的位置

如果需要设置脚注或尾注的位置，可以在"脚注和尾注"对话框中实现，如选中"脚注"单选按钮，单击右侧下三角按钮，在列表可以设置脚注的位置，如"页面底端"和"文字下方"两种。选中"尾注"单选按钮，单击右侧下三角按钮，在列表中显示"节的结尾"和"文档结尾"两种。

2.5.4 邮件合并

扫码看视频

有一类文档是以Word为模版动态填入其他数据源，因此本案例将使用2.3.8节中制作的"邀请函"，通过使用邮件合并快速填写邀请人的姓名。

1. 选择数据源

Step 01 在操作之前需要将邀请函和邀请的名字准备好，在Word中制作邀请函模版，在Excel工作表中制作邀请人员名单，如下图所示。

Step 02 切换至"邮件"选项卡❶，单击"开始邮件合并"选项组中"选择收件人"下三角按钮❷，在列表中选择"使用现有列表"选项❸，如下左图所示。

Step 03 打开"选取数据源"对话框，选择事先准备好的"邀请名单.xlsx"工作表❶，单击"打开"按钮❷。

Step 04 弹出"选择表格"对话框，显示表格的信息，单击"确定"按钮❸，如下右图所示。

在获得数据源后，"邮件"选项卡的"编写和插入域"选项组中的相关功能被激活，才能继续插入动态的数据，如邀请人的姓名等信息。

2. 插入动态数据

Step 01 选择需要放置动态数据的位置，例如"尊敬的"文本右侧❶。

Step 02 切换至"邮件"选项卡❷，单击"编写和插入域"选项组中"插入合并域"下三角按钮❸，列表中显示Excel工作表中的标题文本，选择"邀请人员"选项❹，如下左图所示。

Step 03 在光标定位处显示"《邀请人员》"。

Step 04 插入称呼，如男士称为"先生"，女士称为"女士"。

Step 05 单击"邮件"选项卡的"编写和插入域"选项组中"规则"下三角按钮❶，在列表中选择"如果…那么…否则…"选项❷，如下右图所示。

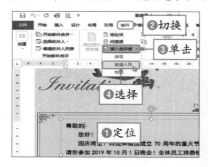 

Step 06 打开"插入Word域:如果"对话框，设置"域名"等于男❶，在"则插入此文字"文本框中输入"先生:"❷，在"否则插入此文字"文本框中输入"女士:"❸，单击"确定"按钮❹，如下左图所示。

Step 07 操作完成后，在"邮件"选项卡的"完成"选项组中单击"完成并合并"下三角按钮❶，在列表中选择"编辑单个文档"选项❷，如下右图所示。

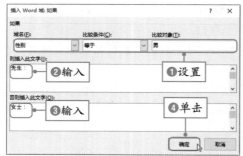 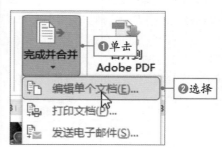

Step 08 弹出"合并到新文档"对话框，保持默认设置，单击"确定"按钮即可以原文档为模版，参照动态数据为变动生成多张邀请函，因为Excel工作表中包含31个邀请人员，所以生成31份邀请函，如下图所示。

高手进阶：审批文件

　　本节学习了审阅文档的方法如添加批注、修订、脚注和尾注，以及通过邮件合并制作动态数据的模版。接下来通过对工作证的审阅以及使用邮件合并批量制作工作证的案例进一步巩固所学知识。

扫码看视频

1. 审阅文档

Step 01 打开"员工工牌背面.docx"文档，选择"工作证使用须知"文本❶。

Step 02 切换至"审阅"选项卡❷，单击"批注"选项组中"新建批注"按钮❸，如下左图所示。

Step 03 在批注框中输入批注内容，如下右图所示。

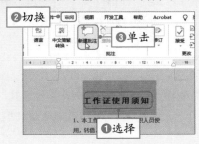
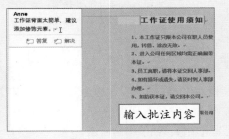

Step 04 在"审阅"选项卡中单击"修订"按钮，进入修订模式。

Step 05 选中第4条中"办理"文本，按Delete键。

Step 06 然后在文本右侧输入"补办"文本，表示将"办理"文本修改为"补办"，如下图所示。

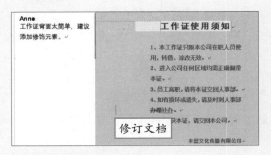

2. 批量制作工牌

Step 01 打开制作好的"员工工牌正面.docx"文档，将员工的信息输入到Excel电子表格中，其中包含员工姓名、职务和部门。

Step 02 切换至"邮件"选项卡，单击"开始邮件合并"选项组中"选择收件人"下三角按钮❶，在列表中选择"使用现有列表"选项❷。

Step 03 打开"选取数据源"对话框，选择准备好的"员工信息.xlsx"工作表❸，单击"打开"按钮❹，如下左图所示。

Step 04 在弹出的对话框中单击"确定"按钮。

Step 05 将光标定位在需要输入员工姓名的文本框中❶，设置好文本的格式，单击"编写和插入域"选项组中"插入合并域"下三角按钮❷，在列表中选择"员工姓名"选项❸，如下右图所示。

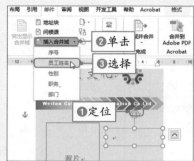

Step 06 根据相同的方法在"职务"和"部门"右侧插入指定的域，如下左图所示。

Step 07 单击"完成"选项组中"完成并合并"下三角按钮❶，在列表中选择"编辑单个文档"选项❷，如下中图所示。

Step 08 打开"合并到新文档"对话框，单击"确定"按钮，如下右图所示。

Step 09 新建的文档显示所有员工的工牌正面，总共30名员工，在状态栏中显示共30页，如下图所示。

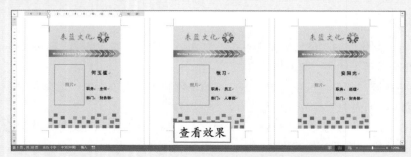

Chapter 03

Excel数据的编辑、分析与计算

  Excel的处理对象是简洁、直观的二维表格,Excel不仅是表格制作软件,还是一个强大的数据处理、分析、运算和图表生成软件,以采集数据和分析数据为目标。本章的主要内容包括Excel工作簿和工作表的操作,Excel工作表中单元格数据的操作,Excel工作表之间数据关系的定义与自动更新,表格样式和数据透视表的应用、数据的可视化显示以及数据的计算等。

作品展示

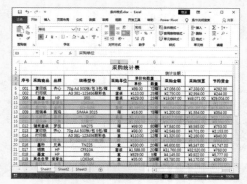

条件格式

数据透视表和数据透视图

控件在图表中的应用

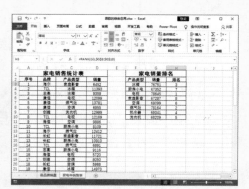

函数的综合应用

思维导图

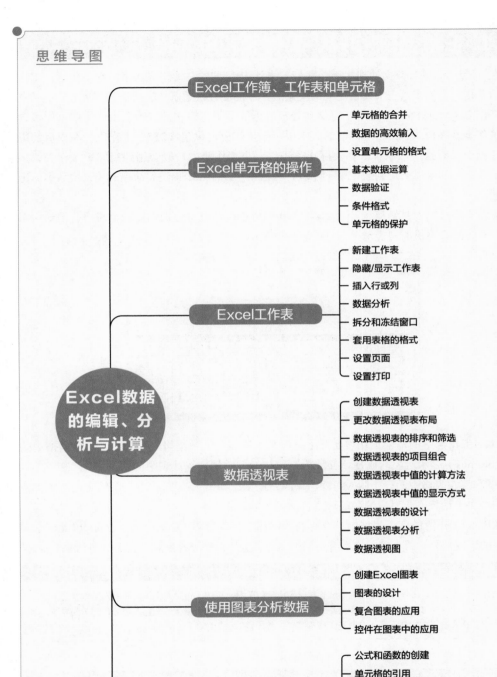

Excel工作簿、工作表和单元格

Excel单元格的操作
- 单元格的合并
- 数据的高效输入
- 设置单元格的格式
- 基本数据运算
- 数据验证
- 条件格式
- 单元格的保护

Excel工作表
- 新建工作表
- 隐藏/显示工作表
- 插入行或列
- 数据分析
- 拆分和冻结窗口
- 套用表格的格式
- 设置页面
- 设置打印

Excel数据的编辑、分析与计算

数据透视表
- 创建数据透视表
- 更改数据透视表布局
- 数据透视表的排序和筛选
- 数据透视表的项目组合
- 数据透视表中值的计算方法
- 数据透视表中值的显示方式
- 数据透视表的设计
- 数据透视表分析
- 数据透视图

使用图表分析数据
- 创建Excel图表
- 图表的设计
- 复合图表的应用
- 控件在图表中的应用

公式和函数的应用
- 公式和函数的创建
- 单元格的引用
- 名称的使用
- 函数的使用
- Excel常用的函数
- 数据公式的应用

3.1 Excel工作簿、工作表和单元格

在应用Excel进行数据处理之前，我们先来认识Excel的三大组成要素，即工作簿、工作表和单元格，了解了这三大元素之间的关系后，才能更轻松地制作出所需的报表。

工作簿（Workbook）是用于存储和处理数据的电子表格文件，一个工作簿中可以包含多个工作表。在Excel 2003及以前的版本中一个工作簿可以包含255个工作表，在以后的版本中，已经没有这一限制了。在实际工作中，一个工作簿中一般会用到3到5个工作表，多的话十余个，如果需要用到数十个工作表，建议用户使用Access建立简单的关系型数据库进行管理。

下图为手机的"月销售统计表.xlsx"，我们可以按照月份分别创建12个表格，记录一年内每个月各品牌手机的销售情况，这些表格就是Excel工作簿中的工作表（Sheets）。

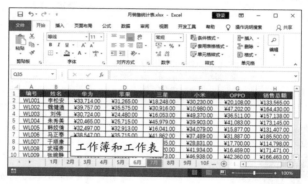

Excel工作簿中的每个工作表实际上是以"二维表"的数据格式呈现的，一般表格中的列（Columns）表示对象的属性，又称为字段，如上图销售统计表中的"编号"、"姓名"、"销售额"等，表格中的行（Rows）表示对象的记录，每一条记录代表一个特定的对象，例如上图中每个销售人员对应的各品牌手机的销售额。

在Excel工作簿的每个表格中，所有的数据都放在单元格（Cells）中，Excel单元格是表格最小的组成部分，每个单元格都有不同的名称，分别以单元格所在的行和列进行命名。

知识总结：工作簿、工作表和单元格关系

在Excel中，工作簿、工作表和单元格之间有着密不可分的关系，其中工作簿是工作表和单元格操作的平台，只有创建了工作簿，才能对工作表及单元格进行操作，工作表是工作簿中进行数据输入与分析的重要场所，单元格则是工作表的基本组成元素，只要有工作表存在，单元格就一定存在。

3.2 Excel单元格操作——制作"采购统计表"

单元格是存放信息或数据的基本单元，也是操作的最基本单元，本节以"采购统计表"为例介绍单元格的操作，包括单元格的选取、单元格的合并、设置单元格的格式、数据的输入等。

3.2.1　单元格的选取

如果想在Excel工作表中进一步操作就必须选择相应的单元格或单元格区域，当单元格被选中时，会以灰色底纹、绿色边框显示，选中区域所在的行列标也会以不同颜色显示。

扫码看视频

在Excel工作表中选取单元格也遵循Windows操作的一般规则。

1. 鼠标拖曳选取

首先选择第一个单元格，然后按住鼠标左健不放进行拖曳，释放鼠标左键即可选中从开始点到结束点的矩形内所有单元格，如下左图所示。

2. 按Shift键连续选取

选中某个单元格后，按住Shift键再选中其他单元格，Excel会选择从起始单元格到结束单元格之间的矩形内所有单元格。也可以选中某个单元格后，点击键盘上的方向键或翻页键，就会选择相应的连续单元格。

3. 按Ctrl键选取

按住Ctrl键不放，在工作表中单击多个不同位置的单元格，则会选中每次单击的单元格，如下右图所示。

> **实用技巧：全选单元格**
>
> 在Excel工作表中如果需要选择所有单元格，可以通过两种方法进行操作。方法一是单击工作区左上角的◢图标，该图标位于A列的左侧，即可选中工作表中所有单元格，方法二是通过按Ctrl+A组合键全选单元格。使用方法二时需要注意，如果工作表中包含数据区域，如光标定位在数据区域内，按Ctrl+A组合键会全选数据区域，再次按Ctrl+A组合键即可选中全部单元格。

除了上述介绍的选择单元格的方法外，在Excel中还可以利用名称框进行选取。在名称框中输入B2，然后按Enter键即可选中B2单元格，如果需要选择某单元格区域，则在名称框中输入起始单元格和结束单元格的名称，之间通过冒号隔开，如在名称框中输入A2:C3，如下左图所示，然后按Enter键即可选中该单元格区域。如果需要选择非连续的单元格，在名称框中输入要选中的单元格名称，之间用英文状态下的逗号隔开，如下右图所示。

通过名称框选取

通过名称框选取

上述介绍的选取方法，不仅适用单元格，还适用行列以及同一工作簿中的工作表，需要选择行或列时，只需将光标移到行标或列标进行选取，用户也可以按Shift键或Ctrl键选择。用户可以按住Ctrl键交叉选择行或列，但是按Shift键不能交叉选择，如下图所示。

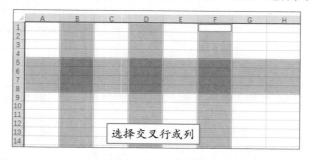

选择交叉行或列

▶ 技能提升：多表区域的选取

在使用Excel时也会遇到需要在多个工作表中选取单元格的情况，如果在不同工作表选择不同的单元格时，只需根据以上方法选择，如果需要在多个工作表中选择相同的单元格时，可以使用以下便捷的方法。

Step 01 打开工作簿，切换到任意工作表，选择需要选中的单元格或单元格区域，如下左图所示。

Step 02 按Ctrl键或Shift键在工作表名称上单击选择工作表，如下右图所示。

Step 03 单击任意一个工作表名称，退出多选工作表状态，切换到其他工作表可见均选中相同的单元格区域。

选择单元格区域

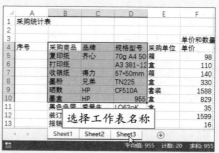

选择工作表名称

3.2.2　单元格的合并

在Excel制作表格时经常遇到需要将多个单元格合并成一个单元格的情况，Excel提供了3种合并单元格的方式，如合并后居中、跨越合并和合并单元格，下面介绍合并单元格的方法。

扫码看视频

合并单元格一般有三种方法，分别为通过选项卡合并、浮动工具栏合并、通过对话框合并，下面详细介绍操作方法。

☞**方法一：通过选项卡合并**

在Excel工作表中选中需要合并的单元格区域❶，然后切换至"开始"选项卡❷，单击"对齐方式"选项组中"合并后居中"按钮，或者单击该下三角按钮❸，在列表中选择合适的选项，如下左图所示。

☞**方法二：通过浮动工具栏合并**

选中需要合并的单元格区域并右击，在浮动工具栏中单击"合并后居中"按钮。

☞**方法三：通过对话框合并**

选择需要合并的单元格❶，单击"对齐方式"选项组中对话框启动器按钮❷，或者按Ctrl+1组合键，打开"设置单元格格式"对话框，在"对齐"选项卡的"文本控制"选项区域中勾选"合并单元格"复选框❸，单击"确定"按钮，如下右图所示。

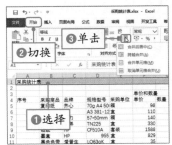 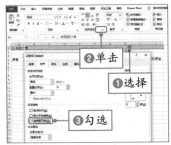

通过方法一合并单元格时在列表中包含3种合并方式，"合并后居中"表示选中的单元格合并成一个单元格，单元格中的文本居中显示，"跨越合并"表示将选中的单元格区域每行合并成一个单元格，"合并单元格"表示将选中单元格区域合并为一个单元格，单元格中的文本对齐方式不变。

在对单元格进行合并时，如果多个单元格中包含数据，则合并到一个单元格后只能保留左上角单元格内的数据，并弹出提示对话框，点击确定即可。

实用技巧：取消单元格的合并

上述介绍合并单元格的方法有3种，那么取消单元格的合并也有3种方法，因为它是合并单元格的逆向操作。方法一是通过浮动工具栏取消合并，只需要再次单击"合并后居中"按钮即可，方法二是在"开始"选项卡的"对齐方式"选项组中单击"合并后居中"按钮，或在列表中选择"取消单元格合并"选项，方法三是在"设置单元格格式"对话框中取消勾选"合并单元格"复选框。

3.2.3 数据的高效输入

在Excel中制作表格时，输入数据是最基本的操作，如制作采购统计表中包括3种数据类型，如文本、日期和数据，表格中共包含10列信息，只需将对应的信息直接输入即可。

输入数据也是比较繁琐的工作，那么有没有高效的方法呢？答案是"有，而且很多"，主要有以下几种高效的方法。

1. 在多个单元格中输入相同数据

在制作采购统计表时，其中"采购单位"列有的单元格内需要输入相同的数据，此时如果还是逐个输入就太繁琐了，下面介绍具体操作方法，让工作更轻松。

Step 01 在"采购单位"列，选中需要输入相同数据的单元格，使用Ctrl键选择❶。

Step 02 保持单元格为选中状态，切换输入法并输入"箱"文本❷，如下左图所示。

Step 03 然后按Ctrl+Enter组合键，即可快速在选中的单元格中输入"箱"文本❸，如下右图所示。

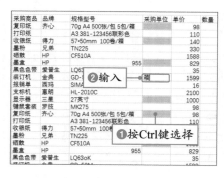

2. 通过下拉列表输入数据

如果需要输入同列上方的某个数据时，使用该方法是最直接准确的。如输入"采购商品"时，在B11单元格和B17单元格都需要输入"黑色色带"，下面介绍具体操作方法。

Step 01 在Excel工作表中输入采购的信息，然后将光标定位在B17单元格中❶。

Step 02 按Alt+向下方向键❷，即可在B17单元格下方显示该列上方数据的列表，选择"黑色色带"❸，如下左图所示。

Step 03 按照相同的方法输入该采购商品的品牌，如下右图所示。

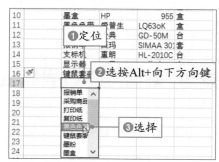

3. 填充数据

使用填充功能不但可以填充数据，还可以填充公式，在对数据进行填充时，可以使用快捷键、填充柄以及"序列"功能，下面介绍填充数据的使用方法。

（1）在连续单元格中填充相同的数据

Step 01 在E5单元格中输入"箱"文本①，然后在E6:E11单元格区域内均填充该文本。

Step 02 选择E5:E11单元格区域②，按Ctrl+D组合键即可快速将选中单元格区域填充相同的数据③，如下左图所示。

Step 03 通过填充柄填充数据，选中E5单元格①，将光标移到该单元格右下角的填充柄上方，此时光标变为黑色十字形状。

Step 04 按住鼠标左键向下拖曳至E11单元格②，如下右图所示，释放鼠标左键即可将数据填充在选中单元格区域内。

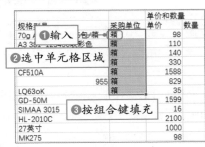

Step 05 通过"填充"功能也可以快速填充数据,选中E5:E11单元格区域①，切换至"开始"选项卡，单击"编辑"选项组中"填充"下三角按钮②，在列表中选择"向下"选项③，如下图所示，因为本案例是将E5单元格向下填充，所以选择"向下"选项。

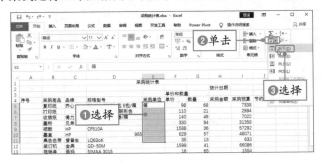

（2）在不连续单元格中填充相同数据

Step 01 在E5单元格中输入"箱"文本，现在需要在E6、E9、E11单元格中填充"箱"文本。

Step 02 选中E5单元格，按住Ctrl键选中其他需要填充数据的单元格。

Step 03 通过组合键或"填充"功能即可在选中的不连续的单元格中填充数据，此情况下无法使用填充柄进行操作。

在该情况下填充数据需要注意以下几点。

● 在选择填充单元格时保证需要填充数据的参照的单元格在最上方。

- 如果选中单元格中有数据，执行填充后会被参照填充的最上方单元格内的数据覆盖。
- 需要填充的单元格必须在同一列或同一行，否则无法进行填充操作。

（3）交替填充数据

Step 01 在E5和E6单元格中输入"箱"和"套装"文本❶，现在需要将其交替向下填充数据，此情况下只能使用填充柄操作。

Step 02 选择E5:E6单元格区域，拖曳右下角填充柄到E11单元格❷，如下左图所示。

Step 03 释放鼠标左键，可见将E5和E6单元格内的文本交替向下填充❸，如下右图所示。

规格型号	采购单位	单价	数量
70g A4 500张/包 5包/箱	箱	98	
A3 381-12	套装	110	
57*50mm 100卷/箱		140	
TN225		330	
CF510A		1588	
		955	829
LQ63oK		35	
GD-50M	箱	1599	
SIMAA 3015		16	
HL-2010C		2100	

❶输入　❷拖曳

规格型号	采购单位	单价	数量
70g A4 500张/包 5包/箱	箱	98	
A3 381-123456联彩色	套装	110	
57*50mm 100卷/箱	箱	140	
TN225	套装	330	
CF510A	箱	1588	
	955 套装	829	
LQ63oK	箱	35	
GD-50M		1599	
SIMAA 3015		16	
HL-2010C		2100	

❸交替向下填充

（4）对数值进行填充

Step 01 在A5单元格中输入数字1❶，然后拖曳填充柄向下至A16单元格❷，如下左图所示。

Step 02 释放鼠标左键，可见A6:A16单元格区域内全部显示数字1❸，如下右图所示。

序号	采购商品	品牌	规格型号
1	复印纸		70g A4 500张/包 5包/箱
	打印纸		A3 381-123456联彩色
	收银纸	得力	57*50mm 100卷/箱
	墨粉	兄弟	TN225
	硒鼓	HP	CF510A
	墨盒	HP	955
	黑色色带	爱普生	LQ63oK
	装订机	金典	GD-50M
	报销单	西玛	SIMAA 3015
	支标机	蕙朗	HL-2010C
	显示器	三星	27英寸
	键鼠套装		MK275
	1		

❶输入　❷拖曳

序号	采购商品	品牌	规格型号
1	复印纸	齐心	70g A4 500张/包 5包/箱
1	打印纸		A3 381-123456联彩色
1	收银纸	得力	57*50mm 100卷/箱
1	墨粉	兄弟	TN225
1	硒鼓	HP	CF510A
1	墨盒	HP	955
1	黑色色带	爱普生	LQ63oK
1	装订机	金典	GD-50M
1	报销单	西玛	SIMAA 3015
1	支标机	蕙朗	HL-2010C
1	显示器		
1	键鼠套		

❸查看填充效果

Step 03 单击右下角"自动填充选项"下三角按钮 ❶，在列表中选择"填充序列"单选按钮❷，如右图所示，即可在选中单元格区域内以步长值为1递增显示数字。

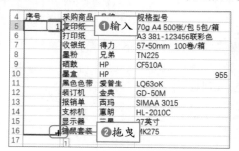

序号	采购商品	品牌	规格型号
1	复印纸	齐心	70g A4 500张/包 5包/箱
1	打印纸		A3 381-123456联彩色
1	收银纸	得力	57*50mm 100卷/箱
1	墨粉	兄弟	TN225
1	硒鼓	HP	CF510A
1	墨盒	HP	955
1			Q63oK
1			
1			SIMAA 3015
1			HL-2010C
1			7英寸
1			MK275

○ 复制单元格(C)
○ 填充序列(S)　❷选中
○ 仅填充格式(F)
○ 不带格式填充(O)
○ 快速填充(F)

❶单击

实用技巧：快速等差填充数据

在A5单元格中输入1，按住Ctrl键拖曳填充柄至A16单元格，释放鼠标左键即可完成按步长值为1的等差填充数据。

Step 04 在A5和A6单元格中输入1和3❶，然后拖曳填充柄向下到A16单元格❷，数据以步长值为2等差填充❸，如下左图所示。

Step 05 在A5和A6单元格中输入1和3❶，按住Ctrl键拖曳填充柄至A16单元格❷，则会按1和3交替填充数据❸，如下右图所示。

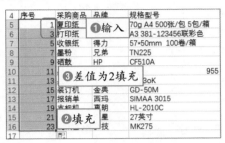

4. 复制数据

复制和粘贴操作大部分读者都会使用，但是下面介绍的功能也许只有少数读者会使用到。确切来说是通过复制数据进行计算，以达到数据快速输入的目的，如在采购统计表中需要为所有采购数量加10，下面介绍具体操作方法。

Step 01 在空白单元格中输入10，如在J2单元格中输入10。

Step 02 在"开始"选项卡的"剪贴板"选项组中单击"复制"按钮，或者按Ctlr+C组合键，复制J2单元格内的数据❶。此时J2单元格被滚动的虚线包围，如下左图所示。

Step 03 选择"数量"列中G5:G40单元格区域❷。

Step 04 单击"开始"选项卡的"剪贴板"选项组中"粘贴"下三角按钮❸，在列表中选择"选择性粘贴"选项❹，如下右图所示。

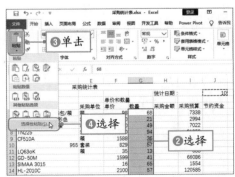

Step 05 打开"选择性粘贴"对话框，在"粘贴"选项区域中选中"数值"单选按钮❶，在"运算"选项区域中选中"加"单选按钮❷，单击"确定"按钮❸，如下左图所示。

Step 06 返回工作表，可见选中区域的所有数量的值均加上10❹，如下右图所示。

在"选择性粘贴"对话框的"运算"选项区域中还包含乘、除、减运算方式，读者可以根据相同的方法进行需要的运算，此处不再赘述。

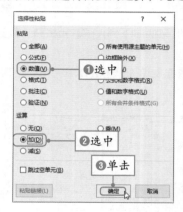

▶技能提升：数据输入的问题

本节主要介绍高效输入数据的一些方法，但是在输入数据时，有时会遇到一些问题，例如在Excel中输入超过11位数字时会以科学计数法显示，超过15位数时之后数字以0显示。下面介绍几种解决输入数据时常见问题的方法。

扫码看视频

1. 以0开头的数据

Step 01 在A5单元格中输入001时，按Enter键只显示1，选择采购统计表中"序号"列的单元格区域❶。

Step 02 打开"设置单元格格式"对话框，在"数字"选项卡的"分类"列表框中选择"自定义"选项❷，然后在"类型"文本框中输入000❸，单击"确定"按钮，如下左图所示。

Step 03 在A5单元格中输入1，按Enter键后会显示001，而在编辑栏中显示1❹，如下右图所示。

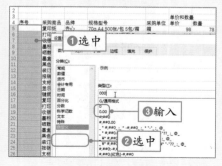

2. 输入超过11位的数字

Step 01 在A1单元格中输入身份证号码，效果如下左图所示。

Step 02 在A1单元格中输入身份证号码前先输入英文状态下的单引号，再输入号码，效果如下右图所示。

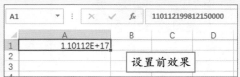

3.2.4　设置数字的格式

为了采购统计表的美观，我们可以对数据进行设置，如设置文本的格式，为货币数值添加相应的货币符号，以及设置数值的小数位数等，下面主要以数字为例介绍设置格式的方法。

扫码看视频

在Excel中可以通过两种方法设置数字格式，一种是在选项卡中设置，另一种是通过"设置单元格格式"对话框设置。

☞**方法一：选项卡功能按钮设置**

Step 01 在"采购统计表.docx"工作表中选中"单价"、"采购金额"、"采购预算"和"节约资金"列的单元格区域❶。

Step 02 切换至"开始"选项卡，单击"数字"选项组中"数字格式"下三角按钮❷，在列表中选择"货币"选项❸，如下图所示。

Step 03 操作完成后，选中的单元格区域内的数字均保留两位小数，并且左侧添加了货币符号。

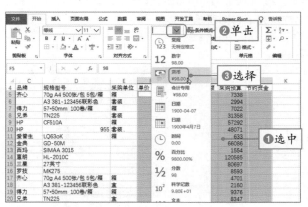

☞**方法二：通过"设置单元格格式"对话框设置**

Step 01 选中相应的单元格区域❶，打开"设置单元格格式"对话框。

Step 02 在"数字"选项卡中选择"货币"选项❷，在右侧设置小数的位数和货币符号❸，单击"确定"按钮，如下图所示。

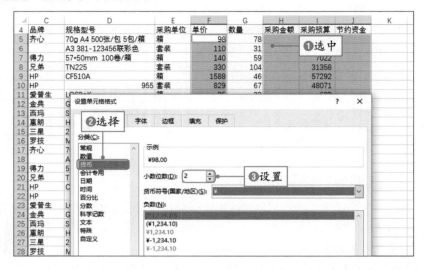

▶ 技能提升：为数字添加统一的单位

在Excel中为数据添加单位，如果直接在数据右侧输入单位，会影响到数据的计算功能，因此接下来以"数量"数值添加"箱"单位为例，介绍通过对话框添加单位且不影响计算的方法。

扫码看视频

Step 01 选中"数量"列中所有数据单元格区域。

Step 02 打开"设置单元格格式"对话框，在"数字"选项卡中选择"自定义"选项❶。在"类型"文本框中输入"#'箱'"❷，单击"确定"按钮❸，如下左图所示。

Step 03 返回工作表，可见选中的单元格区域内数字右侧均添加"箱"作为单位❹，在编辑栏中不显示单位，如下右图所示。

3.2.5　设置文本格式

在Excel中输入的文本均为默认的"等线"字体，字号为11，为了突出表格层次，可以对不同的文本设置格式，如设置字体、字号，下面介绍具体操作方法。

设置文本格式与Word的操作相同，都需要选中文本❶，然后在"开始"选项卡的"字体"选项组中设置❷，也可以通过浮动工具栏设置❸，如下图所示，还可以通过"设置单元格格式"对话框中的"字体"选项中各功能设置。

扫码看视频

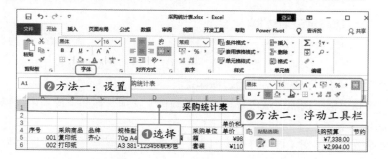

3.2.6　设置对齐方式

在Excel中不同类型的数据其默认的对齐方式不同，文本数值的水平对齐为左对齐，数字的水平对齐为右对齐，为了表格的整齐，可以设置所有数据为统一的对齐方式。

扫码看视频

在Excel中设置对齐方式可以通过"开始"选项卡的"段落"选项组中对齐按钮、浮动工具栏中对齐按钮，以及"设置单元格格式"对话框中的"对齐"选项卡的"水平对齐"和"垂直对齐"功能实现，如下图所示。

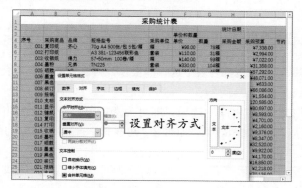

在"设置单元格格式"对话框的"对齐"选项卡的"文本控制"选项区域中勾选"自动换行"复选框后，单元格内文本到边界时会自动换行，自动换行后行高会自动增加。

实用技巧：设置文本的倾斜角度

选中单元格，打开"设置单元格格式"对话框，在"对齐"选项卡的右上角显示"方向"选项区域，用于设置文本倾斜的角度，可以调整红色控制点，也可以在数值框中输入角度值。

3.2.7 设置单元格边框

Excel默认状态下没有边框，但正式表格需要添加边框。表格的边框常用于划分表格区域，增强单元格的视觉效果，我们在为表格添加边框时，可以分别设置内外边框。

通常情况下，在Excel中可以使用两种方法为表格添加边框，一种是在功能区中设置，另一种是在"设置单元格格式"对话框中设置。

☞ **方法一：通过功能区设置边框**

Step 01 选择A3:J40单元格区域❶。

Step 02 切换至"开始"选项卡，在"字体"选项组中单击边框的下三角按钮❷，在列表的"边框"的选项区域中可以选择适合的边框样式。

Step 03 在"绘制边框"选项区域中选择"线条颜色"选项，在颜色面板中选择浅橙色❸，如下左图所示。

Step 04 其他参数保持不变，再次打开该列表，选择"所有框线"选项，即可为选中单元格区域的内外边框应用相同的框线，如下右图所示。

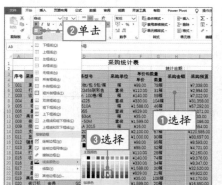
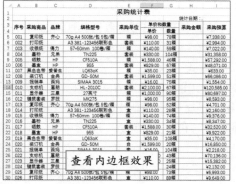

Step 05 选中该数据区域，在边框列表中选择深橙色，再次打开边框列表，在"线型"子列表中选择粗点的实线。

Step 06 在列表中选择"外侧框线"选项，即可为选中单元格区域的外边框应用粗点的框线，效果如下图所示，为了展示效果更加明显，可在第一行插入一行，并隐藏部分行。

采购统计表								
							统计日期：	
序号	采购商品	品牌	规格型号	采购单位	单价和数量		采购金额	采购预算	节约资金
					单价	数量			
001	复印纸	齐心	70g A4 500张/包 5包/箱	箱	¥98.00	78箱		¥7,338.00	
002	打印纸		A3 381-123456联彩色	套装	¥110.00	31箱		¥2,994.00	
003	收银纸	得力	57*50mm 100卷/箱	箱	¥140.00	59箱		¥7,022.00	
004	墨粉	兄弟	TN225	套装	¥330.00	104箱		¥31,358.00	
005	硒鼓	HP	CF510A	箱	¥1,588.00	46箱		¥57,292.00	
006	墨盒	HP	955	箱	¥829.00	58箱		¥48,071.00	
027	收银纸	得力	57*50mm 100卷/箱	箱	¥140.00	96箱		¥13,023.00	
028	墨粉	HP	TN225	套装	¥330.00	95箱		¥28,707.00	
029	硒鼓	HP	CF510A	套装	¥1,588.00	22箱		¥19,310.00	
030	墨盒	HP	955	箱	¥829.00	86箱		¥63,347.00	
031	黑色色带	爱普生	LQ63oK	盒	¥35.00	100箱		¥3,759.00	
032	墨盒	金典	GD-50M	盒	¥1,599.00	80箱	⬦	¥112,131.00	
033	报销单	西玛	S					¥799.00	
034	支撑机	裹卿					查看设置内外边框效果	¥92,913.00	
035	显示器	三星						¥54,953.00	
036	键盘套装	罗技	MK275	套	¥98.00	31箱		¥2,842.00	

☞**方法二：通过"设置单元格格式"对话框设置**

Step 01 选中表格中数据区域，打开"设置单元格格式"对话框，可以右击选中的单元格区域，在快捷菜单中选择"设置单元格格式"命令，也可以单击"字体"选项组中"边框"下三角按钮，在列表中选择"其他边框"选项。

Step 02 在"边框"选项卡的"样式"列表框中选择框线样式，如虚线❶，然后再选择颜色为橙色❷，单击"内部"按钮❸，如下左图所示。

Step 03 根据相同的方法设置粗点的实线❶，颜色为深绿色❷，单击"外边框"按钮❸，如下右图所示。

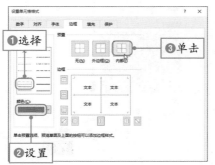
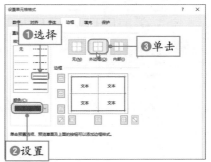

Step 04 单击"确定"按钮，返回工作表，可见选中单元区域应用了设置的边框效果，隐藏部分行，查看效果，如下图所示。

序号	采购商品	品牌	规格型号	采购单位	单价和数量		采购金额	采购预算	节约资金
					单价	数量			
001	复印纸	齐心	70g A4 500张/包 5包/箱	箱	¥98.00	78箱		¥7,338.00	
002	打印纸		A3 381-123456联彩色	套装	¥110.00	31箱		¥2,994.00	
003	收银纸	得力	57*50mm 100卷/箱	箱	¥140.00	59箱		¥7,022.00	
004	墨粉	兄弟	TN225	套装	¥330.00	104箱		¥31,358.00	
005	硒鼓	HP	CF510A	箱	¥1,588.00	46箱		¥57,292.00	
021	报销单	西玛	SIMAA 3015	套	¥16.00	104箱		¥2,218.00	
022	支票机	惠朗	HL-2010C	台	¥2,100.00	43箱		¥70,136.00	
030	墨盒	HP	955	盒	¥829.00	86箱		¥63,347.00	
031	黑色色带	爱普生	LQ63oK	盒	¥35.00	100箱		¥3,759.00	
032	装订机	金典	GD-50M	台	¥1,599.00	80箱		¥112,131.00	
033	报销单	西玛	SIMAA 3015	套	¥16.00	45箱		¥799.00	
034	支票机	惠朗	HL-2010C		查看效果	54箱		¥92,913.00	
035	显示器	三星	27英寸			64箱		¥54,953.00	
036	键鼠套装	罗技	MK275	套	¥98.00	31箱		¥2,842.00	

温馨提示：手动绘制边框

在"字体"选项组中单击"边框"下三角按钮，在列表中选择线型和线条颜色后，自动启动"绘制边框"功能，此时光标变为铅笔形状，然后可手动绘制边框，如果不需要手动绘制边框，在边框列表中选择"绘制边框"选项，光标即可恢复正常。

3.2.8 设置填充

在表格中如果需要突出显示某部分可以为其填充底纹颜色，合适地填充也可以使表格更加美观大方。如果为表格填充单一的颜色，可以在功能区中快速实现，若是填充复杂颜色，可以在"设置单元格格式"对话框中完成。

当填充单一颜色时，选中单元格区域，在"字体"选项组中单击"填充颜

扫码看视频

色"下三角按钮，在列表中选择合适的颜色即可。通过"设置单元格格式"对话框除了可以为单元格填充单一颜色外，还可以填充渐变颜色、图案，本节主要介绍复杂颜色的填充。

在"设置单元格格式"对话框中，切换至"填充"选项卡，在"背景色"选项区域中选择合适的颜色即可为单元格填充颜色，如下左图所示。也可以单击"其他颜色"按钮，打开"颜色"对话框，在"标准"和"自定义"选项卡中选择更多颜色。在"自定义"选项卡中用户可以选择颜色模式，然后再设置颜色值，如选择RGB颜色模式，再设置红色、绿色和蓝色的值，如下右图所示。

如果需要设置渐变颜色，可以单击"填充效果"按钮，打开"填充效果"对话框，在"颜色"选项区域中设置两种颜色❶。在Excel中设置渐变色时只能设置两种颜色，在"底纹样式"选项区域中选中填充的样式❷，在"变形"选项区域中选中应用的效果，如下左图所示，依次单击"确定"按钮，即可为选中的单元格区域以单元格为单位填充设置的渐变色，如下右图所示。

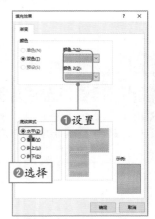

采购统计表									
					统计日期：				
序号	采购商品	品牌	规格型号	采购单位	单价和数量		采购金额	采购预算	节约资金
					单价	数量			
001	复印纸	齐心	70g A4 500张/包 5包/箱	箱	¥98.00	78箱		¥7,338.00	
002	打印纸		A3 381-123456联彩色	套装	¥110.00	31箱		¥2,994.00	
003	收银纸	得力	57*50mm 100卷/箱	箱	¥140.00	59箱		¥7,022.00	
004	墨粉	兄弟	TN225	套装	¥330.00	104箱		¥31,358.00	
005	硒鼓	HP	CF510A	箱	¥1,588.00	46箱		¥57,292.00	
006	墨盒	HP	955	套装	¥829.00	67箱		¥48,071.00	
007	黑色色带	爱普生	LQ63oK	箱	¥35.00	23箱		¥633.00	
008	装订机	金典	GD-50M	套装	¥1,599.00	51箱		¥66,086.00	
009	报销单	西玛	SIMAA 3015	箱	¥16.00	75箱		¥1,554.00	
010	支标机	蕙甥	HL-2010C	套装	¥2,100.00	58箱		¥120,585.00	
011	显示器	三星	27英寸	箱	¥1,000.00	90箱		¥80,697.00	
012	键鼠套装	罗技	MK275	箱	¥98.00	95箱		¥8,593.00	
013	复印纸	齐心	70g A4 500张/包 5包/箱	箱	¥98.00	52箱		¥4,701.00	
014	打印纸		A3 381-123456联彩色	盒	¥110.00	28箱		¥2,160.00	
015	收银纸	得力	57*50mm 100卷/箱	箱	¥140.00	74箱		¥9,376.00	
016	墨粉	兄弟	TN225	套装	¥330.00	68箱		¥8,347.00	
017	硒鼓	HP	CF510A	套装	¥1,588.00	30箱		¥32,520.00	
018	墨盒	HP						¥9,922.00	
019	黑色色带	爱普生				08箱		¥4,170.00	
020	装订机	金典	G			20箱		¥16,850.00	
021	报销单	西玛	SIMAA 3015	套	¥16.00	104箱		¥2,218.00	

用户还可以为单元格填充图案，在"设置单元格格式"对话框中单击"图案样式"下三角按钮，在列表中选择合适的图案❶，默认情况下图案颜色为黑色，底纹颜色为白色，单击"图案颜色"下三角按钮，在列表中选择图案的颜色，如橙色❷，如果需要设置底纹颜

色，在"背景色"选项区域中选择即可，如选中浅绿色❸，如下左图所示，然后单击"确定"按钮，即可为选中的单元格区域填充图案。

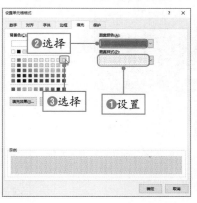

除了上述介绍的填充颜色、渐变色和图案之外，也可以为单元格填充图片，下面介绍具体操作方法。

Step 01 切换至"页面布局"选项卡，单击"页面设置"选项组中"背景"按钮❶。

Step 02 打开"插入图片"面板，单击"浏览"超链接❷。

Step 03 打开"工作表背景"对话框，选择合适的图片，如选择"冲浪.jpg"图片❸，单击"打开"按钮❹，如下左图所示。

Step 04 返回工作表，即可为整个工作表添加背景图片。

Step 05 全选工作表中所有单元格❶，切换至"开始"选项卡，单击"填充颜色"下三角按钮❷，在列表中选择白色❸，如下右图所示。

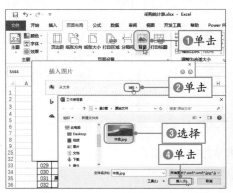
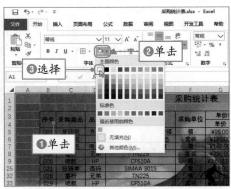

Step 06 选中表格区域，在"填充颜色"下拉列表中选择"无填充"选项。

Step 07 返回工作表可见，只有表格区域应用图片作为背景，如下图所示。

温馨提示：删除背景

在工作表中填充图片作为背景后，"页面设置"选项组中的"背景"按钮变为"删除背景"按钮，如果需要删除背景直接单击即可。

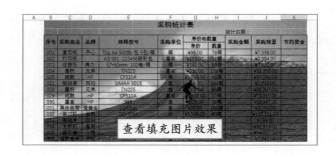

查看填充图片效果

3.2.9　基本数据运算

在同一个工作表中各单元格之间往往有关联，例如本案例中采购金额=单价*数量，节约资金=采购预算-采购金额，在Excel中可以根据基本的公式对数据进行运算。

本节只介绍本案例中涉及的运算，关于数据运算的知识将在3.7节中详细介绍。

扫码看视频

Step 01 选中H5单元格，然后输入"="等号。

Step 02 选中F5单元格时，等号右侧会显示"F5"，表示引用该单元格的数值。

Step 03 输入"*"乘号，最后选中G5单元格，如下左图所示。

Step 04 按Enter键即可计算出结果。

Step 05 根据相同的方法计算J5单元格中的数据，如下右图所示。

Step 06 选中H5单元格❶，将光标定位在右下角绿色小方块上方，光标变为黑色十字形状，按住鼠标左键向下拖曳到H40单元格区域❷。

Step 07 释放鼠标左键即可计算所有商品的采购金额。

Step 08 根据相同的方法将J5单元格中公式向下填充至J40单元格内，如下右图所示，其中红色表示超出采购预算的金额。

温馨提示：手动输入公式

在Excel中也可以手动输入计算公式，在结果单元格中输入"="等号，然后输入参与计算的单元格名称和运算符号，最后按Enter键执行计算。

采购单位	单价和数量		采购金额	采购预算	节约资金
	单价	数量			
箱	¥98.00	72箱	¥7,056.00	¥7,3	00
套装	¥110.00	25箱		¥2,9	
箱	¥140.00	39箱		¥7,022.00	
套装	¥330.00	92箱		¥31,358.00	
箱	¥1,588.00	35箱		¥57,292.00	
套	¥16.00	104箱		¥2,218.00	
盒	¥330.00	62箱		¥28,707.00	
套装	¥1,588.00	13箱		¥19,310.00	
盒	¥829.00	69箱		¥63,347.00	
盒	¥35.00	100箱		¥3,759.00	
台	¥1,599.00	50箱		¥112,131.00	
套	¥16.00	45箱		¥799.00	
台	¥2,100.00	23箱		¥92,913.00	
台	¥1,000.00	64箱		¥54,953.00	
套	¥98.00	31箱		¥2,842.00	

统计日期：
❶选中
❷拖曳

采购统计表

采购单位	单价和数量		采购金额	采购预算	节约资金
	单价	数量			
箱	¥98.00	72箱	¥7,056.00	¥7,338.00	¥282.00
套装	¥110.00	25箱	¥2,750.00	¥2,994.00	¥244.00
箱	¥140.00	39箱	¥5,460.00	¥7,022.00	¥1,562.00
套装	¥330.00	92箱	¥30,360.00	¥31,358.00	¥998.00
箱	¥1,588.00	35箱	¥55,580.00	¥57,292.00	¥1,712.00
套	¥16.00	104箱	¥1,664.00	¥2,218.00	¥554.00
盒	¥330.00	62箱	¥20,460.00	¥28,707.00	¥8,247.00
套装	¥1,588.00	13箱	¥20,644.00	¥19,310.00	(¥1,334.00)
盒	¥829.00	69箱	¥57,201.00	¥63,347.00	¥6,146.00
盒	¥35.00	100箱	¥3,500.00	¥3,759.00	¥259.00
台	¥1,599.00	50箱	¥79,950.00	¥112,131.00	¥32,181.00
套	¥16.00	45箱	¥720.00	¥799.00	¥79.00
台	¥2,100.00	23箱			¥44,613.00
台	¥1,000.00	6	查看计算结果		(¥9,047.00)
套	¥98.00	31			(¥196.00)

统计日期：

3.2.10　数据验证

在Excel中输入数据时，为了避免输入错误的数据，可以使用"数据验证"功能，使用此功能可以设置验证的规则，如限制输入的数据或数据类型，也可以显示输入信息。

扫码看视频

1. 启用数据验证

要想限制数据的错误输入，首先启用"数据验证"功能，在Excel中首先选择需要设置数据验证规则的单元格或单元格区域❶，然后切换至"数据"选项卡❷，单击"数据工具"选项组中"数据验证"按钮❸。即可打开"数据验证"对话框❹，在该对话框中包括"设置"、"输入信息"、"出错警告"和"输入法模式"4个选项卡，如下图所示。

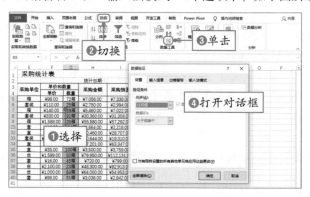

2. 设置数据验证的规则

在"数据验证"对话框的"设置"选项卡中包含8种允许输入数据的验证条件，默认情况下为"任何值"。下面介绍8种验证条件的具体内容。

（1）任何值

设置"允许"为"任何值"的验证条件，表示在选中单元格中输入任何数据或数据类型不受限制。

（2）整数

设置"允许"为"整数"的验证条件❶，表示在单元格区域只能输入整数，不能输入小数等，在下方区域中会出现设置整数条件的参数，在"数据"列表中选择条件，其中包括"介于"、"未介于"、"等于"、"不等于"等8种条件②，如下左图所示。根据选择条件的不同在"数据"下方区域显示具体范围，如选中"介于"选项，则需要设置最小值和最大值，以确定单元格区域输入数据的范围，如下右图所示，表示在选中的单元格中只能输入1到50的整数。

（3）小数

设置"允许"为"小数"的验证条件，表示在单元格区域只能输入小数，在设置小数的条件时与设置整数类似，需要设置"数据"的条件，然后在下方设置具体的小数范围，此处不再赘述。

（4）序列

设置"允许"为"序列"的验证条件，表示在单元格区域只能输入指定序列中的内容，序列的内容可以是单元格的引用、公式，也可以手动输入内容，但需要注意，各序列项之间要使用英文半角状态下的逗号隔开。

在"数据验证"对话框中设置"允许"为"序列"❶，如果需要引用工作表中的内容，单击"来源"右侧折叠按钮，在工作表中选中引用的单元格即可。也可以手工输入，如输入"财务部,人事部,销售部,企划部,市场部"❷，输入完成后，保持"提供下拉箭头"复选框为勾选状态❸，单击"确定"按钮❹。

返回工作表，选中设置数据验证单元格区域内任意单元格，单击右侧下三角按钮❺，在列表中选择设置的序列选项即可❻，如下图所示。

（5）日期

设置"允许"为"日期"的验证条件，表示在单元格区域只能输入日期或指定的日期范围。

例如在"2019年11月销售统计表.xlsx"工作表中需要统计各员工该月每天的销售金额和数量，可以选中日期列，打开"数据验证"对话框，设置允许为"日期"❶，在"数据"列表中选择"介于"选项❷，然后设置开始时间为2019年11月1日，结束日期为2019年11月30日❸，单击"确定"按钮❹。在工作表中的"日期"列中输入设置范围内的日期则可以正常显示❺，如果输入限制范围之外的日期会弹出提示对话框❻，需要单击"取消"按钮，重新输入，如下图所示。

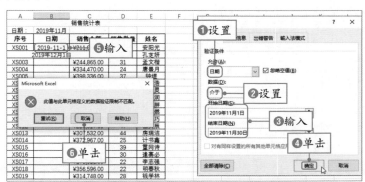

（6）时间

设置"允许"为"时间"的验证条件，表示在单元格区域只能输入时间或指定的时间范围，设置的内容与"日期"类似，此处不再赘述。

（7）文本长度

设置"允许"为"文本长度"的验证条件，表示在单元格区域只能输入指定长度的文本。如在"员工信息表"限制输入员工的身份证号码为18位，则选中数据区域，设置数据验证的"允许"为"文本长度"❶、"数据"为"等于"、"长度"为18❷，单击"确定"按钮❸。在指定单元格中可以正常输入18位数字❹，如果输入非18位数字则弹出提示对话框❺，如下图所示。

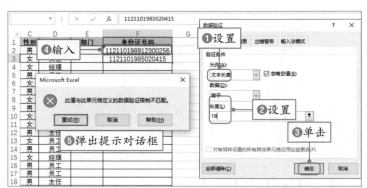

（8）自定义

设置"允许"为"自定义"的验证条件，允许用户使用自定义公式、表达式来判断输入数据的有效。

在"采购统计表"中为了避免重复采购某商品，限制在"规格型号"列禁止输入重复的内容，选中该列，打开"数据验证"对话框，设置"允许"为"自定义"❶，在"公式"文本框中输入"=COUNTIF($D$4:$D$18,$D4)=1"公式❷，单击"确定"按钮❸，在"规格型号"列的单元格区域中输入数据，如果输入的内容与之前有重复❹，会弹出提示对话框❺，如下图所示。

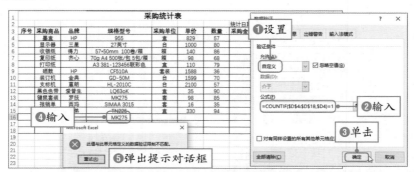

> **温馨提示：案例中公式的含义**
>
> 本案例中的"=COUNTIF($D$4:$D$18,$D4)=1"公式，使用COUNTIF函数统计D4:D18单元格区域与D4重复的数量，如果没重复结果为0，有重复结果为1。

3. 设置输入的信息

在"数据验证"对话框中可以设置输入信息以提示用户，类似于批注的作用。

例如在"采购统计表"中提示输入规格型号时一定要正确和详细，选中该列，在"数据验证"对话框中切换至"输入信息"选项卡❶，在"标题"和"输入信息"文本框中输入相关内容❷，单击"确定"按钮❸。

返回工作表，只要选中该列的单元格或单元格区域，就会在右侧显示设置的输入信息内容，员工可以根据提示内容输入信息❹，如下图所示。

4. 设置出错警告

出错警告是指在设置了数据验证的单元格区域中输入限制之外的内容时，Excel的处理方式。出错警告主要有3种样式，分别为"停止"、"警告"和"信息"，下面以表格的形式介绍3种样式的作用。

样式	图标	作　　用
停止	❌	表示阻止用户在指定单元格中输入无效的数据。设置"停止"样式后，弹出提示对话框包括"重试"、"取消"和"帮助"按钮，单击任何一个按钮都不能接受无效的数据
警告	⚠	表示警告用户输入的数据是无效的，不会阻止输入。在弹出的提示对话框中包括"是"、"否"、"取消"和"帮助"按钮，单击"是"按钮即可接受无效数据，单击"否"按钮即可继续编辑输入的数据，单击"取消"按钮即可拒绝无效数据
信息	ℹ	通知用户输入数据无效，但不会阻止输入无效数据，在弹出的提示对话框中包括"确定"、"取消"和"帮助"按钮

在设置出错警告时，用户也可以设置"标题"和"错误信息"的相关内容，在弹出的提示对话框中将显示设置的内容。

> **温馨提示：清除数据验证**
>
> 首先选中需要清除数据验证的单元格或单元格区域，然后打开"数据验证"对话框，单击"全部清除"按钮。

3.2.11　条件格式

用户可以在Excel中设置条件格式以突出显示满足条件的单元格、强调特殊的数值等。Excel主要通过边框、底纹、字体颜色、图标等突出数据，我们也可以自定条件以及设置格式。

扫码看视频

在工作表中选中需要应用条件格式的单元格区域❶，切换至"开始"选项卡，单击"样式"选项组中"条件格式"下三角按钮❷，在列表中选择需要应用的条件格式选项，如下图所示。

- 189 -

在"条件格式"列表中包含"数据条"、"色阶"和"图标集"3种内置的单元格图形效果样式条件格式，还包括"突出显示单元格规则"、"最前/最后规则"和"新建规则"3种基于各类特征设置的条件格式。

1. 数据条

数据条、色阶和图标集的操作方法类似，下面以数据条为例介绍具体操作方法。

Step 01 在"采购统计表.xlsx"中选中"数量"列的数据区域❶，单击"条件格式"下三角按钮❷。

Step 02 在列表中选择"数据条>红色数据条"选项❸，可见选中单元格区域应用该数据条❹，如下左图所示，数据条越长，表示数据越大。

Step 03 在"数据条"子列表中选择"其他规则"选项，在打开的"新建格式规则"对话框的"条形图外观"选项区域中设置格式，如下右图所示。

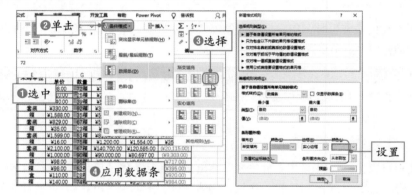

Step 04 返回工作表，可见选中区域应用了红色数据条，如下图所示。

采购统计表							
			统计日期：				
品牌	规格型号	采购单位	单价和数量		采购金额	采购预算	节约资金
			单价	数量			
齐心	70g A4 500张/包 5包/箱	箱	¥98.00	72箱	¥7,056.00	¥7,338.00	¥282.00
	A3 381-123456联彩色	套装	¥110.00	25箱	¥2,750.00	¥2,994.00	¥244.00
得力	57·50mm 100卷/箱	箱	¥140.00	39箱	¥5,460.00	¥7,022.00	¥1,562.00
兄弟	TN225	套装	¥330.00	92箱	¥30,360.00	¥31,358.00	¥998.00
HP	CF510A	箱	¥1,588.00	35箱	¥55,580.00	¥57,292.00	¥1,712.00
HP	955	套装	¥829.00	67箱	¥55,543.00	¥48,071.00	(¥7,472.00)
爱普生	LQ63oK	箱	¥35.00	23箱	¥805.00	¥633.00	(¥172.00)
金典	GD-50M	套装	¥1,599.00	51箱	¥81,549.00	¥66,086.00	(¥15,463.00)
西玛	SIMAA 3015	箱	¥16.00	97箱	¥1,200.00	¥1,554.00	¥354.00
夏朗	HL-2010C	套装	¥2,100.00	67箱	¥140,700.00	¥120,585.00	(¥20,115.00)
三星	27英寸	箱	¥1,000.00	90箱	¥90,000.00	¥80,697.00	(¥9,303.00)
罗技	MK275	箱	¥98.00	95箱	¥9,310.00	¥8,593.00	(¥717.00)
齐心	70g A4 500张/包 5包/箱	箱	¥98.00	52箱	¥5,096.00	¥4,701.00	(¥395.00)
	A3 381-123456联彩色	箱			更改数据条的效果	¥2,160.00	(¥920.00)
得力	57·50mm 100卷/箱	箱				¥9,376.00	(¥984.00)
兄弟	TN225	套	¥330.00	94箱	¥11,220.00	¥8,347.00	(¥2,873.00)

色阶是以数据大小为基础按颜色进行分组，相应地改变单元格的背景，图标集是系统提供一些有特殊含义的图标，按数据大小进行分组，并添加相应的图标。

2. 最前/最后规则

最前/最后规则和突出显示单元格规则都需要设置满足的条件，突出显示单元格规则可以为单元格中指定的数字、文本或重复值设置特定的格式，最前/最后规则可以为前（后）n

项或n%项单元格，或高于低于平均值的单元格设置格式，下面以最前/最后规则为例介绍具体操作方法。

Step 01 选中采购数量列的所有数据区域❶，在"条件格式"列表❷中选择"最前/最后规则>前10项"选项❸，如下左图所示。

Step 02 打开"前10项"对话框，在左侧数据框中输入3❹，单击"确定"按钮❺，可见选中区域中数值最大的3项被突出显示，如下右图所示。

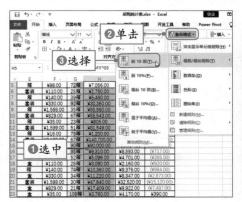

Step 03 用户也可以自定义格式，在"前10项"对话框中单击"设置为"右侧下三角按钮❶，在列表中选择"自定义格式"选项❷，在打开的"设置单元格格式"对话框中设置格式，如下图所示。

如果选择"高于平均值"或"低于平均值"选项，则在打开的对话框中只设置格式即可。

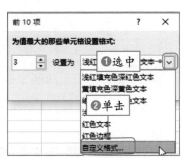

3. 新建规则

当内置的条件格式不能满足用户的需求时，可以使用"新建规则"功能，例如在本案例中需要将"节省资金"为负数的商品信息突出显示出来，下面介绍具体操作方法。

Step 01 选中A5:J40单元格区域，然后在"条件格式"列表中选择"新建规则"选项。

Step 02 打开"新建格式规则"对话框，在"选择规则类型"列表框中选择"使用公式确定要设置格式的单元格"选项❶，在下方文本框中输入"=$J5<0"公式❷，单击"格式"按钮❸，如下左图所示。

打开"设置单元格格式"对话框，在"字体"选项卡中设置字体颜色为浅冰蓝色，在"填充"选项区域中设置填充颜色为浅蓝色❹，单击"确定"按钮❺，如下右图所示。

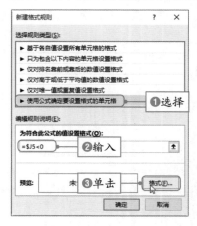

Step 04 返回上级对话框，单击"确定"按钮，返回工作表可见所有"节省资金"为负数的采购信息均被突显出来，如下图所示。

采购统计表								
							统计日期：	
序号	采购商品	品牌	规格型号	采购单位	单价和数量		采购金额	采购预算	节约资金
					单价	数量			
001	复印纸	齐心	70g A4 500张/包 5包/箱	箱	¥98.00	72箱	¥7,056.00	¥7,338.00	¥282.00
002	打印纸		A3 381-123456联彩色	套装	¥110.00	25箱	¥2,750.00	¥2,994.00	¥244.00
006	墨盒	HP	955	套装	¥829.00	23箱	¥19,067.00	¥48,071.00	¥29,004.00
007	黑色色带	爱普生	LQ63oK	箱	¥35.00	23箱	¥805.00	¥633.00	(¥172.00)
008	装订单	金典	GD-50M	套装	¥1,599.00	51箱	¥81,549.00	¥66,086.00	(¥15,463.00)
009	报销单	西玛	SIMAA 3015	箱	¥16.00	75箱	¥1,200.00	¥1,554.00	¥354.00
010	支架机	直映	HL-2010C	套装	¥2,100.00	67箱	¥140,700.00	¥120,585.00	(¥20,115.00)
011	显示器	三星	27英寸	箱	¥1,000.00	90箱	¥90,000.00	¥80,697.00	(¥9,303.00)
012	键鼠套装	罗技	MK275	箱	¥98.00	80箱	¥7,840.00	¥8,593.00	¥753.00
013	复印纸	齐心	70g A4 500张/包 5包/箱	箱	¥98.00	26箱	¥2,548.00	¥4,701.00	¥2,153.00
014	打印纸		A3 381-123456联彩色	盒	¥110.00	12箱	¥1,320.00	¥2,160.00	¥840.00
015	收银纸	得力	57×50mm 100卷/箱	箱	¥140.00	74箱	¥10,360.00	¥9,376.00	(¥984.00)
016	墨粉	兄弟	TN225	盒	¥330.00	20箱	¥6,600.00	¥8,347.00	¥1,747.00
017	硒鼓	HP	CF510A		¥1,760.00	80箱	¥32,520.00	¥760.00	
018	墨盒	HP	955		¥1,145.00	查看突出显示的效果	¥9,922.00	¥5,777.00	
019	黑色色带	爱普生	LQ63oK	套	¥35.00	108箱	¥3,780.00	¥4,170.00	¥390.00
020	装订机	金典	GD-50M	台	¥1,599.00	13箱	¥20,787.00	¥16,850.00	(¥3,937.00)
021	报销单	西玛	SIMAA 3015	套	¥16.00	104箱	¥1,664.00	¥2,218.00	¥554.00

如果需要清除条件格式，首先选中单元格区域，在"条件格式"列表中选择"清除规则"选项，在子列表中选择相应的选项即可。

温馨提示：管理条件格式

在"条件格式"列表中选择"管理规则"选项，打开"条件格式规则管理器"对话框，可以新建、编辑、删除规则，还可以设置规则的优先级别。

3.2.12 单元格的保护

本节介绍的单元格的保护与1.2.6节中介绍的文件保护不同，之前是对整个文件进行保护，本节是对工作表中部分单元格进行保护，下面主要介绍保护部分单元格和设置允许编辑的单元格两种方法。

扫码看视频

☞ 方法一：保护部分单元格

在本案例中为防止他人随意更改采购统计表的表头内容，我们可以将其设置密码保护。

Step 01 选择工作表中所有单元格❶，打开"设置单元格格式"对话框，在"保护"选项卡❷中取消勾选"锁定"复选框❸，单击"确定"按钮，如下左图所示。

Step 02 选中A1:J4单元格❶，选中表格的表头区域，打开"设置单元格格式"对话框，在"保护"选项卡中勾选"锁定"复选框❷，单击"确定"按钮，如下右图所示。

 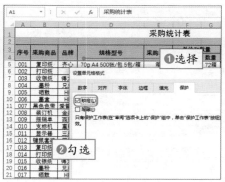

Step 03 切换至"审阅"选项卡❶，单击"保护"选项组中"保护工作表"按钮❷。

Step 04 打开"保护工作表"对话框，在"取消工作表保护时使用的密码"数值框中输入设置的密码，如123456❸。

Step 05 打开"确认密码"对话框，输入设置的密码❹，单击"确定"按钮，如下图所示。

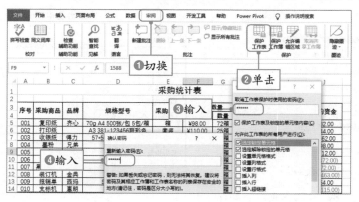

Step 06 操作完成后，可以在A1:J4单元格之外输入相关信息，如果试图修改该区域内的信息，会弹出提示对话框显示该区域受保护。

☞ 方法二：允许编辑区域

下面以"出差申请表.xlsx"工作表为例介绍在填充表格时，只允许在指定的单元格区域内输入信息，其他单元格禁止输入的方法。

Step 01 打开"出差申请表.xlsx"工作表，切换至"审阅"选项卡❶，单击"保护"选项组中"允许编辑区域"按钮❷。

Step 02 打开"允许用户编辑区域"对话框，单击"新建"按钮❸，如下左图所示。

Step 03 打开"新区域"对话框，在"标题"文本框中输入标题文本，单击"引用单元格"右侧折叠按钮，返回工作表中选择需要输入内容的单元格❹，如下右图所示。

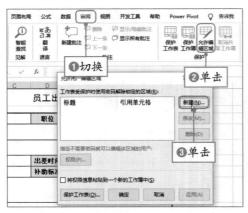

Step 04 单击折叠按钮返回"新区域"对话框，单击"确定"按钮，返回"允许用户编辑区域"对话框，在"工作表受保护时使用密码解除锁定的区域"列表框中显示新建的区域，单击"保护工作表"按钮❶，如下左图所示。

Step 05 打开"保护工作表"对话框，输入密码，如123456❷，在"确认密码"对话框中再次输入设置的密码❸，单击"确定"按钮❹，如下右图所示。

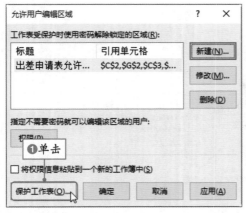
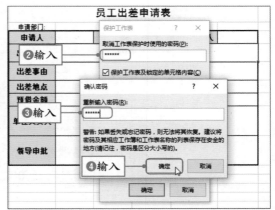

Step 06 设置完成后，员工在填写出差申请表格时，只能在 **Step 03** 中选中的单元格内输入内容，其他区域均不能输入或修改内容。

如果需要撤销对工作表单元格的保护，在"审阅"选项卡的"保护"选项组中单击"撤销工作表保护"按钮，然后在打开的对话框中输入设置的密码即可。

高手进阶：单元格的综合应用

本节主要介绍单元格的相关知识，如单元格的选取、合并、设置格式、数据输入、单元格的保护等。接下来通过制作"办公用品领用登记表.xlsx"为例介绍单元格的综合应用。

扫码看视频

Step 01 新建Excel工作簿并重命名保存。

Step 02 输入表格的表头内容，选中A1:I1单元格区域❶，打开"设置单元格格式"对话框，在"对齐"选项中设置"水平对齐"和"垂直对齐"为"居中"。

Step 03 在"字体"选项卡中设置字体为"黑体"、字形为"加粗"、字号为16、颜色为黑色❷，单击"确定"按钮，如下左图所示。

Step 04 选中A2:I2单元格区域，在"字体"选项组中设置字体为"宋体"、字号为12、字体颜色为白色、填充颜色为深蓝色。

Step 05 在"对齐方式"选项组中设置对齐方式为"居中"。

Step 06 选中A2:I20单元格区域，打开"设置单元格格式"对话框，在"边框"选项卡中设置细实线为内部框线，设置粗实线为外部边框框线，如下右图所示。

Step 07 选中"单价"和"总金额"列数据区域❶，打开"设置单元格格式"对话框，在"数字"选项卡中设置分类为"货币"❷，小数位数为2❸，单击"确定"按钮，如下左图所示。

Step 08 选中"数量"列的数据区域❶，打开"数据验证"对话框，在"设置"选项卡中设置"允许"为"整数"❷、"数据"为"介于"、最小值为1、最大值为20❸，如下右图所示，用户还可以设置输入信息或出错警告。

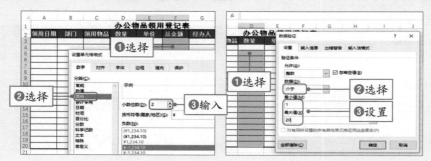

Step 09 选中"领用日期"列数据区域❶，设置数据验证，使输入的日期越来越近。打开"数据验证"对话框，在"设置"选项卡中设置"允许"为"日期"❷、"数据"为"大于或等于"，在"开始日期"文本框中输入"=MAX($A$3:$A3)"❸公式，如下左图所示。

Step 10 在"领用日期"列中输入的日期是循序的，否则弹出提示对话框，需要重新输入。

Step 11 表格的结构制作完成后，在表格输入相关领用信息。

Step 12 选中F3单元格，输入"=E3*D3"公式，按Enter键执行计算，并将公式向下填充至F20单元格，如下右图所示。

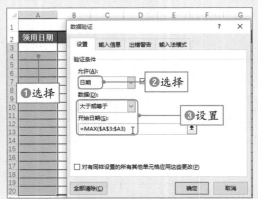

Step 13 选中"数量"列数据区域❶，在"条件格式"列表中选择"突出显示单元格规则>大于"选项。

Step 14 打开"大于"对话框，在左侧数值框中输入15❷，单击"确定"按钮❸，可见所有数量大于15的单元格被突出显示，如下右图所示。

Step 15 用户根据保护单元格的知识对表格的表头内容进行保护。

Step 16 表格制作完成，可见数据很多，不利于查看，可以隔行选中表格的单元格区域，并填充浅蓝色，最终效果如下右图所示。

3.3 Excel工作表——创建"各品牌年销售统计表"

工作表是Excel完成工作的基本单位，它是由行和列组成的，是存放数据的表格。本节将介绍工作表的基本操作，如新建工作表、重命名等，然后再介绍行和列的操作，最后介绍数据分析和打印等操作。

3.3.1 新建工作表

新建工作簿时，默认创建的是一个名为"工作簿1"的Excel文件，工作簿中默认包含一个名为Sheet1的工作表，用户可以通过单击工作表名称右侧的"新工作表"按钮 ⊕ 快速创建更多的新工作表。

扫码看视频

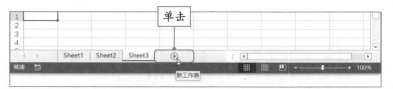

实用技巧：设置默认工作表数量

Excel 2019默认的新建工作簿中只有一个工作表，用户可以执行"文件>选项"选项，打开"Excel选项"对话框，在"常规"选项面板❶中设置新建工作簿时默认"包含的工作表数"❷，然后单击"确定"按钮❸。

3.3.2 重命名工作表

新创建的工作表默认以Sheet2、Sheet3等来命名，用户可以根据需要重命名工作表，常用的方法有两种。一是直接双击工作表标签，工作表名称会变为可编辑状态，直接输入新名称即可。二是可以右击工作表标签，在弹出的快捷菜单中选择"重命名"命令，对工作表进行重命名。

扫码看视频

3.3.3　设置工作表标签颜色

用户可以根据需要对工作表标签颜色进行更改，一般有两种操作方法，一是通过右键快捷菜单进行设置，二是在功能区中进行设置。

☞**方法1：通过右键快捷菜单进行设置**

Step 01 右键单击工作表标签❶。

Step 02 在弹出的快捷菜单中选择"工作表标签颜色"命令❷。

Step 03 在打开的颜色设置面板中选择需要的颜色❸。

☞**方法2：通过右键快捷菜单进行设置**

Step 01 切换至"开始"选项卡❶。

Step 02 单击"单元格"选项组中的"格式"下三角按钮❷。

Step 03 在打开的下拉列表中选择"工作表标签颜色>红色"选项❸。

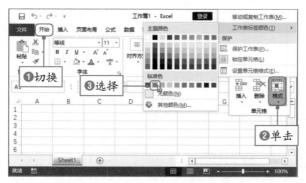

3.3.4　复制与移动工作表

复制与移动工作表是日常办公中常用的操作，我们可以在同一工作簿中复制或移动工作表，也可以在不同工作簿中复制或移动工作表。

1. 在同一工作簿中移动或复制工作表

Step 01 打开"各品牌年销售统计表.xlsx"工作簿，可见其中有4个工作表，现在需要将"2019年销售统计表"移到"2019年底库存表"左侧。

Step 02 在"2019年销售统计表"工作表标签上右击❶，在快捷菜单中选择"移动或复制"命令❷，如下左图所示。

Step 03 打开"移动或复制工作表"对话框，在"下列选定工作表之前"列表框中选中"2019年底库存表"选项❸，单击"确定"按钮❹，如下右图所示，即可完成移动工作表的操作。

 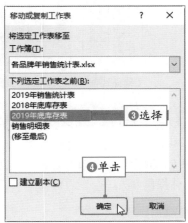

在"移动或复制工作表"对话框中如果勾选"建立副本"复选框，则会将"2019年销售统计表"复制一份并移动到指定工作表左侧。

实用技巧：通过拖曳移动工作表

在同一个工作簿中移动或复制工作表时，可以使用鼠标拖曳完成，在需要移动的工作表标签上单击并按住鼠标左键向左或向右拖曳，此时在工作表标签之间有一个向下的黑色三角形，表示移动的位置，释放鼠标左键即可完成移动，如果在拖曳工作表时按住Ctrl键可以复制并移动工作表。

---

2. 不同工作簿中移动或复制工作表

在不同工作簿中移动或复制工作表时，必须打开目标工作簿，用户也可以将工作表移到新建的工作簿中，下面介绍具体操作方法。

Step 01 将"2019年销售统计表"工作表移至另一个工作簿中，如"采购统计表.xlsx"，首先将两个工作簿都打开。

Step 02 右击"2019年销售统计表"工作表标签，在快捷菜单中选择"移动或复制"命令。

Step 03 在打开的对话框中单击"工作簿"右侧下三角按钮，在列表中选择"采购统计表.xlsx"工作簿名称❶。

Step 04 在"下列选定工作表之前"选择需要移动的位置❷，如果需要复制可以勾选"建立副本"复选框❸，单击"确定"按钮❹，如下图所示。

Step 05 操作完成即可实现跨工作簿移动或复制工作表。

Step 06 如果需要移动或复制工作表到新工作簿中，在"移动或复制工作表"对话框的"工作簿"列表中选择"(新工作簿)"选项即可。

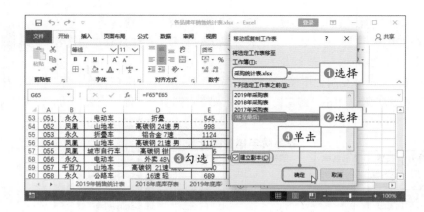

3.3.5　隐藏/显示工作表

用户可以将工作表进行隐藏，其他人在浏览时看不到隐藏的工作表，从而保护工作表中信息，如果需要查看隐藏的工作表时，也可以将其显示，下面介绍具体操作方法。

扫码看视频

1. 隐藏工作表

隐藏和显示工作表可以通过两种方法完成，其一是使用功能区，其二是使用快捷菜单。

☞**方法一：功能区隐藏工作表**

Step 01 在工作簿中切换至需要隐藏的工作表，如"2019年销售统计表"❶。

Step 02 切换至"开始"选项卡❷，单击"单元格"选项组中"格式"下三角按钮❸，在列表中选择"隐藏和取消隐藏>隐藏工作表"选项❹，如下图所示。

Step 03 将当前工作表隐藏。

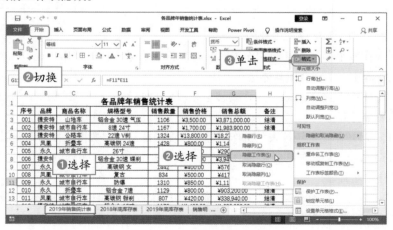

☞**方法二：快捷菜单隐藏工作表**

Step 01 选中需要隐藏的工作表，并在工作表标签上右击❶。

Step 02 在快捷菜单中选择"隐藏"命令❷，即可将工作表隐藏，如下图所示。

	A	B	C	D	E	F	G	H
1				各品牌年销售统计表				
2	序号	品牌	商品名称		销售数量	销售价格	销售总额	备注
3	001	捷安特	山地车	插入(I)...	1106	¥3,500.00	¥3,871,000.00	结清
4	002	捷安特	城市自行	删除(D)	1167	¥1,700.00	¥1,983,900.00	结清
5	003	捷安特	公路车	重命名(R)	1324	¥13,800.00	¥18,271,200.00	结清
6	004	凤凰	折叠车	移动或复制(M)...	1428	¥800.00	¥1,142,400.00	结清
7	005	永久	城市自行	查看代码(V)	632	¥460.00	¥290,720.00	结清
8	007	捷安特	山地车	保护工作表(P)...	1232	¥3,200.00	¥3,942,400.00	结清
9	007	永久	城市自行	工作表标签颜色(T) ▶	1442	¥400.00	¥576,800.00	结清
10	008	凤凰	城市自行		834	¥500.00	¥417,000.00	结清
11	009	永 ❶右击		隐藏(H)	13 ❷选择 0.00		¥1,113,500.00	结清
12	010	永		取消隐藏(U)...	1129	¥800.00	¥903,200.00	结清
13	011	凤凰		选定全部工作表(S)	807	¥420.00	¥338,940.00	结清

2019年销售统计表　2018年底年存表　20 … ⊕

温馨提示：隐藏工作表时的注意事项

在对工作表进行隐藏时，不能将工作簿中所有工作表进行隐藏。当工作簿中只有一张工作表时，如果执行隐藏工作表操作，会弹出提示对话框，显示工作簿内至少要有一张可视的工作表。

2. 显示工作表

　　显示工作表可以通过"取消隐藏"对话框实现，右击任意工作表标签，在快捷菜单中选择"取消隐藏"命令，在打开的"取消隐藏"对话框中选择需要显示的工作表名称，单击"确定"按钮。

　　在功能区也可以显示隐藏的工作表，单击"开始"选项卡❶的"单元格"选项组中"格式"下三角按钮❷，在列表中选择"隐藏和取消隐藏>取消隐藏工作表"选项❸，在打开的"取消隐藏"对话框中选择工作表名称❹，单击"确定"按钮❺，如下图所示。

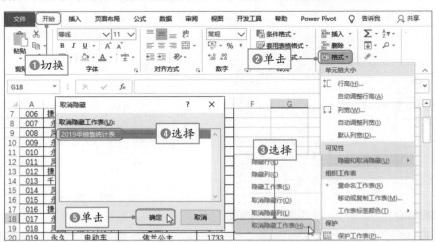

　　用户隐藏工作表后，还可以设置密码保护，单击"审阅"选项卡中"保护工作簿"按钮，在打开的对话框设置密码即可。

3.3.6 插入行或列

在Excel中制作表格时，经常需要插入行或列，以及删除行或列，可以通过两种方法实现，方法一是使用功能区，方法二使用快捷菜单，下面介绍具体操作方法。

扫码看视频

☞ **方法一：通过功能区插入行或列**

Step 01 选中多行或一行，如果选中多行，则在其上方会插入选中的行数❶，插入列也是如此。

Step 02 切换至"开始"选项卡❷，单击"单元格"选项组中"插入"下三角按钮❸，在列表中选择"插入工作表行"选项❹，如下图所示。

Step 03 在选中行上方插入选中的行数，插入行均为空白行。

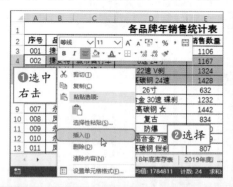

☞ **方法二：快捷菜单插入行**

选中行并右击❶，在快捷菜单中选择"插入"命令❷，即可快速插入行，如下左图所示。

如果选择单元格❶，然后执行插入行或插入列的操作，会弹出"插入"对话框，然后选中"整行"或"整列"单选按钮❷，单击"确定"按钮即可插入整行或整列❸，如下右图所示。

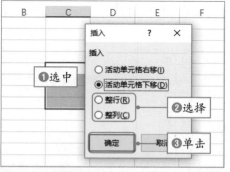

温馨提示：删除行或列

删除行或列的操作方法与插入行或列的方法类似，在功能区中单击"单元格"选项组中"删除"下三角按钮，在列表中选择合适选项，或者右击行或列，在快捷菜单中选择"删除"命令即可。

▶ 技能提升：隔行插入行

隔行插入的方法是建立在辅助列和排序基础上的，本节介绍隔行插入一行，用户可以根据需要插入多行，下面介绍隔行插入一行的具体方法。

Step 01 打开"采购统计表.xlsx"工作簿，切换至"2018年采购表"工作表。

Step 02 A列为序号列，在A16和A17单元格中分别输入1.1和2.1①。

Step 03 选中A16:A17单元格区域，向下填充至A27单元格②。

Step 04 选中A3:J27单元格区域，切换至"数据"选项卡，单击"排序和筛选"选项组中"排序"按钮。

Step 05 打开"排序"对话框，设置"主要关键字"为"序号"①，"次序"为"升序"②，单击"确定"按钮③，如下右图所示。

扫码看视频

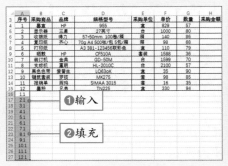

Step 06 可见在原表格的每行数据下面均插入一行空白行。

Step 07 对数据区域设置表格边框，并重新对序号进行排序，如下图所示。

查看隔行插入效果

3.3.7 调整行高或列宽

工作表的行高和列宽会影响工作表的整体面貌，而且还会影响到打印的效果。通常情况下有3种方法调整行高或列宽，分别为手动调整、自动调整和精确调整。

扫码看视频

1. 手动调整

手动调整主要通过拖曳行或列的分界线实现，当手动调整行高时，在光标右上角显示行高的数值，调整列宽时，在光标右上角显示列宽的数值，下面以调整列宽为例介绍手动调整行高和列宽的方法。

Step 01 打开"采购统计表.xlsx"工作簿，切换至"2017年采购表"工作表，在打印预览中可见在G列和H列之间显示一条灰色的虚线，表示最右侧两列超出打印区域，为了使展示效果更明显，将该虚线处添加一条红色的虚线，如下左图所示。

Step 02 D列的规格型号有的显示不完整，需要增大列宽，将光标移到D列右侧分界线上，当光标变为左右双向箭头时(调整行高时为上下双向箭头)按住鼠标左键向右拖曳，然后释放鼠标左键，如下右图所示。

Step 03 如果该列数据还没有显示完整，可以再手动调整增大列宽。

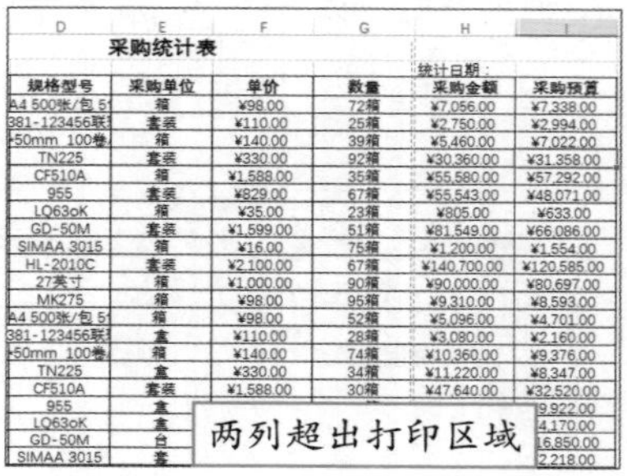

两列超出打印区域

拖曳

Step 04 根据相同的方法可以缩小其全列的列宽，使打印的虚线在数据区域的右侧，也就是在I和J列之间，即将表格打印同在一页上，如下图所示。

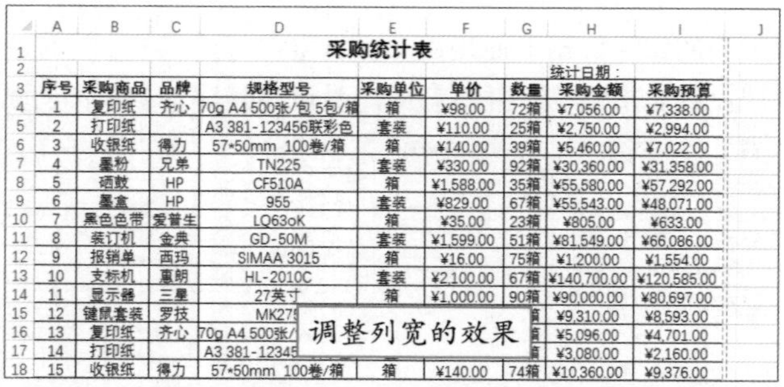

调整列宽的效果

温馨提示：单元格中显示####

当在单元格中输入日期、数值时，如果调整单元格的列宽太窄，则不能全部显示日期或数值，会在单元格中显示####，只需拉宽列宽即可。

实用技巧：调整多行或多列

在工作表中选中多行或多列，可以是连续的也可以是不连续的，然后拖曳选中行或列中任意边界线调整后释放鼠标左键，即可将选中的行或列调整为相同的高度或宽度。

---

2. 自动调整

Step 01 选择需要调整的列，也可以全选工作表❶。

Step 02 切换至"开始"选项卡❷，单击"单元格"选项组中"格式"下三角按钮❸，在列表的"单元格大小"区域中选择"自动调整列宽"选项❹。

Step 03 选中的列会根据单元格中的内容长度自动调整列宽，以显示全部信息。

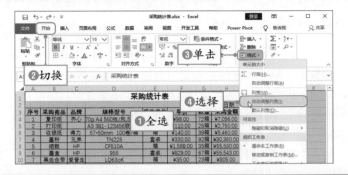

温馨提示：自动调整行高

自动调整行高的操作与自动调整列宽一样，首先选中行，然后在"格式"列表中选择"自动调整行高"选项即可。

实用技巧：快速自动调整行高和列宽

除了通过功能区实现自动调整行高或列宽外，还可以通过双击的方法快速操作，选中行或列，然后双击边界线即可自动调整行高或列宽。

---

3. 精确调整

在介绍精确调整行高或列宽之前，先了解一下行高和列宽的单位，在Excel中默认的行高和列宽的单位是不同的，这也是困扰初学者的一个问题。行高的单位是"磅"，而且这里的"磅"并不是英制重量单位的"磅"，而是一种印刷业描述印刷字体大小的专用尺度。行高的"磅"又被称为"点制"，1磅近似等于1/72英寸，1英寸约等于25.4mm。列宽的单位是字符，列宽的数值是指适用于单元格的"标准字体"的数字平均值。

Step 01 首先选择需要调整列宽的列❶，单击"开始"选项卡中"格式"下三角按钮❷，在列表中选择"列宽"选项❸，如果设置行高则选中行，并选择"行高"选项。

Step 02 打开"列宽"对话框，在"列宽"数值框中输入数值❹，单击"确定"按钮❺，即可将选中的列调整为指定的宽度，如下图所示。

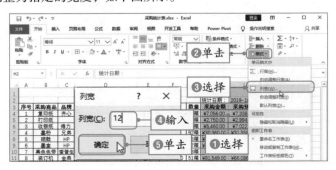

3.3.8 数据的分析

在Excel中输入数据后，我们还需要对数据进行分析，如排序、筛选、分类、汇总等，Excel之所以应用广泛，是因为其包括操作简单的数据分析功能，下面将详细介绍Excel中数据的分析操作。

1. 数据的排序

在Excel中原始数据一般是无序的，我们可以通过对数据排序，让表格中某些数据有规律地显示，如在本案例中，对采购的数量按升序排序，下面介绍具体操作方法。

Step 01 打开"采购统计表.xlsx"工作簿，切换至"2016年采购表"工作表，选中"数量"列中任意单元格❶。

Step 02 切换至"数据"选项卡❷，单击"排序和筛选"选项组中"升序"按钮❸，如下图所示。

Step 03 表格中"数量"按升序从小到大排序。

在实际工作中，除了在表格中对一列数据进行排序外，还可能需要对多列进行排序，此时可以在"排序"对话框中操作。

Step 01 打开"各品牌年销售统计表.xlsx"工作簿，切换至"2019年底库存表"工作表。

Step 02 将光标定位在表格中任意单元格❶，切换至"数据"选项卡，单击"排序和筛选"选项组中"排序"按钮❷。

Step 03 打开"排序"对话框，设置"主要关键字"为"商品名称"、"次序"为"升序"❸，单击"添加条件"按钮❹，如下图所示。

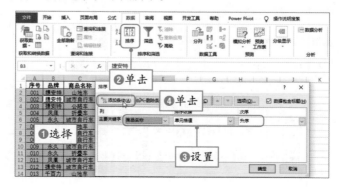

Step 04 添加次要关键字排序内容，设置次要关键字为"库存量"❶、"次序"为"升序"❷，单击"确定"按钮❸。

Step 05 返回工作表，可见数据按商品名称进行升序排列，商品名称相同时按库存量升序排列，如下图所示。

实用技巧：按笔画进行排序

当我们使用"排序"功能时，对数值可以根据从小到大或从大到小排序，当对文本进行排序时，Excel默认情况下是按字母顺序排序，也可以按笔画进行排序。在"排序"对话框中单击"选项"按钮❶，打开"排序选项"对话框，在"方法"选项区域中选中"笔画排序"单选按钮❷，单击"确定"按钮❸。

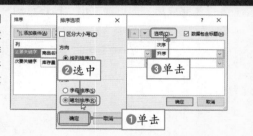

---

2. 数据的筛选

使用"筛选"功能对数据进行筛选，可以直观显示满足条件的数据信息，将其他数据按行隐藏起来。

Step 01 打开"各品牌年销售统计表.xlsx"工作簿中"2019年销售统计表"工作表。

Step 02 将光标定位在数据区域任意单元格中❶，切换至"数据"选项卡❷，单击"排序和筛选"选项组中"筛选"按钮❸，如下左图所示。

Step 03 表格进入筛选状态，单击"商品名称"右侧筛选按钮❶，在列表中取消勾选"全选"复选框❷，并勾选"山地车"复选框❸，单击"确定"按钮❹，如下右图所示。

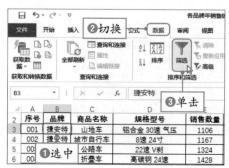

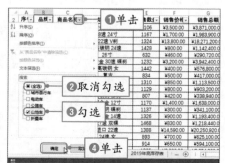

Step 04 在表格中只显示"山地车"的相关信息，其他信息均被隐藏起来，如下图所示。

	A	B	C	D	E	F	G	H
1				各品牌年销售统计表				
2	序号	品牌	商品名称	规格型号	销售数量	销售价格	销售总额	备注
3	001	捷安特	山地车	铝合金 30速 气压	1106	¥3,500.00	¥3,871,000.00	结清
8	006	捷安特	山地车	铝合金 30速 碟刹	1232	¥3,200.00	¥3,942,400.00	结清
15	013	千百力	山地车	高碳钢 碟刹	1137	¥300.00	¥341,100.00	结清
19	017	永久	山地车	24速 女	893	¥700.00	¥625,100.00	结清
24	022	凤凰	山地车	铝合金 24速 男	1439	¥600.00	¥863,400.00	结清
30	028	永久	山地车	铝合金 24速 男	1157	¥600.00	¥694,200.00	结清
31	029	永久	山地车	24速 女	960	¥700.00	¥672,000.00	结清
32	030	永久	山地车	铝合金 27速 男	633	¥800.00	¥506,400.00	结清
33	031	永久	山地车			800.00	¥1,010,400.00	结清
34	032	千百力	山地车	高碳钢	查看筛选的数据	680.00	¥832,320.00	结清
36	034	凤凰	山地车	高碳钢 24速 女	1495	¥450.00	¥672,750.00	结清

Step 05 单击"销售总额"筛选按钮❶，在列表中选择"数字筛选>大于"选项❷，如下左图所示。

Step 06 打开"自定义自动筛选方式"对话框，在"大于"右侧数值框中输入1000000❸，单击"确定"按钮❹，如下右图所示。

Step 07 操作完成后，即可筛选出"销售总额"大于100万的数据。

▶ 技能提升：高级筛选

在Excel中分析数据时，有时需要根据多个条件来筛选数据，此时可使用高级筛选功能。

Step 01 打开"采购统计表.xlsx"工作簿，切换至"2018年采购表"工作表。

Step 02 在B84:G85单元格区域中输入筛选的条件，如下图所示。

扫码看视频

	A	B	C	D	E	F	G	H
1				各品牌年销售统计表				
2	序号	品牌	商品名称	规格型号	销售数量	销售价格	销售总额	备注
75	073	千百力	公路车	高碳钢 21速 越野碟	1129	¥680.00	¥767,720.00	结清
76	074	捷安特	山地车	铝合金 27速	1314	¥2,790.00	¥3,666,060.00	结清
77	075	凤凰	电动车	三轮车	938	¥3,500.00	¥3,283,000.00	结清
78	076	捷安特	山地车	铝合金 27速	599	¥2,790.00	¥1,671,210.00	结清
79	077	千百力	山地车	高碳钢 21速	854	¥680.00	¥580,720.00	结清
80	078	永久	山地车	铝合金 24速 男	769	¥600.00	¥461,400.00	结清
81	079	永久	城市自行车	三轮车	1495	¥900.00	¥1,345,500.00	结清
82								
83			输入筛选条件					
84		品牌	商品名称	规格型号	销售数量	销售价格	销售总额	
85			城市自行车		>1000			
86								

Step 03 将光标定位在数据区域任意单元格❶，切换至"数据"选项卡，单击"排序和筛选"选项组中"高级"按钮❷。

Step 04 打开"高级筛选"对话框，确认"列表区域"为表格中的数据区域，单击"条件区域"右侧折叠按钮，在工作表中选择条件区域❸，单击"确定"按钮❹，如下图所示。

Step 05 返回工作表中即可筛选出城市自行车销量大于1000的数量。

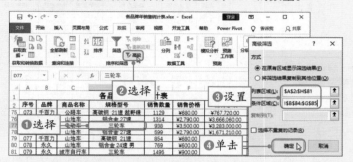

> **温馨提示：高级筛选的注意事项**
>
> 使用"高级"筛选时要注意以下两点。
> - 条件区域的首行必须与数据区域的标题行匹配。
> - 条件区域标题行下方为条件区域，在同一行表示条件之间"和"关系，如果在不同行表示条件之间为"或"关系。

3. 数据的分类汇总

分类汇总是对数据列表中的数据进行分类，在分类的基础上进行汇总。在Excel中进行汇总的方式有很多，如求和、求平均值、最大值和最小值等。在进行分类汇总之前首先要对分类字段进行排序。

Step 01 在"2019年销售统计表"工作表中，选中"品牌"列中任意单元格❶，单击"数据"选项卡中"升序"按钮❷。

Step 02 对"品牌"进行排序后，再单击"分级显示"选项组中"分类汇总"按钮❸，如下图所示。

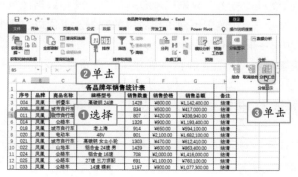

Step 03 打开"分类汇总"对话框，设置"分类字段"为"品牌" ❶、"汇总方式"为"求和" ❷，在"选定汇总项"列表框中只勾选"销售数量"和"销售总额"复选框 ❸，单击"确定"按钮 ❹，如下左图所示。

Step 04 返回工作表，可见按"品牌"进行分类并对销售数量和销售总额进行汇总求和，如下右图所示。

Step 05 在工作表的最左侧显示分级，单击 ➖ 或 ➕ 图标可以隐藏或展示对应的数据，若单击左侧的数字按钮，则在工作表中显示不同等级的数据。

温馨提示："分类汇总"对话框中参数的含义

在"分类汇总"对话框中包含3个复选框，它们的含义如下。
- 替换当前分类汇总：对表格进行分类汇总后，还可以再次进行分类汇总，如果勾选该复选框，会替换之前的分类汇总，如果取消勾选，则在之前分类汇总基础上再次按设置的分类字段进行汇总。
- 每组数据分页：勾选该复选框，每个分类汇总后有一个自动分页符，在打开时将每组分别打印在一页中。
- 汇总结果显示在数据下方：勾选该复选框，每组汇总的数据会在行的下方，否则在行的上方。

实用技巧：取消分类汇总

如果需要删除分类汇总的数据，可以打开"分类汇总"对话框，单击"全部删除"按钮即可。
如果要取消分类汇总的分级显示，在"数据"选项卡的"分级显示"选项组中单击"取消组合"下三角按钮，在列表中选择"清除分级显示"选项即可。

---

4. 合并计算

"合并计算"功能可以将多个数据区域合并汇总，其中数据区域可以是同一工作表中不同区域，也可以是同一工作簿中不同工作表中的数据。下面以"采购统计表.xlsx"为例介绍合并2016年到2018年采购各产品数量的方法。

Step 01 打开"采购统计表.xlsx"工作簿，新建工作表并命名为"汇总2016-2018年采购数据" ❶。

Step 02 选中A1单元格 ❷，切换至"数据"选项卡，单击"数据工具"选项组中"合并计算"按钮 ❸。

Step 03 打开"合并计算"对话框，设置"函数"为"求和" ❹，单击"引用位置"右侧折叠按钮 ❺，如下图所示。

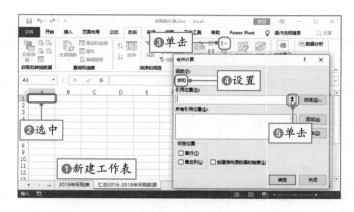

Step 04 返回工作表，切换至"2018年采购表"工作表，选中D2:I19单元格区域，单击折叠按钮，返回"合并计算"对话框中，单击"添加"按钮，将选中单元格区域添加到"所有引用位置"列表框中，如下左图所示。

Step 05 根据相同的方法将"2017年采购表"和"2016年采购表"中数据添加到合并计算中，并勾选"首行"和"最左列"复选框。

Step 06 操作完成后，即可在选中的A1单元格处汇总3个表格中的数据，设置单元格格式，隐藏单位和单价列，如下右图所示。

型号	数量	采购金额	采购预算
70g A4 500张/包 5包/箱	180箱	¥17,640.00	¥22,014.00
A3 381-123456联彩色	161箱	¥17,710.00	¥8,982.00
57+50mm 100卷/箱	109箱	¥15,260.00	¥21,066.00
CF510A	135箱	¥214,380.00	¥171,876.00
955	213箱	¥176,577.00	¥144,213.00
LQ63oK	187箱	¥6,545.00	¥1,899.00
BFG-50M	175箱	¥279,825.00	¥198,258.00
SIMAA 3015	139箱	¥2,224.00	¥4,662.00
HL-3000A	211箱	¥443,100.00	¥361,755.00
27英寸	172箱	¥172,000.00	¥242,091.00
MK275	213箱	¥20,874.00	¥25,779.00
70g A4 500张/包6包/箱	126箱	¥12,348.00	¥14,103.00
57+50mm 120卷/箱	190箱	¥26,600.00	¥28,128.00
TN225	184箱	¥44,880.00	¥25,041.00

添加2018年采购信息

查看合并计算的结果

实用技巧：修改和自动更新源数据

对数据进行合并后，还可以根据需要对引用的数据区域进行修改，打开"合并计算"对话框，在"所有引用位置"列表框中选择需要修改的数据，单击"引用位置"折叠按钮，在工作表中重新选择数据区域即可。

当合并计算操作完成后，如果源数据改变，那么如何让合并计算的数据自动更新呢？打开"合并计算"对话框，添加引用区域后，勾选"创建指向源数据的链接"复选框即可合并计算结果的自动更新。

3.3.9 拆分和冻结窗口

在Excel中每个工作簿都有自己的窗口，从而能够更加轻松地同时操作多个工作簿，本节将介绍拆分和冻结窗口的相关知识，在比较或查看同一工作表中的数据时会很有帮助。

扫码看视频

1. 拆分窗口

使用"拆分"功能可以将工作表分为四个或两个窗口，每个窗口可以滚动显示不同区域的数据，方便在不同区域比较同一表格中的数据。

Step 01 在工作表中选中需要拆分窗口的单元格❶，将以选中单元格的左上角为点将工作表分为四个窗口。

Step 02 切换至"视图"选项卡❷，单击"窗口"选项组中"拆分"按钮❸。

Step 03 该工作表拆分为四个窗口，如下图所示。

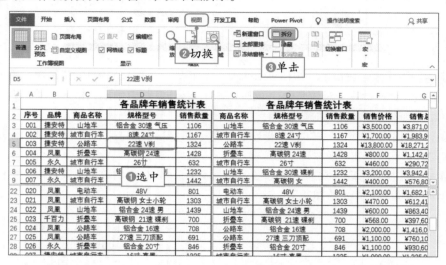

Step 04 将光标定位在不同的区域，然后通过垂直和水平滚动条查看不同的数据。

Step 05 如果需要取消拆分窗口，再次单击"拆分"按钮即可。

温馨提示：手动调整拆分窗口

拆分窗口后，将光标移至水平或垂直拆分线上时，按住鼠标左键拖曳即可调整拆分的位置。如果将水平拆分线拖曳到列标上，即可将工作表拆分为垂直的两个窗口，如果将垂直拆分线拖曳到行标上，可将工作表拆分为水平的两个窗口。

实用技巧：是否影响源数据

当对工作表拆分窗口后，在不同窗口中显示不同的区域，因为拆分窗口只是显示模式的调整，所以当取消拆分窗口时不会对源数据产生影响。

---

2. 冻结窗格

"冻结窗格"功能可以将工作表中的某一部分冻结，在滚动工作表其余部分时该部分保持不变，用户可以对纵向的数据或横向的数据进行冻结。

Step 01 在"2019年销售统计表"工作表中，将光标定位在I3单元格❶。

Step 02 切换至"视图"选项卡，单击"窗口"选项组中"冻结窗格"下三角按钮❷，在列表中选择"冻结窗格"选项❸，如下图所示。

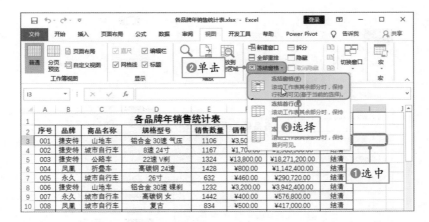

Step 03 操作完成后，沿着I3单元格的左上角对上方和左侧进行冻结，当向下滚动时，1和2行固定显示，当向右移动时，H列左侧内容固定显示，如下图所示。

	A	B	C	D	E	F	G	H	N	O
1				各品牌年销售统计表						
2	序号	品牌	商品名称	规格型号	销售数量	销售价格	销售总额	备注		
36	034	凤凰	山地车	高碳钢 24速 女	1495	¥450.00	¥672,750.00	结清		
37	035	凤凰	折叠车	高碳钢20寸	666	¥480.00	¥319,680.00	结清		
38	036	千百力	折叠车	高碳钢 21速 越野碟	1386	¥680.00	¥942,480.00	结清		
39	037	捷安特	折叠车	铝合金	1329	¥1,700.00	¥2,259,300.00	结清		
40	038	凤凰	山地车	高碳钢 24速 女	592	¥450.00	¥266,400.00	结清		
41	039	捷安特	山地车	铝合金 21速	1365	¥1,899.00	¥2,592,135.00	结清		
42	040	永久	山地车	高碳钢 男	1408	¥999.00	¥1,406,592.00	结清		
43	041	永久	公路车	铝合金 27速	796	¥800.00	¥636,800.00	结清		
44	042	永久	折叠车	铝合金 20寸	1086	¥1,100.00	¥1,194,600.00	结清		
45	043	凤凰	电动车	折叠	858	¥1,899.00	¥1,629,342.00	结清		
46	044	千百力	公路车	高碳钢 碟刹	754	¥300.00	¥226,200.00	结清		
47	045	千百力	公路车	高碳钢 21速				结清		
48	046	永久	山地车	高碳钢 男			845.00			
49	047	千百力	折叠车	高碳钢 21速	1033	¥680.00	¥702,440.00	结清		

冻结窗口的效果

实用技巧：冻结首行

如果只需要将数据区域的首行进行冻结，可直接在"冻结窗格"列表中选择"冻结首行"选项。

3.3.10 套用表格格式

为了制作的表格更加完美，Excel内置了60种表格格式，我们可以直接套用这些格式，下面介绍具体操作方法。

Step 01 选中A2:H81单元格区域❶。

Step 02 切换至"开始"选项卡单击"样式"选项组中"套用表格格式"下三角按钮❷，在列表中选择合适的样式❸。

扫码看视频

Step 03 打开"套用表格"对话框，确定表格数据的来源，然后单击"确定"按钮❹，如下图所示。

实用技巧：选择单元格区域

在本案例中，应用表格格式的区域不包括第1行的表格标题，如果第一步没有选中数据区域，可以在第3步的对话框中单击折叠按钮，在工作表中选择A2:H81单元格区域。

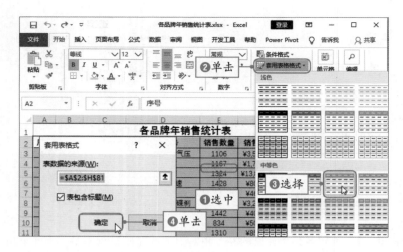

Step 04 操作完成后选中单元格区域应用了表格格式，在标题行显示筛选按钮，用户可以根据3.3.8节中数据分析的内容对数据进行筛选。

Step 05 单击"表格工具-设计"选项卡的"工具"选项组中"转换为区域"按钮❶，在弹出的提示对话框中单击"是"按钮❷，即可转换为普通表格，如下图所示。

　　除了Excel内置的表格格式外，用户还可以自定义表格格式，在"套用表格格式"列表中选择"新建表格样式"选项，打开"新建表样式"对话框，在"表元素"列表框中选择设置格式的元素，单击"格式"按钮，在打开的对话框中设置字体、填充颜色。设置完成后，单击"套用表格格式"下三角按钮，在列表中的"自定义"区域中显示设置的表格样式，最后为选中单元格区域应用该样式即可。

为表格套用表格格式后，可见表格更加清晰明了，如果在套用表格之前对单元格进行过填充，则该单元格不会应用表格格式。

> **温馨提示：应用主题**
>
> 在Excel中应用主题和在Word中操作一样，用户可参考2.4.2节中的内容进行设置。

3.3.11　设置页面

与Word类似，Excel也提供了"页面设置"的选项。

在Excel中设置页面时，主要设置页边距、纸张方向、纸张大小等。切换至"页面布局"选项卡，在"页面设置"选项组中单击相关按钮，在列表中选择对应的选项即可，也可以单击"页面设置"选项组中对话框启动器按钮，在打开的"页面设置"对话框中设置，用户请参考1.2.8节中内容，此处不再赘述。

扫码看视频

3.3.12　设置打印

在工作表页面设置完成后可以进行打印，在打印之前还需要进行相关设置，如设置打印的区域、打印标题等，下面以"各品牌年销售统计表.xlsx"为例介绍具体操作方法。

扫码看视频

1. 设置打印方向

当制作的表格太宽时，会使表格不能打印在同一页面中，可以通过调整列宽的方法使其打印在同一页，也可以设置打印的方向为"横向"，下面介绍具体操作方法。

Step 01 打开"各品牌年销售统计表.xlsx"工作簿，执行"文件>打印"操作❶，可见H列在打印区域之外。

Step 02 切换至"页面布局"选项卡，单击"页面设置"选项组中"纸张方向"下三角按钮，在列表中选择"横向"❷。

Step 03 也可以在"打印"选项区域中单击打印方向的下三角按钮，在列表中选择"横向"选项，即可将H列在同一页面中打印，如下图所示。

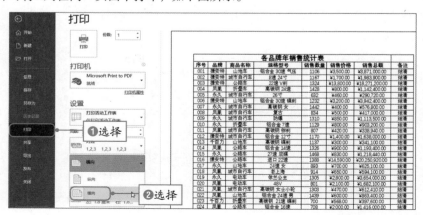

2. 设置打印区域

在"各品牌年销售统计表.xlsx"工作簿中,包含各个品牌的销售数据,现在需要将"捷安特"品牌的数据打印出来,其他区域不打印。

Step 01 对"品牌"数据进行排列,将各品牌数据集中在一起。

Step 02 选择捷安特上面数据的行,其中不包括第1和2行,单击鼠标右键,在快捷菜单中选择"隐藏"命令,即可将捷安特上方其他品牌数据隐藏❶。

Step 03 选择表格标题行和捷安特的所有数据区域❷,切换至"页面布局"选项卡❸,单击"页面设置"选项组中"打印区域"下三角按钮❹,在列表中选择"设置打印区域"选项❺,如下图所示。

Step 04 打印该工作表时只能打印选中的单元格区域。

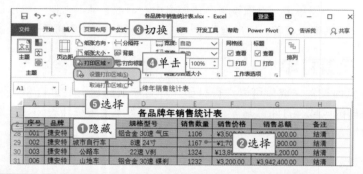

> **温馨提示:取消打印区域**
>
> 设置完打印区域后,需要及时取消打印区域,否则再次执行打印时只打印设置的区域,可单击"打印区域"下三角按钮,在列表中选择"取消打印区域"选项。

3. 打印标题

当工作表中纵向或横向数据比较多时,就需要打印多页,为清楚显示数据的含义,每页的表头都需要打印出来,下面介绍打印标题的方法。

Step 01 切换至"页面布局"选项卡,单击"页面设置"选项组中"打印标题"按钮❶。

Step 02 打开"页面设置"对话框,在"工作表"选项卡❷中单击"顶端标题"右侧折叠按钮❸,如下图所示。

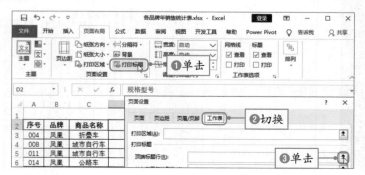

Step 03 返回工作表，选择第1和2行，单击折叠按钮，返回"页面设置"对话框中，单击"确定"按钮。

Step 04 进行打印预览，可见每一页的上方都显示设置的第1和2行的内容，查看当页的数据清晰方便，如下图所示。

各品牌年销售统计表

序号	品牌	商品名称	规格型号	销售数量	销售价格	销售总额	备注
001	捷安特	山地车	铝合金 30速 气压	1106	¥3,500.00	¥3,871,000.00	结清
002	捷安特	城市自行车	8速 24寸	1167	¥1,700.00	¥1,983,900.00	结清
003	捷安特	公路车	22速 V刹	1324	¥13,800.00	¥18,271,200.00	结清
004	凤凰	折叠车					
005	永久	城市自行车					
006	捷安特	山地车					
007	永久	城市自行车					
008	凤凰	城市自行车					
009	永久	城市自行车					
010	千百力	折叠车					
011	凤凰	城市自行车					
012	捷安特	城市自行车					
013	千百力	山地车					
014	凤凰	公路车					
015	永久	公路车					
016	捷安特	公路车					
017	永久	山地车					
018	凤凰	城市自行车					
019	永久	电动车					

各品牌年销售统计表

序号	品牌	商品名称	规格型号	销售数量	销售价格	销售总额	备注
033	凤凰	公路车	14速 碟刹	1197	¥900.00	¥1,077,300.00	结清
034	凤凰	山地车	高碳钢 24速 女	1495	¥450.00	¥672,750.00	结清
035	凤凰	折叠车	高碳钢20寸	666	¥480.00	¥319,680.00	结清
036	千百力	折叠车	高碳钢 21速 越野碟	1386	¥680.00	¥942,480.00	结清
037	捷安特	折叠车	铝合金	1329	¥1,700.00	¥2,259,300.00	结清
038	凤凰	山地车	高碳钢 24速 女	592	¥450.00	¥266,400.00	结清
039	捷安特	山地车	铝合金 21速	1365	¥1,899.00	¥2,592,135.00	结清
040	凤凰	山地车	高碳钢 男	1408	¥999.00	¥1,406,592.00	结清
041	永久	公路车	铝合金 27速	796	¥800.00	¥636,800.00	结清
042	凤凰	折叠车	铝合金 20寸	1086	¥1,100.00	¥1,194,600.00	结清
043	凤凰	电		858	¥1,899.00	¥1,629,342.00	结清
044	千百力	公	查看打印效果	754	¥300.00	¥226,200.00	结清
045	千百力	山		840	¥680.00	¥571,200.00	结清
046	凤凰	山地车	高碳钢 男	655	¥999.00	¥654,345.00	结清
047	千百力	折叠车	高碳钢 21速	1033	¥680.00	¥702,440.00	结清
048	凤凰	山地车	高碳钢 21速 男	535	¥600.00	¥321,000.00	结清

高手进阶：工作表的综合操作

扫码看视频

本节主要学习了工作表的基本操作，如新建、重命名、移动与复制、隐藏显示等，还介绍行或列的操作、窗口的冻结、数据的分析以及打印工作表等。下面以"周生产报表.xlsx"工作簿为例介绍工作表的综合操作。

Step 01 新建工作簿，并保存，然后对工作表进行重命名为"11月第1周生产报表"。

Step 02 输入生产数据，并设置格式。

Step 03 执行"文件>打印"操作，可见最右侧一列数据在打印范围之外，如下左图所示。

Step 04 全选工作表❶，单击"开始"选项卡中"格式"下三角按钮❷，在列表中选择"自动调整列宽"选项❸，如下右图所示。

Step 05 可见所有的列均自动调整，返回工作表中可见最右侧的J列调整到打印范围内。

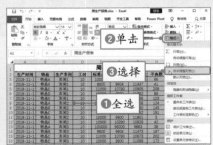

Step 06 将光标定位在"生产车间"列任意单元格❶，切换至"数据"选项卡，单击"排序和筛选"选项组中"升序"按钮❷。

Step 07 单击"分级显示"选项组中"分类汇总"按钮❸，如下图所示。

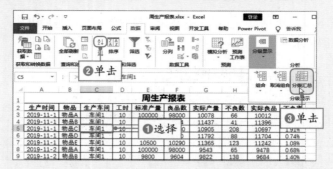

Step 08 打开"分类汇总"对话框，设置"分类汇总"为"生产车间"，"汇总方式"为"求和"❶，勾选"实际良品"复选框❷，单击"确定"按钮❸，如下左图所示。

Step 09 按"生产车间"进行分类，对"实际良品"进行求和。

Step 10 单击"页面布局"选项卡中"打印标题"按钮。

Step 11 打开"页面设置"对话框，设置打印标题为第1和2行❶，单击"打印预览"按钮❷，如下右图所示。

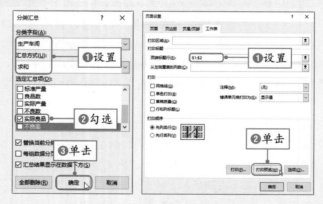

Step 12 在第二页的开头显示标题行，如下图所示。

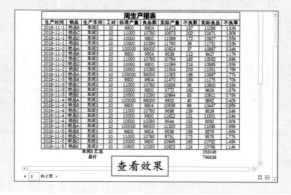

3.4 数据透视表——分析"固定资产表"

数据透视表是Excel中最常用、功能最全的数据分析工具之一，数据透视表为用户提供了一种对大量数据快速汇总并建立交叉列表的交互式动态表格，这种表格利用数据本身的特征，帮助用户重新组织数据，从而分析出数据的内存含义。数据透视表可以对字段进行调整，以便从不同的角度查看数据，汇总数据的方式很多，如求和、平均值、标准差等。在数据透视表中还可以设置值的显示方式，将汇总的数据以百分比显示，可以很好地展示数据的占比关系。

3.4.1 创建数据透视表

当表格中包含大量数据信息时，如果从表格中直接分析是比较困难的，此时可以使用数据透视表，根据用户需要重新安排表格的结构和数据的汇总。

可以通过两种途径在Excel中创建数据透视表，第一种是创建空白数据透视表并添加字段，第二种是使用"推荐的数据透视表"功能，下面分别介绍具体的操作方法。

扫码看视频

1. 创建空白数据透视表并添加字段

Step 01 打开"固定资产表.xlsx"工作簿，将光标定位在数据区域中任意单元格❶。

Step 02 切换至"插入"选项卡❷，单击"表格"选项组中"数据透视表"按钮❸。

Step 03 打开"创建数据透视表"对话框，在"表/区域"文本框中自动选中表格中数据区域，在"选择放置数据透视表的位置"选项区域中设置数据透视表的存放位置，此处保持"新工作表"单选按钮为选中状态，单击"确定"按钮❹，如下图所示。

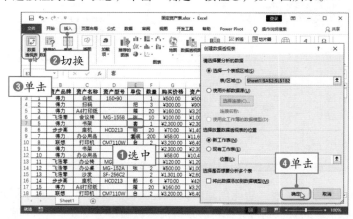

Step 04 在当前工作簿中新建了工作表并创建空白的数据透视表，打开"数据透视表字段"导航窗格，在功能区显示"数据透视表工具"选项卡。

Step 05 根据需要分析的数据将字段放在不同的区域，如需要查看各部门使用资产的总数量。

Step 06 在"数据透视表字段"导航窗格中将"资产部门"字段拖曳到"行"区域，释放鼠标左键，在数据透视表中会显示所有部门字段。

Step 07 根据相同的方法将"数量"字段拖曳至"值"区域中，Excel默认情况下对值区域的字段数值进行求和，在数据透视表中可显示各部门资产数量的总和，如下图所示。

2. 通过"推荐的数据透视表"创建

Step 01 将光标定位在数据区域❶，切换至"插入"选项卡，单击"表格"选项组中"推荐的数据透视表"按钮❷。

Step 02 打开"推荐的数据透视表"对话框，在左侧选择推荐的数据透视表❸，在右侧显示其结构，单击"确定"按钮❹，如下图所示。

Step 03 可在新工作表中创建选中的数据透视表结构。

Step 04 如果单击"空白数据透视表"按钮，即可创建空白的数据透视表。

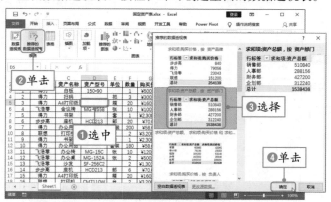

　　通过"推荐的数据透视表"功能创建的数据透视表，只是简单地将字段进行求和，创建后我们可以根据需要对数据透视表作进一步修改，以满足更为复杂的分析要求。

> **温馨提示：数据透视表的结构**
>
> 数据透视表的结构，包括行区域、列区域、数值区域和报表筛选区域4个部分，其中报表筛选区域显示"数据透视表字段"导航窗格的报表筛选选项，行区域显示任务窗格中的行字段，列区域显示任务窗格中的列字段，数值区域显示任务窗格中的值字段。

3.4.2 刷新数据透视表

当数据源发生变化时，必须及时更新数据透视表的数据，才能确保反映真实的数据信息，否则数据透视表就没有意义了。对数据透视表进行刷新可以采用手动刷新和打开工作簿时自动刷新两种方式。

手动刷新数据透视表，可以采用两种方法，一种是右键菜单，另一种是在"数据透视表工具"选项卡中刷新。

☞ **方法一：右键菜单刷新**

Step 01 将光标定位在数据透视表中任意单元格中，并右击❶。

Step 02 在快捷菜单中选择"刷新"命令❷，如下图所示。

☞ **方法二：通过"数据透视表工具"选项卡刷新**

Step 01 选中数据透视表中任意单元格❶，切换至"数据透视表工具-分析"选项卡。

Step 02 单击"数据"选项组中"刷新"按钮，或者单击"刷新"下三角按钮❷，在列表中选择合适的选项，如下图所示。

Step 03 选择"刷新"选项，则只刷新当前数据透视表，选择"全部刷新"选项，会刷新当前工作簿中所有数据透视表。

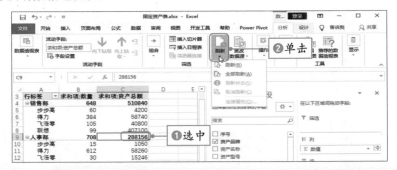

温馨提示：定时刷新

如果创建的数据透视表引用了外部数据，则单击"数据透视表工具-分析"选项卡的"数据"选项组中"更改数据源"下三角按钮，在列表中选择"连接属性"选项，在打开的对话框中可以设置刷新的频率，即可定时刷新数据透视表。

3.4.3　更改数据透视表的布局

创建完数据透视表后，用户可以改变数据透视表的布局，以满足不同角度的数据分析需求，通过本节的学习，读者可以体会到数据透视表为什么是动态的表格。

我们在更改数据透视表的布局时，通常使用拖曳字段的方法，可以直观快速地展示数据，读者也可以体会到通过简单的拖曳导致的数据的神奇变化，下面介绍具体操作方法。

Step 01 在"固定资产表.xlsx"工作簿中创建数据透视表，展示各部门不同品牌资产的数量和资产总额，如下图所示。

Step 02 现在需要查看各品牌在各部门的数量和资产总额之和，在"数据透视表字段"导航窗格的"行"区域中将"资产品牌"字段拖曳到"资产部门"字段的上方。

Step 03 也可以单击"资产品牌"字段❶，在快捷菜单中选择"上移"命令❷，此步骤需要注意用鼠标左键单击，而不是右键单击，如下左图所示。

Step 04 返回工作表，可见数据透视表按资产品牌分别汇总不同部门的数量和总额，如下右图所示。

实用技巧：显示"数据透视表字段"导航窗格

选中数据透视表中任意单元格，切换至"数据透视表工具－分析"选项卡，单击"显示"选项组中"字段列表"按钮，即可打开"数据透视表字段"导航窗格。

Step 05 如果需要查看固定资产每年每月采购的数量，可在"数据透视表字段"导航窗格中单击"行"区域中的"资产品牌"字段❶，在快捷菜单中选择"删除字段"命令❷，如下左图所示。

Step 06 根据相同的方法将"资产部门"和"值"区域中的"求和项:资产总额"字段删除。

Step 07 将"购买时间"拖入"行"区域中，此时，显示根据年份、季度和月展示采购数量，如下右图所示。

Step 08 删除"行"区域中"季度"字段，即可显示年份和月的采购数量。

Step 09 再将"购买时间"字段拖曳到"列"区域中，即可在数据透视表中详细展示不同年份不同月的采购固定资产的数据，并且对采购数量进行求和汇总，如下图所示。

3	求和项:数量	列标签											
4	行标签	1月	2月	3月	4月	5月	6月	7月	8月	9月	10月	11月	12月	总计
5	2010年	8	14	216	69	3		2	6		8		378	704
6	2011年	10	182	1		4	2	3	13	1	2	2	5	225
7	2012年	83		20	3	6	17		11	13		4		157
8	2013年	1	4			6	1	18	7	4	2	11	204	258
9	2014年	13	6	24	1		180	200	106		3	6	19	558
10	2015年	1		3	3	1	116	53	31	76	10	1	11	306
11	2016年	10		16	2	6	1					8	2	195
12	2017年	4		6	3	8	1		4	1		2	70	99
13	2018年	3		23		10	11	320	32	12	5	2		418
14	2019年	320	5	5	27		1	8	10		15	4	192	587
15	总计	453	211	314	108	44	463	609	226	107	51	40	881	3507

操作至此，数据透视表中的数据已经和刚开始创建的数据透视表大不相同了，数据透视表善于多层次、多角度地对数据进行分析汇总，接下来将深入介绍数据透视表的应用。

实用技巧：删除字段

在数据透视表中删除字段，可以在"数据透视表字段"导航窗格的"选择要添加到报表的字段"列表框中取消勾选相应的字段。

▶ 技能提升：数据透视表的报表布局

Excel为数据透视表提供了3种报表布局形式，分别为"以压缩形式显示"、"以大纲形式显示"和"以表格形式显示"，默认情况下数据透视表为"以压缩形式显示"的报表布局。

扫码看视频

Step 01 选中数据透视表内任意单元格❶，切换至"数据透视表工具-设计"选项卡，单击"布局"选项组中的"报表布局"下三角按钮❷，选择"以大纲形式显示"选项❸，如下左图所示。

Step 02 返回数据透视表，查看以大纲形式显示的效果，列字段分别在不同的列，能更清晰地展示数据，如下右图所示。

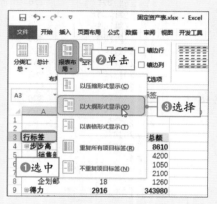

Step 03 在"报表布局"列表中选择"以表格形式显示"选项，可查看以表格形式显示数据透视表的效果，如下左图所示。

Step 04 在"布局"选项组中还可以设置"分类汇总"的显示或显示的位置，单击"分类汇总"下三角按钮，在列表中选择合适的选项即可，如下右图所示。

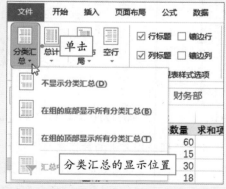

从3种报表的布局形式可以发现，以表格显示的数据透视表更加直观，更便于查看，这种报表布局也是用户首选的显示方式。

3.4.4 获取数据透视表的源数据

如果不慎将源数据删除，此时也可以查看数据透视表中的源数据，还可以根据需要显示部分数据。在操作之前需要启用"启用显示明细数据"功能，下面介绍具体操作方法。

Step 01 将光标定位在数据透视表中任意单元格❶，切换至"数据透视表工具-分析"选项卡，单击"数据透视表"选项组中"选项"按钮❷。

Step 02 打开"数据透视表选项"对话框，切换至"数据"选项卡❸，在"数据透视表数据"选项区域中勾选"启用显示明细数据"复选框❹，如下图所示。

实用技巧：快捷菜单打开"数据透视表选项"对话框
右击数据透视表中任意单元格，在快捷菜单中选择"数据透视表选项"，即可打开"数据透视表选项"对话框。

Step 03 单击"确定"按钮，如果需要查看所有源数据，则双击总计的汇总数据，本案例中双击B8单元格。

Step 04 可在新工作表显示所有的源数据，如下图所示。

Step 05 如果只查看部分数据信息，如在本案例中查看所有"财务部"的数据，则双击B6单元格，即可在新工作表中显示"财务部"的数据，如下图所示。

查看显示明细数据的效果

双击

温馨提示：禁止显示源数据

如果用户不启用"用户显示明细数据"功能，则双击数据透视表中汇总数据所在的单元格时，会弹出提示对话框，显示无法更改数据透视表的这一部分。

3.4.5 数据透视表的排序和筛选

在Excel中，数据透视表可以和普通表格一样对数据进行排序和筛选，其排序和筛选的规则是完全相同的，在数据透视表中可以基于行标签排序和筛选，也可以基于列标签排序和筛选。

扫码看视频

1. 数据透视表的排序

数据排序是数据分析中必不可少的操作，也是数据透视表中最经常使用的功能之一，通过对数据的升序或降序排列可以直观地观察数据，了解数据的变化趋势，下面主要介绍几种在数据透视表中排序的方法。

（1）手动排序

手动排序主要针对列字段，直接将选择需调整顺序的列字段所在的单元格，当光标移到边框上变为四向箭头时，按住鼠标左键拖曳到合适的位置，释放鼠标即可完成，如将"步步高"字段拖曳到"得力"字段下方，如下图所示。

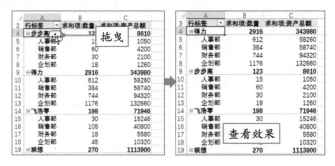

用户也可以拖曳列字段中部门的单元格，但只能在同一品牌内移动，调整完成后，所有品牌下方部门按相同的顺序显示。

（2）自动排序

自动排序可以对列字段和值字段进行排序，主要通过"行标签"和"数据"选项卡中功能区进行排序。

☞**方法一：通过"行标签"排序**

通过"行标签"进行排序，只能对列字段进行排序，下面介绍具体操作方法。

Step 01 单击数据透视表左上角"行标签"右侧下三角按钮❶，在列表中首先设置排序的字段，如选择"资产品牌"❷。

Step 02 然后在列表中选择排序的方式，如选择"升序"选项❸，如下左图所示。

Step 03 可见只对列字段中的"资产品牌"进行升序排列，其他字段顺序不变，如下右图所示。

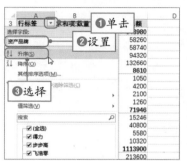 

☞**方法二：通过"数据"选项卡功能区排序**

此方法可以对列字段和值进行排序，下面以对值进行排序为例介绍具体操作方法。

Step 01 首先对数据透视表中资产总额的汇总数据进行升序排列，选择资产总额的汇总数据所在的单元格，如C4单元格❶。

Step 02 切换至"数据"选项卡❷，单击"排序和筛选"选项组中"升序"按钮❸。

Step 03 则汇总各品牌的资产总额之和按升序排列，各品牌下不同部门的数据不变，如下图所示。

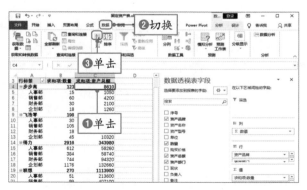

对各部门的汇总数据进行排序与上述方法一样，此处不再赘述。数据透视表只会对相同级别的数据进行排序，其他数据保持不变。

（3）其他排序选项

在数据透视表中进行复杂排序时，可以使用"其他排序选项"功能，下面介绍具体操作方法。

Step 01 单击"行标签"下三角按钮❶，在列表中设置列字段❷，然后选择"其他排序选项"选项❸。

Step 02 打开"排序"对话框，在"排序选项"选项区域中设置排序的类型，如选中"升序排序(A到Z)依据"单选按钮❹，在下拉列表中选择"资产部门"选项❺。

Step 03 单击"其他选项"按钮❻，打开"其他排序选项"对话框，勾选"每次更新报表时自动排序"复选框，即可按照步骤2中自动排序，取消勾选该复选框，即可激活下面参数，设置主关键字的排序次序、排序的方法等❼，如下图所示。

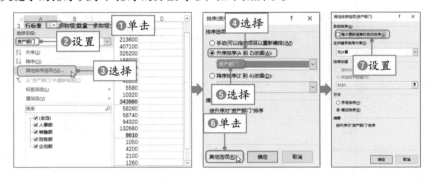

2. 数据透视表的筛选

数据透视表也可以进行数据的筛选，通过设置筛选的条件，可以将满足条件的数据显示出来，将其他数据隐藏起来。我们可以通过"行标签"对列字段进行筛选，也可以通过"值筛选"对值区域数据进行筛选，下面介绍具体操作方法。

（1）对行字段进行筛选

本案例需要筛选出销售部和企划部的联想和得力两个品牌的数量和资产总额数据，下面介绍具体操作方法。

Step 01 单击"行标签"下三角按钮❶，在列表中设置字段为"资产品牌"❷，然后勾选"联想"和"得力"复选框❸，单击"确定"按钮❹，如下左图所示。

Step 02 根据相同方法在"行标签"列表中筛选出"销售部"和"企划部"，如下右图所示。

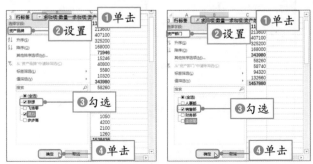

Step 03 可从数据透视表中筛选出指定的信息，如下图所示。

	A	B	C
3	行标签 ▼	求和项:数量	求和项:资产总额
4	⊟联想	**141**	575100
5	销售部	99	407100
6	企划部	42	168000
7	⊟得力	**1560**	**191400**
8	销售部	384	58740
9	企划部	1176	132660
10	总计	查看筛选效果	766500

（2）值筛选

筛选出各品牌中资产总额大于或等于30万的信息，下面介绍具体操作方法。

Step 01 单击"行标签"下三角按钮❶，在列表中选择"值筛选>大于或等于"选项❷，如下左图所示。

Step 02 打开"值筛选"对话框，设置筛选项为"求和项:资产总额"❸，在数值框中输入300000❹，单击"确定"按钮❺。

Step 03 返回工作表即可筛选出资产总额大于或等于30万的信息，如下右图所示。

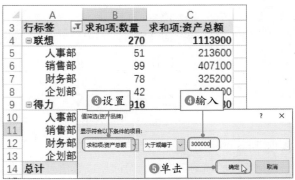

3.4.6　数据透视表的项目组合

当数据透视表中包含大量数据时，我们可以通过分组功能将同一类数据组合在一组，这样有利于查看数据，本节将介绍手动分组和自动分组的操作方法。

扫码看视频

1. 手动分组

手动分组一般适应数据较少的分组，手动分组比较灵活，用户可以根据需要随意进行组合，下面介绍具体操作方法。

Step 01 创建各资产型号汇总数量的数据透视表。

Step 02 按住Ctrl键在行标签中选择需要组合在一起的单元格，可以是连续的也可以是不连续的❶。

Step 03 切换至"数据透视表工具-分析"选项卡中，单击"组合"选项组中"分组选择"按钮❷，如下图所示。

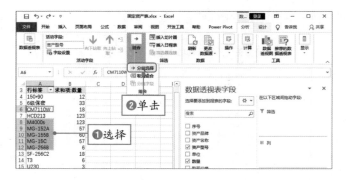

Step 04 可见所选单元格组合在一个"数据组1"的组中，选中组名称，在编辑栏中输入"桌椅"即可对该组进行重命名。

Step 05 根据相同的方法，将其他数据进行分组并重命名组，如下图所示，分组后的数据透视表看起来更清晰，层次更明了。

Step 06 单击分组左侧的图标可以隐藏或显示该组的信息。

2. 自动分组

当字段的项为日期型、时间型或数值时可以按照相等的周期分组，下面以对日期和数值进行分组介绍具体操作方法。

Step 01 创建按月份统计数量的数据透视表。

Step 02 选中行标签中任意单元格❶，切换至"数据透视表工具-分析"选项卡，单击"组合"选项组中"分组字段"按钮❷，如下图所示。

Step 03 打开"组合"对话框，在"自动"选项区域显示日期的起始时间，在"步长"列表框中选中"季度"选项❶，表示按季度组合日期，单击"确定"按钮❷，如下左图所示。

Step 04 返回工作表，可见按月份统计的数据现在按季度汇总数据了，如下右图所示。

Step 05 在"组合"对话框中设置步长时，是可以多选的，如选择"季度"和"月"，则行标签内显示季度和月份的内容。

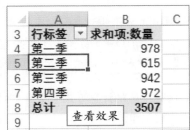

Step 06 接着介绍组合数值，根据资产的编号、数量和资产总额创建数据透视表。

Step 07 光标定位在行标签中任意单元格，单击"组合"选项组中"分组字段"按钮。

Step 08 打开"组合"对话框，显示起始的数值，设置步长为20❶，单击"确定"按钮❷，如下左图所示。

Step 09 返回工作表，可见根据资产编号以20为单位进行汇总数据，如下右图所示。

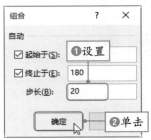

3.4.7 数据透视表中值的计算方法

在Excel中，数据透视表提供11种值汇总方式，包括求和、计数、平均值、最小值、标准偏差等，基本上可以满足用户日常办公需要，本节将介绍设置值计算方法的操作。

在学习本节知识之前，先了解一下各种汇总方式的含义，下面以表格形式展示。

扫码看视频

值字段 11 种汇总方式

序号	汇总方式	含　义
1	求和	对数值进行求和，字段为数值时，为默认汇总方式
2	平均值	对数值进行平均值计算
3	最大值	对数值进行最大值计算
4	最小值	对数值进行最小值计算
5	计数	对数值的个数进行计算，与COUNTA函数统计结果相同
6	乘积	对数值进行乘积计算
7	数值计数	对数值进行计数计算
8	标准偏差	估算总体的标准偏差，样本为总体的子集
9	总体标准偏差	计算总体的标准偏差，汇总的所有数据为总体
10	方差	估计总体方差，样本为总体的子集
11	总体方差	计算总体的方差，汇总所有数据为总体

　　在数据透视表中修改值的计算方式通常有3种方法，一是双击求和字段，二是通过功能区按钮，三是使用右键菜单。

☞ **方法一：双击求和字段**

`Step 01` 创建型号、数量和资产总额的数据透视表。

`Step 02` 将"求和项:数量"汇总方式修改为"最大值"，双击"求和项:数量"单元格❶。

`Step 03` 打开"值字段设置"对话框，在"计算类型"列表框中选择"最大值"选项❷，单击"确定"按钮❸，如下图所示。

`Step 04` 操作完成后即可汇总出各型号的最大值，同时自定义名称为"最大值项:数量"。

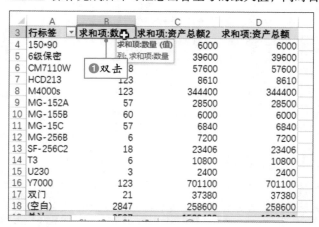
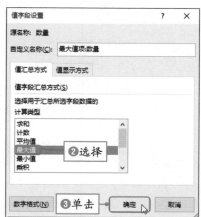

☞ **方法二：通过右键菜单**

`Step 01` 将"求和项:资产总额2"修改为平均值汇总方式。

Step 02 右击"求和项:资产总额2"列中任意单元格❶，在快捷菜单中选择"值字段设置"命令，即可打开"值字段设置"对话框，然后设置计算类型为"平均值"即可❷。

Step 03 我们也可以在快捷菜单中选择"值汇总依据>平均值"命令，如下图所示。

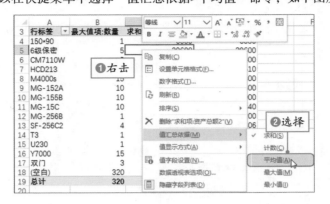

☞ **方法三：通过功能区按钮**

该方法和方法一都必须在"值字段设置"对话框中完成，将光标定位在需要修改计算类型列的单元格中❶，切换至"数据透视表工具-分析"选项卡，单击"活动字段"选项组中"字段设置"按钮❷，打开"值字段设置"对话框，然后在"计算类型"列表框中选择合适的计算方式❸，单击"确定"按钮即可❹，如下图所示。

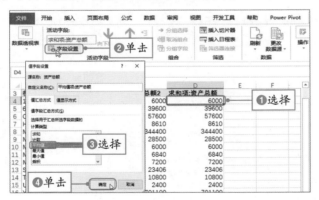

▶ 技能提升：为数据透视表添加计算字段

在"固定资产表.xlsx"工作表的M列添加"资产折旧额"字段并计算折旧额，现在需要在数据透视表中添加计算字段计算资产的净值，下面介绍具体操作方法。

Step 01 创建型号、数量和资产总额的数据透视表。

扫码看视频

Step 02 切换至"数据透视表工具-分析"选项卡，单击"计算"选项组中"字段、项目和集"下三角按钮❶，在列表中选择"计算字段"选项❷。

Step 03 打开"插入计算字段"对话框，在"名称"文本框中输入"资产净值"文本❸，在"公式"文本框中添加等号右侧内容，在"字段"列表框中选中"资产总额"，并单击"插入字段"按钮。

Step 04 输入减号，根据相同的方法添加"资产折旧额"字段❹，单击"确定"按钮❺，如下图所示。

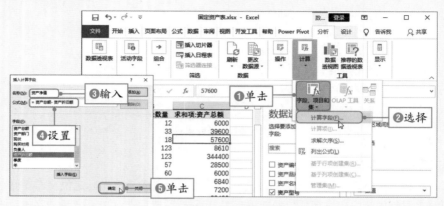

Step 05 操作完成后，即可在数据透视表右侧添加"求和项:资产净值"字段，对公式中计算的数据进行汇总，如下图所示。

3.4.8 数据透视表中值的显示方式

在Excel数据透视表中，值显示方式可以更加灵活地显示数据，用户可以设置15种值显示方式，如总计的百分比、列汇总的百分比、行汇总的百分比等。

在学习设置值显示方式的操作之前，先学习15种值显示方式的含义，下面以表格的形式介绍。

扫码看视频

在固定资产表中将"求和项:资产总额"列的汇总求和的数值以百分比形式显示，其操作方法和设置值计算方式一样，可以在"值字段设置"对话框中设置，也可以在快捷菜单中设置。

序号	值显示方式	功　　能
1	无计算	默认显示方式，数值无任何对比
2	总计的百分比	显示值所占所有汇总的百分比值
3	列汇总的百分比	显示值占列汇总的百分比值
4	行汇总的百分比	显示值占行汇总的百分比值
5	百分比	显示值为参照基本项的百分比
6	父行汇总的百分比	显示值占父行汇总百分比值
7	父列汇总的百分比	显示值占父列汇总百分比值
8	父级汇总的百分比	显示值占参照基本项汇总的百分比
9	差异	显示值与参照基本项的差
10	差异百分比	显示值与参照基本项的百分比差值
11	按某一字段汇总	将基本字段中连续项的值显示为累计总和
12	按某一字段汇总的百分比	将基本字段中连续项的值显示为百分比累计总和
13	升序排列	显示某字段所有值的排列，其中最小项排位为1，每一个较大的值具有较高的排位值
14	降序排列	显示某字段所有值的排列，其中最大项排位为1，每一个较小的值具有较高的排位值
15	指数	计算数据的相对重要性

☞ **方法一：通过"值字段设置"对话框设置**

Step 01 选中"求和项:资产总额"列中任意单元格❶，单击"数据透视表工具-分析"选项卡中"字体设置"按钮❷。

Step 02 打开"值字段设置"对话框，切换到"值显示方式"选项卡❸，单击"值显示方式"下三角按钮，在列表中选择"列汇总的百分比"选项❹，如下图所示。

Step 03 返回数据透视表，可见"求和项:资产总额"的数值以百分比显示，如下右图所示。

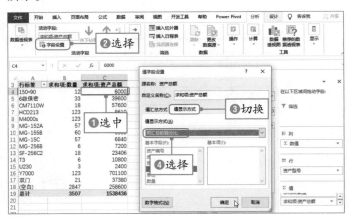

☞**方法二：通过快捷菜单设置**

　　右击"求和项:资产总额"列任意单元格❶，在快捷菜单中选择"值显示方式>列汇总的百分比"命令即可❷，如下图所示。

3.4.9　数据透视表的设计

　　创建完数据透视表后，用户可以对数据透视表的格式进行设置，如应用数据透视表样式、自定义样式。数据透视表和普通表格一样可以套用表格格式、单元格样式、条件格式以及应用主题。

扫码看视频

　　除此之外，还可以对数据透视表设置单元格格式，在3.2和3.3节中已经介绍过相关操作，在此不再赘述，下面只介绍应用数据透视表样式的方法。

Step 01 将光标定位在数据透视表中❶，切换至"数据透视表工具-设计"选项卡❷，单击"数据透视表样式"选项组中的按钮，在打开的样式库中选择合适的样式❸，如下图所示。

Step 02 可为数据透视表应用选中的样式。

Step 03 用户发现数据透视表样式和套用表格格式是一样的，因此，用户也可以对其进行修改或自定义样式。

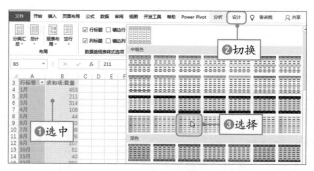

3.4.10　数据透视表的分析

　　之前介绍过通过排序和筛选功能可以对数据透视表中的数据进行分析，本节将介绍另外两种能够对数据进行分析的功能，分别为切片器和日程表，其中日程表是Excel 2013版本新增的功能。

扫码看视频

1. 切片器

切片器是Excel 2010版本新增的功能，它浮于工作表之上，包含一组按钮，能够快速地筛选数据透视表中的数据，使用切片器可以筛选数据透视表之外的字段，下面介绍具体操作方法。

Step 01 在"固定资产表.xlsx"中创建数据透视表，将光标定位在表内❶。

Step 02 切换至"数据透视表工具-分析"选项卡，单击"筛选"选项组中"插入切片器"按钮❷，如下左图所示。

Step 03 打开"插入切片器"对话框，勾选需要插入的切片器的字段，可以勾选数据透视表之外的字段❸，单击"确定"按钮❹，如下右图所示。

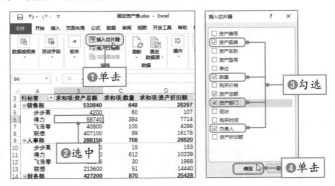

Step 04 返回工作表，可见插入勾选字段的切片器，并且按照一定的次序排列，如下图所示。

Step 05 在切片器中单击对应的按钮，即可对数据进行筛选，也可以按住Ctrl键进行多项筛选。

Step 06 在"资产部门"切片器中选中"人事部"、"财务部"和"企划部"，在"负责人"切片器中选中"常事"、"钱财"和"张军"，在数据透视表中筛选出相应的数据，如下图所示。

> **温馨提示：取消筛选**
>
> 如果需要取消某切片器的筛选，直接全选切片器中所有按钮，或者单击右上角 按钮，即可取消筛选。

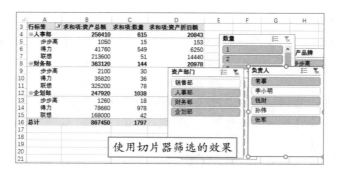

使用切片器筛选的效果

切片器默认为白色底纹，选中按钮为浅蓝色底纹，用户可以对其进行修改，还可以调整切片的显示层次以及设置切片器的大小和对齐方式，以上所有设置均在"切片器工具-选项"选项卡中设置，如下图所示。

设置切片器的样式

▶ 技能提升：使用切片器控制多张数据透视表

在Excel中切片器只能控制对应的数据透视表，要想使其控制多张数据透视表，还需要设置报表连接，下面介绍具体操作方法。

扫码看视频

Step 01 在同一工作表创建两个数据透视表，分别为"数据透视表1"和"数据透视表2"。

Step 02 根据创建切片器的方法为"数据透视表1"创建"资产品牌"切片器，如下图所示。

创建两个数据透视表和一个切片器

Step 03 选中"资产品牌"切片器❶，切换至"切片器工具-选项"选项卡，单击"切片器"选项组中"报表连接"按钮❷。

Step 04 打开"数据透视表连接"对话框，勾选"数据透视表2"复选框❸，如下图所示。

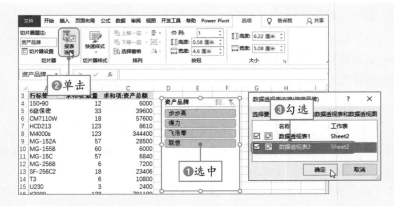

Step 05 返回数据透视表，筛选出"得力"和"联想"两个品牌，可见两个数据透视表同时筛选出满足条件的数据。

2. 日程表

日程表是对含有日期字段的数据透视表进行筛选，可以方便用户按照日程进行数据筛选，下面介绍具体操作方法。

Step 01 在"固定资产表.xlsx"工作表中创建数据透视表。

Step 02 切换至"数据透视表工具-分析"选项卡，单击"筛选"选项组中"插入日程表"按钮❶。

Step 03 打开"插入日程表"对话框，勾选时间字段❷，单击"确定"按钮❸。

Step 04 可在数据透视表中插入日程表❹，如下图所示。

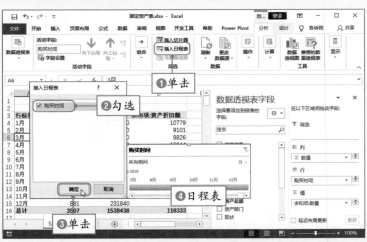

日程表和切片器一样，都可对数据进行筛选，只是筛选的数据类型不同，单击日程表右下角"月"下三角按钮，在列表中可以设置筛选的时间，如年、季度等，选中日程表，在功能区显示"日程表工具"选项卡，可以设置日程表的样式、层次、大小等。

3.4.11　数据透视图

扫码看视频

数据透视图是数据透视表内数据的一种表现方式，其和数据透视表都是交互式的，不过通过数据透视图可以更直观地、形象地展示数据，下面介绍创建数据透视图的两种方法。

☞**方法一：通过数据区域创建数据透视图**

Step 01 打开"固定资产表.xlsx"工作表，将光标定位在数据区域任意单元格中。

Step 02 切换至"插入"选项，单击"图表"选项组中"数据透视图"下三角按钮❶，在列表中选择"数据透视图和数据透视表"选项❷。

Step 03 打开"创建数据透视表"对话框，保持各参数为默认状态，单击"确定"按钮❸，如下图所示。

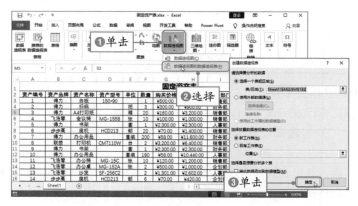

Step 04 创建空白的数据透视图和空白的数据透视表，同时打开"数据透视图字段"导航窗格，在功能区显示"数据透视图工具"选项卡。

Step 05 根据创建数据透视表的方法将字段拖曳到不同区域，即可创建数据透视图，如下图所示。

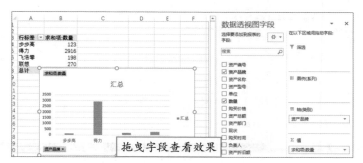

☞**方法二：通过数据透视表创建数据透视图**

Step 01 创建数据透视表，切换至"数据透视表工具-分析"选项卡，单击"工具"选项组中"数据透视图"按钮❶。

Step 02 打开"插入图表"对话框,选择合适的图表类型,此处选择饼图❷,单击"确定"按钮,如下图所示。

Step 03 可在数据透视表所在的工作表中创建饼图,如下图所示。

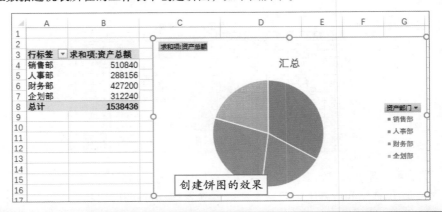

在激活数据透视图后,在功能区显示"数据透视图工具"选项卡,其中包括"分析""设计"和"格式"3个子选项卡。用户通过这些选项卡可以直观地对数据进行分析以及设置数据透视图,有关图表的知识将在下一节中详细介绍。

高手进阶：数据透视表的应用

本节主要学习了数据透视表的相关知识，如创建数据透视表、设置布局、获取源数据、排序和筛选、设置值计算类型、值的显示方式、切片器以及数据透视图等。下面以“员工基本工资表.xlsx”工作簿为例介绍数据透视表的应用。

扫码看视频

Step 01 创建“员工基本工资表.xlsx”工作簿，并输入相关信息。

Step 02 选中所有数据区域，添加边框，并在“对齐方式”选项组中设置居中对齐，为表格的标题行添加蓝色底纹并设置文字颜色为白色。

Step 03 选中序号列，打开“设置单元格格式”对话框，设置自定义类型为000，单击“确定”按钮。

Step 04 选中所有金额的单元格区域，在“开始”选项卡的“数字”选项组中设置数据格式为“货币”。

Step 05 在J列使用公式计算员工的应发工资，最后自动调整列宽。

Step 06 在“应发工资”列为工资最高的3个单元格突出显示，如下图所示。

员工基本工资表

	A	B	C	D	E	F	G	H	I	J
2	序号	员工姓名	性别	职务	部门	基本工资	岗位补贴	全勤奖	保险	应发工资
3	001	何玉崔	男	主任	销售部	¥2,905.00	¥972.00	¥200.00	¥232.40	¥3,844.60
11	009	李丽灵	女	员工	销售部	¥2,936.00	¥1,152.00		¥234.88	¥3,853.12
12	010	江语润	女	员工	市场部	¥3,268.00	¥1,387.00		¥261.44	¥4,393.56
13	011	祝冰胖	男	主任	企划部	¥2,804.00	¥887.00	¥200.00	¥224.32	¥3,666.68
14	012	宋雪燃	女	员工	财务部	¥3,412.00	¥1,351.00		¥272.96	¥4,490.04
15	013	杜兰巧	男	员工	销售部	¥3,052.00	¥1,085.00	¥200.00	¥244.16	¥4,092.84
16	014	伍芙辰	女	经理	市场部	¥3,004.00	¥985.00		¥240.32	¥3,748.68
23	021	钱学林	男	员工	市场部	¥3,226.00	¥844.00	¥200.00	¥258.08	¥4,011.92
24	022	史再来	女	员工	企划部	¥3,375.00	¥1,108.00	¥200.00	¥270.00	¥4,413.00
25	023	王波澜	男	员工	研发部	¥3,214.00	¥1,073.00		¥257.12	¥4,029.88
26	024	王小	女	员工	[illegible]	[illegible]	[illegible]		¥241.76	¥3,927.24
27	025	许嘉一	男	经理	[illegible]	[illegible]	[illegible]	¥200.00	¥273.28	¥4,800.72
28	026	张亮	女	员工	[illegible]	[illegible]	[illegible]	¥200.00	¥245.12	¥4,290.88

设置应用条件格式

Step 07 在新建工作表中分别插入两个数据透视表，数据透视表1展示各职务的基本工资、岗位补贴和应发工资数据，数据透视表2展示各部门的基本工资和应发工资的数据，如下左图所示。

Step 08 在数据透视表1中创建“部门”切片器，根据需要进行筛选数据。

Step 09 选中切片器，为其应用“报表连接”功能，使其同时控制两张数据透视表，然后筛选数据，如下右图所示。

行标签	求和项:基本工资	求和项:岗位补贴	求和项:应发工资
经理	15665	6415	21226.8
员工	59858	22402	80071.36
主任	17713	6632	23927.96
总计	93236	35449	125226.12

行标签	求和项:基本工资	求和项:应发工资
销售部	24580	33260.6
人事部	12395	16131.4
研发部	9694	13121.48
财务部	9791	13114.72
企划部	18168	24778.56
市场部	18608	24819.36
总计		

插入两个数据透视表

行标签	求和项:基本工资	求和项:岗位补贴	求和项:应发工资
经理	9409	3681	12537.28
员工	44459	16738	59440.28
主任	8805	3638	12338.6
总计	62673	24057	84316.16

行标签	求和项:基本工资	求和项:应发工资
销售部	24580	33260.6
研发部	9694	13121.48
财务部	9791	13114.72
市场部	18608	24819.36
总计	62673	84316.16

部门
销售部
人事部
研发部
财务部
企划部
市场部

使用切片器筛选数据

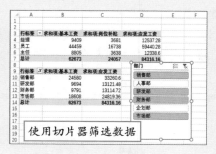

Step 10 选择数据透视表1中任意单元格，切换至"数据透视表工具-分析"选项，单击"计算"选项组中"字段、项目和集"下三角按钮，在列表中选择"计算字段"选项。

Step 11 打开"插入计算字段"对话框，在"名称"文本框中输入"个税"，然后在"公式"文本框中输入计算公式，企业统一计算个税为应发工资*0.03，单击"确定"按钮。

Step 12 在数据透视表1右侧显示"求和项:个税"字段，并汇总各职称的个税之和，如下图所示。

行标签	求和项:基本工资	求和项:岗位补贴	求和项:应发工资	求和项:个税
经理	15665	6415	21226.8	¥636.80
员工	59858	22402	80071.36	¥2,402.14
主任	17713		7.96	¥717.84
总计	93236		6.12	¥3,756.78

添加个税计算字段

Step 13 双击"求和项:基本工资"所在的B3单元格，打开"值字段设置"对话框，在"计算类型"列表框中选择"最大值"选项，然后在"自定义名称"文本框中输入"基本工资最大值"文本，单击"确定"按钮。

Step 14 显示各职务员工的最大值，如下图所示。

	A	B	C	D	E
3	行标签	基本工资最大值	求和项:岗位补贴	求和项:应发工资	求和项:个税
4	经理	15665	6415	21226.8	¥636.80
5	员工	59858	22402	80071.36	¥2,402.14
6	主任	17713		7.96	¥717.84
7	总计	93236		6.12	¥3,756.78

求基本工资最大值

Step 15 双击"求和项:应发工资"所在的D3单元格，打开"值字段设置"对话框，在"值显示方式"选项卡中设置显示方式为"列汇总的百分比"，在"自定义名称"文本框中输入"应发工资百分比"文本，单击"确定"按钮。

Step 16 应发工资以百分比形式显示各职务占总工资的比例，如下图所示。

	A	B	C	D	E
3	行标签	基本工资最大值	求和项:岗位补贴	应发工资百分比	求和项:个税
4	经理	15665	6415	16.95%	¥636.80
5	员工	59858	22402	63.94%	¥2,402.14
6	主任	17713			¥717.84
7	总计	93236			¥3,756.78

百分比显示应发工资

Step 17 将光标定位在数据透视表2中，在"数据透视表工具-分析"选项卡中单击"数据透视图"按钮，在打开的对话框中选择柱形图，查看插入柱形图的效果，如下图所示。

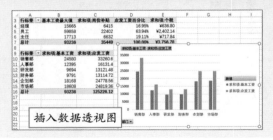

插入数据透视图

3.5 使用图表分析数据——分析"公司营业收入表"

Excel图表是Excel展示数据的一大亮点，图表以图形形式显示数值数据系列，利用条、柱、点、线、面等图形按双向联动的方式组成，可以直观、形象地展示给浏览者，从而能更好地分析数据。

3.5.1 创建Excel图表

图表是基于一定的数据画出来的，所以首先需要打开数据表，创建Excel图表的入口基本上为两种，第一种是在功能区创建图表，可以直接创建或通过推荐的图表功能创建，第二种是使用跟随式工具栏创建。

扫码看视频

☞ **方法一：功能区创建图表**

Step 01 打开"某通信公司营业收入分析表.xlsx"工作簿，选中B2:C5和E2:E5单元格区域❶。

Step 02 切换至"插入"选项卡❷，单击"图表"选项组中"插入柱形图或条形图"下三角按钮❸，在列表中选择合适的图表类型。

Step 03 选择"簇状柱形图"图表类型❹，即可在工作表中创建图表❺，如下图所示。

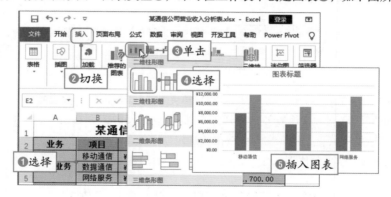

☞ **方法二：跟随式工具栏**

在工作表中选中B2:C5单元格区域❶，单击该区域右下角"快速分析"按钮❷，在"图表"区域中选择"饼图"❸，即可创建饼图图表，如下图所示。

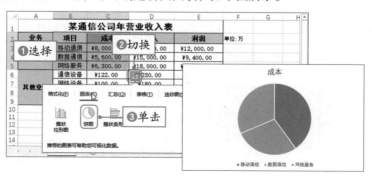

实用技巧："推荐的图表"功能

选中数据区域后单击"插入"选项卡中"推荐的图表"按钮，打开"插入图表"对话框，在"推荐的图表"选项卡中，Excel根据数据区域的属性提供图表的选项，用户可以直接选择，也可以切换至"所有图表"选项卡，其中包括所有图表的类型，用户直接选择即可。

创建图表是为了更好地展示数据，使浏览者更容易理解，Excel 2019提供了10多种图表的类型，常用的多为柱形图、折线图、饼图等，以下介绍这3种图表功能。

柱形图用于显示一段时间内的数据变化或说明各项之间的比较情况，通常情况下沿横坐标轴组织类别，沿纵坐标轴组织数值。柱形图包括7个子类型，分别为"簇状柱形图"、"堆积柱形图"、"百分比堆积柱形图"、"三维簇状柱形图"、"三维堆积柱形图"、"三维百分比堆积柱形图"和"三维柱形图"。

折线图用于显示在相等时间间隔下数据的变化情况，在折线图中，类别数据沿横坐标均匀分布，所有数值沿垂直轴均匀分布。折线图也包括7个子类型，分别为"折线图"、"堆积折线图"、"百分比堆积折线图"、"带数据标记的折线图"、"带数据标记的堆积折线图"、"带数据标记的百分比堆积折线图"和"三维折线图"。

饼图用于只有一个数据系列，对比各项的数值与总和的比例，在饼图中各数据点的大小表示占整个饼图的百分比。饼图包括5个子类型，分别为"饼图"、"三维饼图"、"复合饼图"、"复合条饼图"和"圆环图"。

3.5.2 图表的设计

图表创建完成后可以进一步设计图表，在"图表工具-格式"选项卡中设置图表的底纹颜色、边框、效果以及设置图表文字等，在"图表工具-设计"选项卡中可以更改图表布局、图表样式和图表类型等。

扫码看视频

1. 设计图表的格式

为了图表的美观，可以对图表的底纹、边框、数据系列、绘图区等元素进行设计，还可以设计图表的文本，如应用艺术字，下面介绍具体操作方法。

Step 01 选中创建的柱形图，在图表标题框中输入"成本和利润分析图"。

Step 02 切换至"图表工具-格式"选项卡，在"形状样式"选项组中单击"形状填充"下三角按钮，在列表中选择深蓝色，即可为图表填充底纹颜色。

Step 03 根据相同的方法设置"形状轮廓"为无轮廓，效果如右图所示。

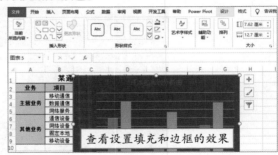

Step 04 选中图表，在"开始"选项卡的"字体"选项组中设置字体格式为"黑体"、颜色为白色，然后设置标题文本的字号为16，并加粗显示。

Step 05 选中图表，切换至"图表工具-设计"选项卡❶，单击"图表样式"选项组中"更改颜色"下三角按钮❷，在列表中选择"单调调色板3"选项❸。

Step 06 数据系列的颜色发生改变，如下图所示。

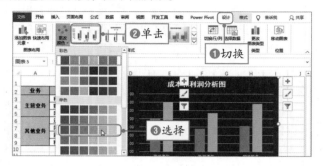

Step 07 将光标移到"移动通信"的"利润"数据系列上单击两次，选中该数据系列❶。

Step 08 单击鼠标右键，在快捷菜单中选择"设置数据点格式"命令。

Step 09 打开"设置数据点格式"导航窗格，在"填充与线条"选项卡中设置纯色填充，颜色为橙色❷。

Step 10 切换至"系列选项"选项卡，设置间隙宽度为100%❸，适当加宽数据系列，如下图所示。

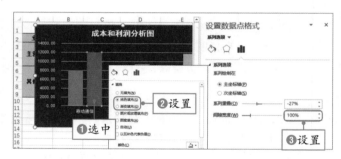

Step 11 选中图表，在"图表工具-格式"选项卡的"形状样式"选项组中单击"形状效果"下三角按钮，在列表中选择"棱台"选项，在子列表中应用相应的效果，如下图所示。

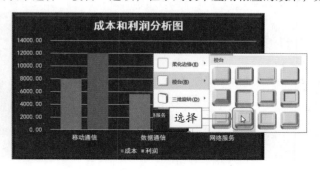

2. 添加图表元素

图表创建完成后，我们可以根据需要在图表上添加相应的元素，主要通过两种方法实现，分别为在功能区添加和使用"图表元素"按钮添加。

☞ 方法一：在功能区添加

Step 01 选中"移动通信"的"利润"数据系列❶，切换至"图表工具-设计"选项卡，单击"图表布局"选项组中"添加图表元素"下三角按钮❷。

Step 02 在下拉列表中选择"数据标签>数据标签外"选项❸，即可为选中的数据系列添加数据标签，如下左图所示。

Step 03 选中图表，根据相同的方法为图表添加主要横坐标轴标题，如下右图所示。

Step 04 在标题框中输入"主营业务"文本。

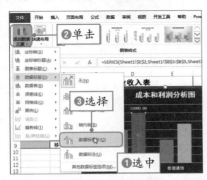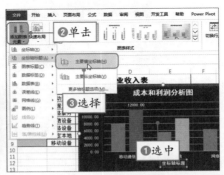

实用技巧：为所有数据系列添加数据标签

在为图表中所有数据标签添加数据标签时，可以直接选择图表然后执行操作。

☞ 方法二：通过"图表元素"按钮添加

Step 01 选中图表❶，在右上角显示"图表元素"、"图表样式"和"图表筛选器"3个按钮。

Step 02 单击"图表元素"按钮❷，在列表中将光标定位在"趋势线"右侧三角按钮上，在子列表中选择"线性"选项❸。

Step 03 打开"添加趋势线"对话框，在"添加基于系列的趋势线"列表框中选择"成本"选项❹，单击"确定"按钮❺，如下图所示。

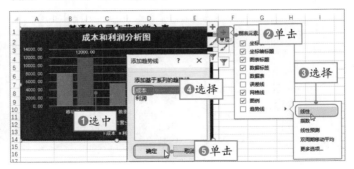

Step 04 可见图表中添加虚线，在图例中显示"线性(成本)"。

Step 05 双击添加的趋势线，打开"设置趋势线格式"导航窗格，在"填充与线条"选项卡的"线条"选项区域中设置线条的颜色、宽度等，效果如下图所示。

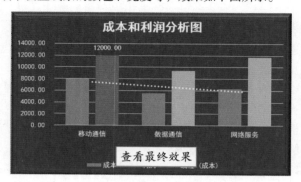

▶ 技能提升：在图表上添加形状并显示单元格内容

在本案例中，纵坐标轴显示的是金额，其单位是万，为了清晰明了，需要在纵标轴上方标明单位，下面介绍具体操作方法。

扫码看视频

Step 01 选中图表中绘图区，调整角控制点适当缩小绘图区并调整到图表中心位置。

Step 02 切换至"插入"选项卡，单击"插图"选项组中"形状"下三角按钮❶，在列表中选择"对话气泡:圆角矩形"形状❷，如下左图所示。

Step 03 光标变为十字形状，在图表纵坐标轴上方绘制形状，拖曳控制点调整形状的大小，拖曳黄色控制点调整形状外观❶。

Step 04 选中形状，在"绘图工具-格式"选项卡❷的"形状样式"选项组中设置无填充、轮廓为浅灰色❸，如下右图所示。

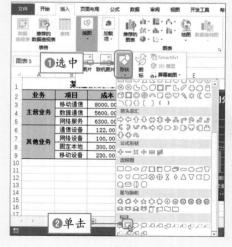

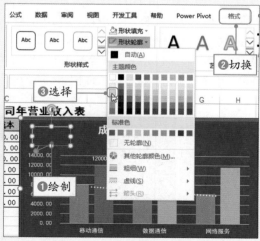

Step 05 保持形状为选中状态，在编辑栏中输入"="等号，然后选中F2单元格，如下左图所示。

Step 06 在形状中显示了F2单元格中的内容，然后在"字体"选项组中设置字体的格式，效果如下右图所示。

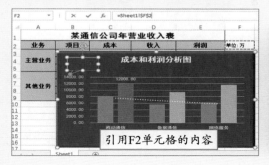

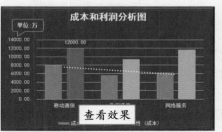

3.5.3 复合图表的应用

在实际工作中使用图表展示数据时，单一的图表有时不能很好地将数据展示清晰，如在本案例中，主营业务的金额比其他业务金额大得多，无论是柱形图还是饼图都不能很好地展示数据。

如果需要展示该公司所有项目的利润的比例，此时我们首选饼图，但是因为主营业务利润的数值很大，如下图所示，我们可以使用复合饼图将主营业务展示在母饼图中，将其他业务展示在子饼图中，下面介绍具体操作方法。

扫码看视频

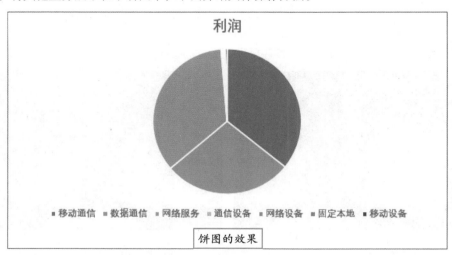

Step 01 选择B2:B9和E2:E9单元格区域❶，然后在"插入"选项卡中插入"子母饼图"图表类型❷。

Step 02 在工作表中创建子母饼图❸，如下图所示。

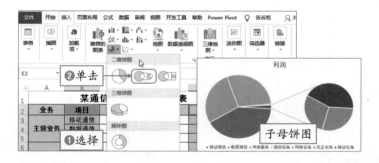

Step 03 选择饼图中任意扇区并右击，在快捷菜单中选择"设置数据系列格式"命令。

Step 04 打开"设置数据系列格式"导航窗格，在"系列选项"选项卡中设置"第二绘图区中的值"为4。

Step 05 可见在子饼图中显示其他业务数据，母饼图中显示主营业务数据和其他业务数据之和，如下图所示。

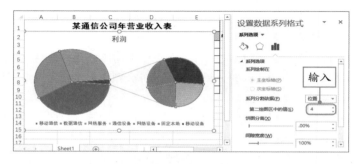

Step 06 为图表填充深色背景，并添加图表标题，在"字体"选项组中设置字体格式，删除图例，最后修改数据系列的颜色，如下左图所示。

Step 07 在母饼图中单击两个扇区，按住鼠标左键向右拖曳，使其分离出来，如下右图所示。

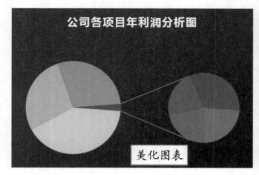

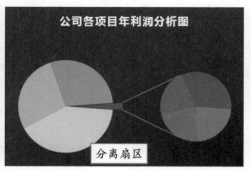

Step 08 为图表添加数据标签，然后右击数据标签，在快捷菜单中选择"设置数据标签格式"命令。

Step 09 在打开的导航窗格的"标签选项"选项区域中勾选"类别名称"和"百分比"复选框，取消勾选"值"复选框，如下图所示。

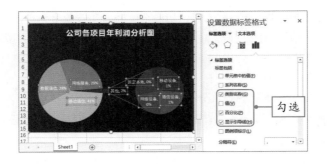

3.5.4 控件在图表中的应用

图表创建完成后，我们可以将图表与控件相结合，从而制作成动态的图表效果，通过控件控制图表的显示内容，可以很清楚地展示某项目的数值，在本案例中将展示不同项目的成本、收入和利润的比例。

在Excel中如果需要添加控件，需要在功能区添加"开发工具"选项卡，执行"文件>选项"操作，打开"Excel选项"对话框，在左侧选择"自定义功能区"选项❶，在右侧勾选"开发工具"复选框❷，单击"确定"按钮❸，即可完成"开发工具"选项卡的添加，如下图所示。

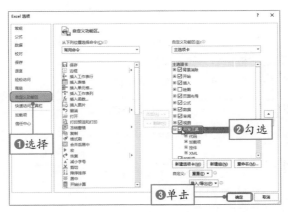

Step 01 首先添加辅助数据，在B11单元格中输入1❶，然后在C11单元格中输入"=INDEX(C3:C9,$B$11)"公式，引用C3:C9单元格区域中第一行单元格中的内容。

Step 02 将C11单元格中的公式向右填充到E11单元格❷，如下图所示。

	A	B	C	D	E	F
1		某通信公司年营业收入表				
2	业务	项目	成本	收入	利润	单位:万
3	主营业务	移动通信	8000.00	13000.00	5000.00	
4		数据通信	5600.00	10000.00	4400.00	
5		网络服务	6300.00	11000.00	4700.00	
6	其他业务		122.00	230.00	108.	
7			100.00	200.00	100.	
8		固定本地	300.00	400.00	100.00	
9		移动设备	230.00	380.00	150.00	
10						
11		1	8000	13000	5000	
12						

Step 03 保持C11:E11单元格为选中状态❶，切换至"插入"选项卡，单击"图表"选项组中"插入饼图或圆环图"下三角按钮❷，在列表中选择"三维饼图"图表类型❸。

Step 04 创建三维饼图❹，因为选中数据没有项目标题名称，所以图例中只显示数字，如下图所示。

Step 05 在图表标题框中输入"各项目分析图"文本，

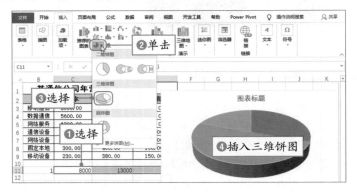

Step 06 右击图表，在快捷菜单中选择"选择数据"命令❶。

Step 07 打开"选择数据源"对话框，单击"水平（分类）轴标签"选项区域中"编辑"按钮❷。

Step 08 打开"轴标签"对话框，单击"轴标签区域"折叠按钮，在列表中选择C2:E2单元格区域❸，依次单击"确定"按钮❹，如下图所示。

Step 09 饼图中的图例显示C2:E2单元格区域内的信息。

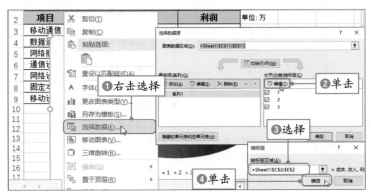

Step 10 选中图表，在"图表工具-设计"选项卡中单击"添加图表元素"下三角按钮，在列表中选择"数据标签>居中"选项❶。

Step 11 打开"设置数据标签格式"对话框，在"标签选项"选项区域中勾选"类别名称"复选框。

Step 12 切换至"开发工具"选项卡❷，单击"控件"选项组中"插入"下三角按钮❸，在列表中选择"组合框"控件❹。

Step 13 光标变为黑色十字形状，在图表的右上角绘制组合框。

Step 14 拖曳控制点调整组合框的大小，然后右击组合框❺，在快捷菜单中选择"设置控件格式"命令❻，如下图所示。

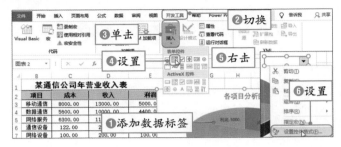

Step 15 打开"设置对象格式"对话框，在"控制"选项卡中设置数据源区域为B3:B9单元格区域❶，单元格链接为B11单元格❷，勾选"三维阴影"复选框❸，单击"确定"按钮。

Step 16 单击组合框右侧下三角按钮，在列表中选择需要查看的项目名称，如"网络服务"，则饼图中显示该项目的成本、收入和利润的关系和占比，如下图所示。

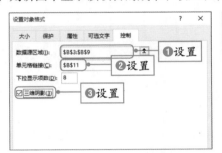
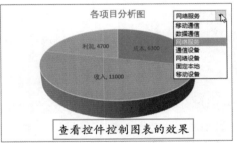

Step 17 适当对图表进行美化操作，选中图表区并双击，在打开的"设置图表区格式"导航窗格中设置填充图片，并设置图片的透视明为20%。

Step 18 在"图表工具-设计"选项卡的"图表样式"选项组中设置数据系列的颜色，并添加白色的边框效果。

Step 19 取消工作表中网格线的显示，单击组合框下三角按钮，在列表中选择"移动设置"业务，查看该项目的数据，如下图所示。

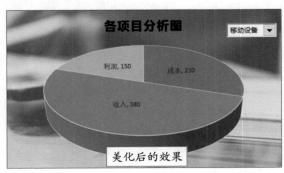

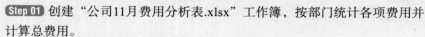

高手进阶：图表的综合应用

本节主要学习了图表的应用，图表是展示数据最直观的工具，下面以制作柱形图中显示柱形图为例介绍图表的综合应用。

扫码看视频

Step 01 创建"公司11月费用分析表.xlsx"工作簿，按部门统计各项费用并计算总费用。

Step 02 选择A2:F8单元格区域，插入簇状柱形图。

Step 03 我们需要将会计的数据系列分布在每组系列中，所以切换至"图表工具-设计"选项卡，单击"数据"选项组中"切换行/列"按钮。

Step 04 柱形图中的水平坐标和垂直坐标互换，如下图所示。

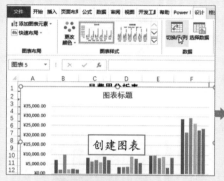
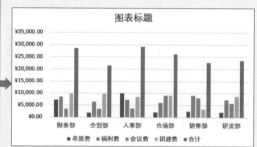

Step 05 选择柱形图并且右击，在快捷菜单中选择"更改图表类型"命令。

Step 06 打开"更改图表类型"对话框，在"所有图表"选项卡中选择"组合图"选项，在"为您的数据系列选择图表类型和轴"选项区域中设置所有图表类型为簇状柱形图，设置除了"合计"之外的数据系列设置成次坐标轴。

Step 07 可见"合计"的数据系列位于该组中其他数据系列后面，如下图所示。

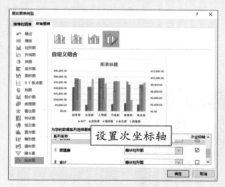
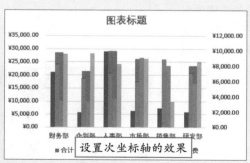

Step 08 选中"合计"数据系列并打开"设置数据系列格式"导航窗格，在"系列项"选项区域中设置"间隙宽度"为30%。

Step 09 "合计"数据系列变宽，足够容纳其他4个数据系列，如下左图所示。

Step 10 选中图表左侧纵坐标轴，打开"设置坐标轴格式"导航窗格，在"坐标轴选项"选项区域中设置最大值为30000。

Step 11 根据相同方法设置次坐标轴最大值为15000。可见"合计"数据系列高度变为最高，如下右图所示。

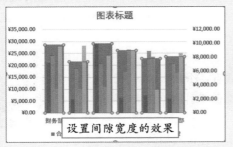
设置间隙宽度的效果

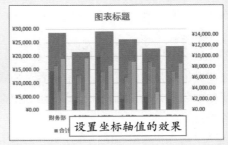
设置坐标轴值的效果

Step 12 操作到此，已经制作好柱形图中包含柱形图的效果，为了美观和突出柱形图，还需要进一步美化图表。

Step 13 在图表中输入标题文本，然后设置图表的字体格式如底纹颜色，并删除图像，如下左图所示。

Step 14 选择图表，在"图表工具-设计"选项卡的"图表样式"选项组中设置数据系列的颜色为浅绿到绿色。

Step 15 然后分别为"合计"数据系列填充橙色，如下右图所示。

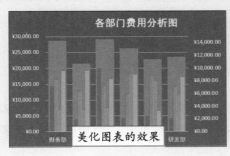
美化图表的效果

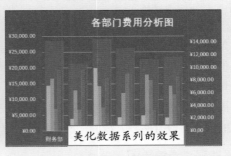
美化数据系列的效果

Step 16 选择纵坐标轴，在"设置坐标轴格式"导航窗格的"标签位置"选项区域中设置标签位置为"无"，根据相同的方法隐藏另一个纵坐标轴。

Step 17 删除图表中主轴主要水平网格线，至此，本案例制作完成，查看最终效果，如右图所示。

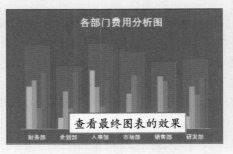
查看最终图表的效果

3.6 公式和函数的应用——计算销存数据

公式和函数是Excel重要的组成部分，它们有着非常强大的计算功能。函数是Excel中预先编好的公式，只需要在函数中输入相应的参数即可计算结果。Excel中的函数很多，基本上能满足大部分计算需求，因此学好函数可以轻松完成各项复杂的工作。

Excel在多年的发展过程中，积累了10多种类型，包含上百种函数，并且根据Excel的版本升级还在不断更新函数，例如在Excel 2019中新增了IFS、CONCAT和TEXTJOIN等函数。

3.6.1 公式和函数的创建

之前介绍过公式的使用，相信读者对公式有一个初步的认识，本节将介绍关于函数的创建方法，无论在公式或函数中都需要引用单元格中的内容、常量以及各种运算符等。

在学习公式和函数之前，先介绍一下关于运算符的相关知识，下面以表格形式介绍运算符的种类和运算符号。

4 种运算符

序号	种类	运算符号	含义
1	算术运算符	+、-、*、/、%、^	算术运算符可以进行数学运算
2	比较运算符	=、>、<、>=、<=、<>	比较运算符主要用于比较两个数值的大小，返回逻辑值TRUE或FALSE
3	引用运算符	:、,（空格）	引用运算符主要用于单元格之间的引用
4	文本运算符	&	文本运算符主要用于将多个字符进行联合

无论是公式还是函数的输入，都要以"="等号开头，Excel将自动变为输入公式的状态，但是如果单元格的格式设置为"文本"，输入的公式或函数会以文本形式显示，不会进行计算。

因为公式的输入在之前介绍过，所以下面以计算库存总量为例介绍函数的输入方法。函数的输入一般有两种方法，一种是直接输入，另一种是种通过"插入函数"对话框输入。

☞**方法一：直接输入**

直接输入函数不需要过多的操作，只需输入函数和相关参数，然后按Enter键即可。使用此方法的用户必须熟悉函数名称以及引用的参数。

Step 01 打开"2019年11月销存表.xlsx"工作簿，切换到"库存表"工作表。

Step 02 选中F3单元格，然后输入函数"=SUM("，如下左图所示。

Step 03 输入引用的单元格区域，输入"D3:D22)"，用户也可以在工作表中选中该单元格区域，按Enter键计算出结果，如下右图所示。

Step 04 在F3单元格中显示使用函数的计算结果，在编辑栏中显示计算公式。

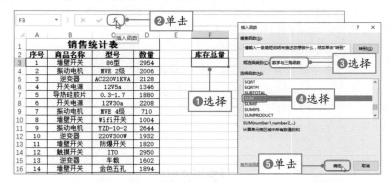

☞ **方法二：使用"插入函数"对话框**

`Step 01` 选中F3单元格❶，单击编辑栏中"插入函数"按钮❷，打开"插入函数"对话框，在"或选择类别"列表中选择"数据与三角函数"选项❸，在"选项函数"列表框中选择SUM函数❹，单击"确定"按钮❺，如下图所示。

`Step 02` 打开"函数参数"对话框，在Number1文本框中输入D3:D22单元格区域❶，单击"确定"按钮❷，如下左图所示。

`Step 03` 返回工作表，即可计算库存总量❸，如下右图所示。

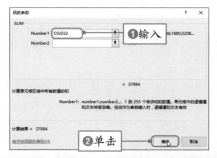

> **实用技巧：通过"函数参数"对话框输入函数**
>
> 首先选中单元格，切换至"公式"选项卡，单击"函数库"选项组中相关按钮，如"数学与三角函数"下三角按钮，在列表选择SUM函数，即可打开"函数参数"对话框，然后输入引用的参数即可。

　　如果对工作表中某数据区域进行求和、计数、平均值、最大值、最小值时，可以使用"自动求和"功能。在工作表选择B3:F8单元格区域❶，其中包括计算结果的单元格区域，在"开始"选项卡中单击"自动求和"下三角按钮❷，在列表中选择合适的选项，如下图所示。

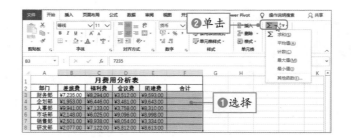

3.6.2　单元格的引用

在Excel中单元格引用一般有3种方式，即相对引用、绝对引用和混合引用，只有正确地引用单元格才能计算出正确的结果。

扫码看视频

相对引用是公式中单元格的引用随着公式所在单元格的位置变化而变化。当公式所在的单元格移动时，其引用的单元格会跟随变化。在计算各部门费用时，F3单元格中公式为"=SUM(B3:E3)"，将公式向下移动后，选中F5单元格，在编辑栏中显示"=SUM(B5:E5)"公式，如下图所示。

部门	差旅费	福利费	会议费	团建费	合计
财务部	¥7,235.00	¥8,294.	=SUM(B5:E5)	00	¥28,634.00
企划部	¥1,953.00	¥6,446.		00	¥21,523.00
人事部	¥9,941.00	¥7,133.00			¥29,142.00
市场部	¥2,148.00	¥6,025.00	¥9,096.00	¥8,998.00	¥26,267.00
销售部	¥2,501.00	¥8,938.00	¥8,054.00	¥3,334.00	¥22,827.00
研发部	¥2,077.00	¥7,122.00	¥5,812.00	¥8,613.00	¥23,624.00

从上图可见，当公式所在的单元格从F3移到F5时，函数名称不变，其中参数从B3:E3变为B5:E5，这就是相对引用。

绝对引用和相对引用是对立的，即公式所在的单元格发生改变时，引用的单元格不随之变化。在"销售表"工作表中，按提成率为15%为销售员工计算提成工资，在H3单元格中输入"=G3*\$J\$3"公式，将公式向下填充，选择F5单元格，其公式为"=G5*\$J\$3"其中参数的行号和列标左侧有"\$"符号的是不会发生变化的，如下图所示。

合同编码	数量	=G5*$J$3	总额	提成金额		提成率
VL629783HT	1524		6.00	¥914.40		15%
VL695850HT	1029	¥550.00	¥565,950.00	¥84,892.50		
VL399825HT	1089	¥2,450.00	¥2,668,050.00	¥400,207.50		
VL320603HT	715	¥40.00	¥28,600.00	¥4,290.00		
VL456727HT	943	¥35.00	¥33,005.00	¥4,950.75		
VL323612HT	1146	¥51.00	¥58,446.00	¥8,766.90		
VL454643HT	719	¥700.00	¥503,300.00	¥75,495.00		
VL469705HT	534	¥56.00	¥29,904.00	¥4,485.60		
VL647931HT	1348	¥800.00	¥1,078,400.00	¥161,760.00		
VL276914HT	978	¥55.00	¥53,790.00	¥8,068.50		

可以通过按F4功能键在参数中添加"$"符号方法，将光标定位在J3中按1次F4功能键即可变为"$J$3"，表示绝对行绝对列。

混合引用是指相对引用和绝对引用相结合的形式，即在单元格引用时包括相对行绝对列或是绝对行相对列。在"产品折扣表"中，需要根据不同的折扣计算产品折扣后的价格，在G4单元格中输入"=$F4*(1-G$3)"公式，然后将公式向右填充至H4单元格，然后再向下填充公式，则选中H6单元格时，其公式为"=$F6*(1-H$3)"，如下图所示。

可见$F4参数变为$F6，G$3参数变为H$3，行号或列标前有"$"符号的不会发行变化，其他会根据公式的移动而变化。

G4	▼	:	×	✓	fx	=$F4*(1-G$3)		
	A	B	C	D	E	F	G	H
1				产品折扣表				
2	序号	商品名称	型号	合同			折扣	
3						价	5%	10%
				=$F6*(1-H$3)		00	¥3.80	¥3.60
4	1	墙壁开关	86型	WL62				
5	2	振动电机	MVE 2级	WL695850HT	1029	¥550.00	¥522.50	¥495.00
6	3	逆变器	AC220V1KVA	WL399825HT	1089	¥2,450.00	¥2,327.50	¥2,205.00
7	4	开关电源	12V5a	WL320603HT	715	¥40.00	¥38.00	¥36.00
8	5	导热硅胶片	0.3-1.7	WL456727HT	943	¥35.00	¥33.25	¥31.50
9	6	开关电源	12V30a	WL323612HT	1146	¥51.00	¥48.45	¥45.90
10	7	振动电机	MVE 4级	WL454643HT	719	¥700.00	¥665.00	¥630.00
11	8	墙壁开关	Wifi开关	WL469705HT	534	¥56.00	¥53.20	¥50.40
12	9	振动电机	YZD-10-2	WL647931HT	1348	¥800.00	¥760.00	¥720.00
13	10	逆变器	220V300W	WL276914HT	978	¥55.00	¥52.25	¥49.50

用户依旧可以使用F4功能键设置混合引用，按1次F4键表示绝对列和绝对行，按2次F4键表示相对列和绝对行，按3次F4键表示绝对列和相对行，按4次F4键表示相对列和相对行。

3.6.3 名称的使用

在使用函数时除了引用单元格外，还可以使用名称参与计算。用户可以将单元格、单元格区域或常量等定义名称，在使用公式计算时直接输入名称即可参于计算。

扫码看视频

在公式函数中使用名称参与计算，有一个最大的好处是不需要考虑单元格的引用，在Ecxel中定义名称一般有3种方法，下面将详细介绍。

☞方法一：通过名称框命名

Step 01 在"2019年11月销存表.xlsx"工作簿中选中B3:B22单元格区域❶。

Step 02 在左上角名称框中输入"商品名称"文本❷，按Enter键完成命名，如右图所示。

Step 03 命名完成后，当选中该单元格区域时，在名称框会显示"商品名称"，单击名称框右侧下三角按钮，选择"商品名称"，会选中B3:B22单元格区域。

商品名称 I		❷输入并按Enter键
	A	B	C
1		销售统计表	
2	序号	商品名称	型号
3	1	墙壁开关	86型
4	2	振动电机	MVE 2级
5	3	逆变器	AC220 ❶选择
6	4	开关电源	12V5a
7	5	导热硅胶片	0.3-1.7
8	6	开关电源	12V30a

☞ **方法二：通过"新建名称"对话框定义**

Step 01 选中C3:C22单元格区域❶，切换至"公式"选项卡，单击"定义的名称"选项组中"定义名称"按钮❷。

Step 02 打开"新建名称"对话框，在"名称"文本框中输入"型号"❸，单击"确定"按钮❹，如下图所示。

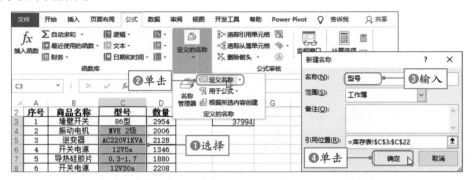

☞ **方法三：根据所选内容创建**

Step 01 选中C2:H22单元格区域❶，单击"定义的名称"选项组中"根据所选内容创建"按钮❷。

Step 02 打开"根据所选内容创建名称"对话框，保持"首行"和"最左列"复选框❸为选中状态，单击"确定"按钮❹，如下图所示。

Step 03 以选中单元格区域的最左列和首行的内容创建名称。

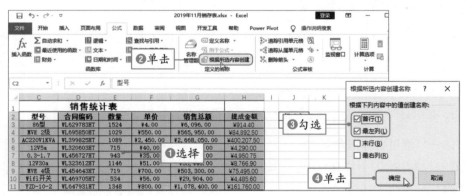

▶ 技能提升：使用名称计算销售总金额

　　在"2019年11月销存表.xlsx"工作表中定义完名称后，接下来使用名称计算销售总金额，下面介绍具体操作方法。

Step 01 选中K3单元格，输入"=SUM(销售总额)"公式，然后按Enter键执行计算，即可计算销售总金额。

扫码看视频

Step 02 对结果进行验证，在K4单元格中输入"=SUM(G3:G22)"公式，按Enter键可见两次计算结果一致，如下图所示。

	D	E	单价	销售总额	H	I	K
1	销售统计表						
2	合同编码	数量	单价	销售总额	提成金额		销售总额
3	WL629783HT	1524	¥4.00	¥6,096.00	¥914.40		¥7,814,899.04
4	WL695850HT	1029	¥550.00	¥565,950.00	¥84,892.50		¥7,814,899.04
5	WL399825HT	1089	¥2,450.00	¥2,668,050.00	¥400,207.50		
6	WL320603HT	715	¥40.00	¥28,600.00	¥4,290.00		
7	WL456727HT	943	¥35.00		¥4,950.75		
8	WL323612HT	1146	¥51.00	=SUM(G3:G22)	¥8,766.90		
9	WL454643HT	719	¥700.00		¥75,495.00		
10	WL469705HT	534	¥56.00	¥29,904.00	¥4,485.60		
11	WL647931HT	1348	¥800.00	¥1,078,400.00	¥161,760.00		
12	WL27691HT	978	¥55.00	¥53,790.00	¥8,068.50		
13	WL441399HT	926	¥32.00	¥29,632.00	¥4,444.80		

实用技巧：管理名称

使用"名称管理器"对话框可以对工作簿中的名称进行管理，切换至"公式"选项卡，单击"定义的名称"选项组中"名称管理器"按钮，即可打开该对话框。在对话框中可以查看所有名称，还可以对名称进行编辑，如重命名名称、修改名称的引用、筛选、删除等操作。

3.6.4 函数的使用

函数的种类很多，可应用在各个领域，由于篇幅有限，本节将介绍几种常用的函数，如文本函数、数据与三角函数、逻辑函数以及查找引用函数。

扫码看视频

1. 使用文本函数保护合同编码

在销售统计表中包含"合同编码"列，为了防止他人更改，可以使用相关的文本函数将部分编码用符号代替，下面介绍具体操作方法。

Step 01 首先在D列右侧插入一列，并输入"合同编码"，选中E3单元格。

Step 02 输入"=REPLACE(D3,5,4,"@@@@")"公式，按Enter键执行计算，即可将D3单元格第5个字符开始的4个字符用"@@@@"代替。

Step 03 然后将公式向下填充到表格结尾，如下图所示。

	A	B	C	D	E	F	G	H	I
1				销售统计表					
2	序号	商品名称	型号	合同编码	合同编码	数量	单价	销售总额	提成金额
3	1	墙壁开关	86型	WL629783HT	WL620@@@HT	1524	¥4.00	¥6,096.00	¥914.40
4	2	振动电机	MVE 2级	WL695850HT	WL69@@@@HT	1029	¥550.00	¥565,950.00	¥84,892.50
5	3	逆变器	AC220V1KVA	WL399825HT	WL39@@@@HT	1089	¥2,450.00	¥2,668,050.00	¥400,207.50
6	4	开关电源	12V5a	WL320603HT	WL32@@@@HT	715	¥40.00	¥28,600.00	¥4,290.00
7	5	导热硅胶片	0.3-1.7	WL456727HT	WL45@@@@HT	943	¥35.00	¥33,005.00	¥4,950.75
8	6	开关电源	12V30a	WL323612HT	WL32@@@@HT	1146	¥51.00	¥58,446.00	¥8,766.90
9	7	振动电机	MVE 4级	WL454643HT	WL45@@@@HT	719	¥700.00	¥503,300.00	¥75,495.00
10	8	墙壁开关	Wifi开关	WL469705HT		534	¥56.00	¥29,904.00	¥4,485.60
11	9	逆变器	YZD-10-2	WL64793	输入函数并计算		¥800.00	¥1,078,400.00	¥161,760.00
12	10	逆变器	220V300W	WL27691			¥55.00	¥53,790.00	¥8,068.50
13	11	墙壁开关	防爆开关	WL441399HT	WL44@@@@HT	926	¥32.00	¥29,632.00	¥4,444.80
14	12	触摸开关	ITO	WL753571HT	WL75@@@@HT	1489	¥5.80	¥8,636.20	¥1,295.43

在本案例中，用户可以将D列进行隐藏，为了防止他人取消隐藏查看合同编码，可在"审阅"选项卡中单击"保护工作表"按钮，在打开的对话框设置保护密码。

2. 使用查找引用函数查找指定型号的库存数量

在"库存表"中，通过查找引用函数可以快速查找出指定型号的库存数量，下面介绍具体操作方法。

Step 01 在"库存表"工作表中的F2:G3单元格区域中完善表格，并输入需要查询库存的型号。

Step 02 选中G3单元格，输入"=VLOOKUP(F3,C3:D22,2,FALSE)"公式，表示在C3:D22单元格区域中查找F3单元格所有行并返回第2列单元格内的数据。

Step 03 按Enter键执行计算，即可查看该型号的数量为2644，如下图所示。

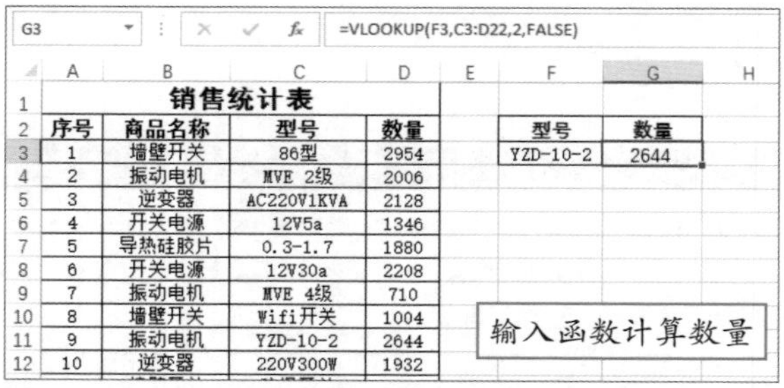

> **实用技巧：结合数据验证进行查找**
>
> 用户可以为F3单元格中设置数据验证，引用C3:C22单元格区域内数据，在G3中输入VLOOKUP函数公式。在F3单元格中单击右侧按钮，在列表中选择型号，可在G3中自动查找到数量。

3. 使用数据与三角函数对数据进行求和

在"销售表"中需要对所有商品名称为开关电源的销售数量进行求和，下面通过SUMIF函数快速计算结果。

Step 01 完善表格，在L3单元格中输入"开关电源"，选中M3单元格。

Step 02 然后输入"=SUMIF(商品名称,L3,数量)"公式，其中第1个参数和第3个参数为定义的名称，表示商品名称为L3单元格内名称时对数量进行求和。

Step 03 按Enter键执行计算，即可计算出所有"开关电源"的数量，如下图所示。

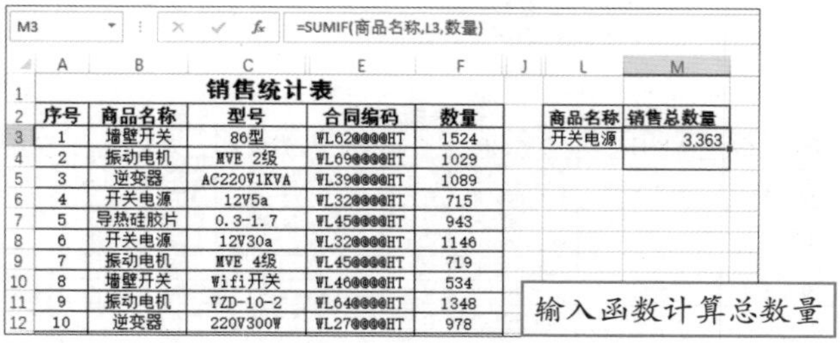

4. 使用逻辑函数判断库存是否充足

在销售时，有可能存在多个员工销售同一款商品而导致库存不足的现象，在本案例中如果销售的数量大于库存的数量时表示库存不足，下面使用IF函数判断结果。

Step 01 在"库存表"中完善表格，选中E3单元格。

Step 02 输入"=IF(销售表!F3>D3,"库存不足，请核实","正常销售")"公式，表示如果销售表中数量大于库存表中数量时显示"库存不足，请核实"，否则显示"正常销售"。

Step 03 按Enter键执行计算，然后向下填充公式，如下图所示。

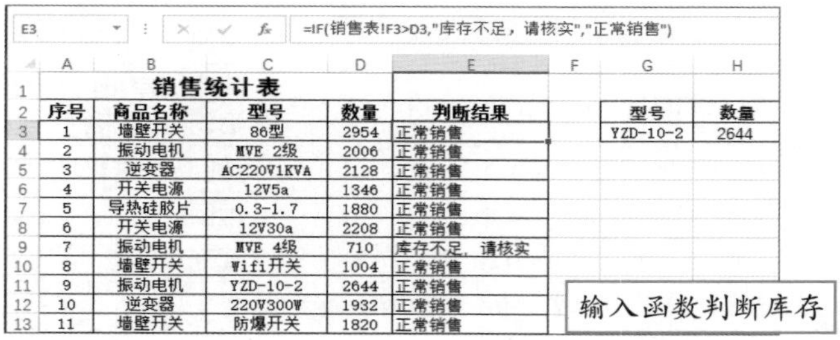

在本案例中，两个表格的结构一样，各商品的顺序也是一样的，否则判断结果是不正确的。

3.6.5 Excel常用的函数

Ecxel中函数有很多，无法全部介绍，用户可以自行学习。下面通过表格的形式介绍常用的函数语法和功能，学习函数时一定要清楚函数中各参数的含义，才能正确使用函数计算数据。

Excel 常用函数

函数名称	语法	功能简介
ABS	ABS(number)	返回某参数的绝对值
COUNTIF	COUNTIF(range,criteria)	统计某一区域中符合条件的单元格数目
INT	INT(number)	将参数向下取整为最接近的整数
MOD	MOD(number,divisor)	返回两数相除的余数
PRODUCT	PRODUCT(number1,number2, ...)	计算所有参数的乘积
QUOTIENT	QUOTIENT(numerator,denominator)	返回除法的整数部分
RAND	RAND()	返回大于或等于0且小于1的平均分布随机数
RANDBETWEEN	RANDBETWEEN(bottom,top)	返回一个介于指定数字之间的随机数
ROUND	ROUND(number,num_digits)	按指定的位数对数值进行四舍五入
ROUNDDOWN	ROUNDDOWN(number,num_digits)	向下舍入数字
ROUNDUP	ROUNDUP(number,num_digits)	向上舍入数字
SUM	SUM(number1,number2, ...)	计算引用单元格区域内数值的和
SUMIF	SUMIF(range,criteria,sum_range)	对满足条件的单元格进行求和
SUMIFS	SUMIFS(sum_range,criteria_range, criteria, ...)	对一组指定条件的单元格求和
SUMPRODUCT	SUMPRODUCT(array1,array2, ...)	返回相应的数组或区域乘积的和
DATE	DATE(year,month,day)	返回代表特定日期的序列号
DAY	DAY(serial_number)	返回用序号(整数1到31)表示的某日期的天数，用整数1到31表示

函数名称	语法	功能简介
DAYS360	DAYS360(start_date,end_date, Method)	按照一年360天的算法(每个月30天)，返回两日期间相差的天数
EDATE	EDATE(start_date,months)	返回一串日期之前/之后的月数
EOMONTH	EOMONTH(start_date,months)	返回一串日期，表示指定月数之前或之后的月份的最后一天
HOUR	HOUR(serial_number)	返回从0到23之间的整数
MINUTE	MINUTE(serial_number)	返回分钟数，从0到59之间的整数
MONTH	MONTH(serial_number)	返回月份值，从1至12之间的数字
NETWORKDAYS	NETWORKDAYS(start_date,end_date,holidays)	返回两个日期之间的完整工作日数
NOW	NOW()	返回日期时间格式的当前日期和时间
TIME	TIME(hour,minute,second)	返回特定时间的序列数
TODAY	TODAY()	返回日期格式的当前日期
WEEKDAY	WEEDAY(serial_number,return_type)	返回代表一周中的第几天的数值，从1到7之间的整数
WEEKNUM	WEEKNUM(serial_number,return_type)	返回一年中的周数
WEEKDAY	WEEKDAY(startdate,days,holidays)	返回在指定的若干个工作日之前或之后的日期
YEAR	YEAR(serial_number)	返回日期的年份值
CHOOSE	CHOOSE(index_num,value1, value2,...)	可以根据给定的索引值，从参数中选出相应的值或操作
HLOOKUP	HLOOKUP(lookup_value,table_array,row_index_num,range_lookup)	在表格或数值数组的首行查找指定的数值，并由此返回表格或数组当前列中指定行处的数值
INDEX	INDEX(array,row_num,column_num)	返回数组中指定的单元格或单元格数组的数值
INDEX	INDEX(reference,row_num,column_num,area_num)	返回引用中指定单元格或单元格区域的引用
LOOKUP	LOOKUP(lookup_value,lookup_vector,result_vector)	在单行区域或单列区域(向量)中查找数值，然后返回第二个单行区域或单列区域中相同位置的数值
LOOKUP	LOOKUP(lookup_value,array)	在数组的第一行或第一列查找指定的数值，然后返回数组的最后一行或最后一列中相同位置的数值
MATCH	MATCH(lookup_value,lookup_array,match_type)	返回符合特定顺序的项在数组中的相对位置
OFFSET	OFFSET (reference,rows,cols, height,width)	以指定的引用为参照，通过给定偏移量返回新的引用
ROW	ROW(reference)	返回指定引用的等号
VLOOKUP	VLOOKUP(lookup_value,table_array,col_index_num,range_lookup)	搜索表区域首列满足条件的元素，确定待检索单元格在区域中的行序号，再进一步返回选定单元格的值

函数名称	语法	功能简介
AND	AND(logical1,logical2, ...)	检查是否所有参数均为TRUE，
IF	IF(logical_test,value_if_true,value_if_false)	判断是否满足某个条件，如果满足返回一个值，不满足则返回另一个值
IFNA	IFNA(value,value_if_na)	如果表达式解析为#N/A，则返回指定的值，否则返回表达式的结果
OR	OR(logical,logical2, ...)	如果任一参数的值为TRUE，则返回TRUE，所有参数均为FALSE时才返回FALSE
AVERAGE	AVERAGE(number1,number2,...)	计算所有参数的算术平均值
AVERAGEA	AVERAGEA(value1,value2,...)	返回所有参数的算术平均值
AVERAGEIF	AVERAGEIF(range,criteria,average_range)	查找给定条件指定的单元格的平均值
AVERAGEIFS	AVERAGEIFS	查找一组给定条件指定的单元格的平均值
COUNT	COUNT(value1,value2, ...)	计算区域中包含数字单元格的个数
COUNTA	COUNTA(value1,value2, ...)	计算区域中非空单元格的个数
COUNTBLANK	COUNTBLANK(range)	计算某个区域中空单元格的数目
COUNTIF	COUNTIF(range,criteria)	计算某个区域中满足给定条件的单元格数目
COUNTIFS	COUNTIFS(criteria_range,criteria, ...)	统计一组给定条件所指定的单元格数
LARGE	LARGE(array,k)	返回数据组中第k个最大值
MAX	MAX(number1,number2,...)	返回一组数值中的最大值，忽略逻辑值及文本
MIN	MIN(number1,number2,...)	返回一组数值中的最小值，忽略逻辑值及文本
SMALL	SMALL(array,k)	返回数据组中第k个最小值
FV	FV(rate,nper,pmt,pv,type)	基于固定利率和等额分期付款方式，返回某项投资的未来值
IPMT	IPMT(rate,per,nper,pv,fv,type)	返回在定期偿还，固定利率条件下给定期内某项投资回报的利息部分
IRR	IRR(values,guess)	返回一系列现金流的内部报酬率
ISPMT	ISPMT(rate,per,nper,pv)	返回普通贷款的利息偿还
PMT	PMT(rate,ner,pv,fv,type)	计算在固定利率下，贷款的等额分期偿还额
PV	PV(rate,nper,pmt,fv,type)	返回某项投资的一系列将来偿还额的当前总值
FIND	FIND(find_text,within_text,start_num)	返回一个字符串在另一个字符串中出现的起始位置
LEFT	LEFT(text,num_chars)	从一个文本字符串的第一个字符开始返回指定个数的字符

函数名称	语法	功能简介
LEN	LEN(text)	返回文本字符串中的字符个数
LOWER	LOWER(text)	将一个文本字符串的所有字母转换为小写形式
MID	MID(text,start_num,num_chars)	从文本字符串中指定的起始位置起返回指定长度的字符
REPLACE	REPLACE(old_text,start_num,num_chars,new_text)	将一个字符串中的部分字符用另一个字符串代替
RIGHT	RIGHT(text,num_chars)	从一个字符串的最后一个字符开始返回指定个数的字符
SUBSTITUTE	SUBSTITUTE(text,old_text,new_text,Instance_num)	将字符串中的部分字符以新字符串替换
TEXT	TEXT(value,format_text)	根据指定的数值格式将数字转成文本

3.6.6 数组公式的应用

数组公式是指可以在数组的一项或多项上执行多个计算的公式，数组公式可以返回一个或多个结果，它和普通公式区别在于，数组公式必须按Ctrl+Shift+Enter组合键结束，其公式被大括号括起来，而且是对多个数据同时进行计算的。

Step 01 打开"2019年11月销存表.xlsx"工作表，切换至"销售表"工作表。

Step 02 选中G3:G22单元格区域，然后输入"=F3:F22*E3:E22"公式。

Step 03 按Ctrl+Shift+Enter组合键同时计算出所有商品的销售总额。

Step 04 在编辑栏中显示公式外侧有大括号，并且选中G3:G22单元格区域中任意单元格，在编辑栏中均显示相同的公式。

Step 05 选中H3:H22单元格区域，输入"=G3:G22*J3"公式，然后按Ctrl+Shift+Enter组合键可同进计算出各商品的提成金额，如下图所示。

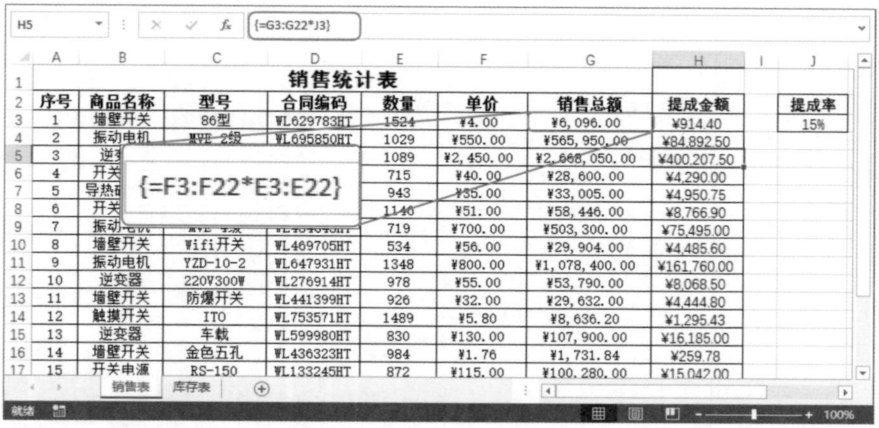

高手进阶：函数的综合应用

本节主要学习了函数的应用，了解到函数应用之广泛，计算之方便。接下来使用函数完成对家电销量的统计，本案例将使用求和函数，查找和引用函数以及统计函数，下面介绍具体操作方法。

扫码看视频

1. 制作品牌热销排行

某家电商场统计各品牌的4个季度的销量，现在需要统计各品牌的年销量，并使用查找引用函数将各品牌按销量从高到低排列，下面介绍具体操作方法。

Step 01 打开"年销量统计表.xlsx"工作簿，切换至"各品牌销量"工作表。

Step 02 选中F3单元格，输入"=SUM(B3:E3)"公式，按Enter键计算出"创维"品牌的年销量。

Step 03 将F3公式向下填充到F9单元格，即可计算出该商场所有家电品牌的年销量，如下图所示。

	A	B	C	D	E	F
	F3		fx	=SUM(B3:E3)		
1			家电各品牌销量表			
2	品牌	第1季度	第2季度	第3季度	第4季度	总销量
3	创维	517	807	940	783	3047
4	TCL	854	677	525	741	2797
5	海尔	578	549	509	916	2552
6	康佳	682	701	886	640	2909
7	长虹	844	527	504	684	2559
8	海信	711	946	810	675	3142
9	志高	584	输入函数计算总销量			2747
10						

Step 04 在H1:I9单元格区域中完善表格，接下来使用函数对各销量从大到小将对应的品牌提取在H3:H9单元格区域，然后根据品牌提取对应的销量。

Step 05 选中H3单元格，输入"=INDEX($A$3:$A$9,MATCH(LARGE($F$3:$F$9,ROW($A1)),$F$3:$F$9,0))"公式。

Step 06 按Enter键计算销量最大的品牌名称，然后将公式向下填充到H9单元格区域，即可按销量从大到小提取品牌，如下图所示。

	A	B	C	D	E	F	G	H	I	J
	H3		fx	=INDEX($A$3:$A$9,MATCH(LARGE($F$3:$F$9,ROW($A1)),$F$3:$F$9,0))						
1		家电各品牌销量表						品牌热销排行		
2	品牌	第1季度	第2季度	第3季度	第4季度	总销量		品牌	总销量	
3	创维	517	807	940	783	3047		海信		
4	TCL	854	677	525	741	2797		创维		
5	海尔	578	549	509	916	2552		康佳		
6	康佳	682	701	886	640	2909		TCL		
7	长虹	844	527	504	684	2559		志高		
8	海信	711	946	810	675	3142		长虹		
9	志高	584	783	输入函数计算品牌排名				尔		
10										

Step 07 选中I3单元格，输入"=VLOOKUP(H3,$A$3:$F$9,6,FALSE)"公式，提取品牌对应的销量。

Step 08 按Enter键执行计算，然后将公式向下填充到I9单元格，如下图所示。

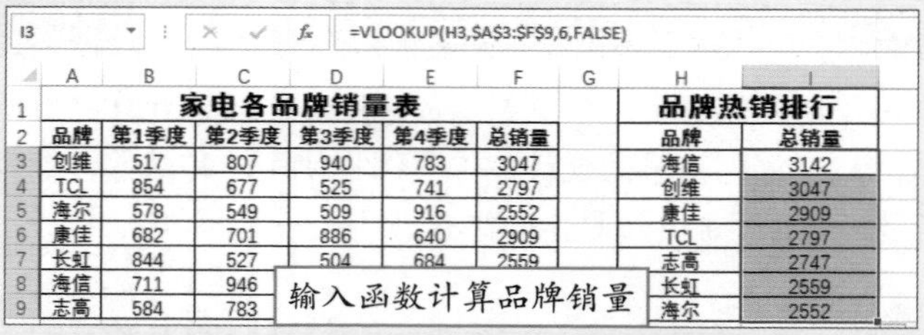

| I3 | ▼ | : | × | ✓ | fx | =VLOOKUP(H3,$A$3:$F$9,6,FALSE) |

	A	B	C	D	E	F	G	H	I
1	家电各品牌销量表							品牌热销排行	
2	品牌	第1季度	第2季度	第3季度	第4季度	总销量		品牌	总销量
3	创维	517	807	940	783	3047		海信	3142
4	TCL	854	677	525	741	2797		创维	3047
5	海尔	578	549	509	916	2552		康佳	2909
6	康佳	682	701	886	640	2909		TCL	2797
7	长虹	844	527	504	684	2559		志高	2747
8	海信	711	946		输入函数计算品牌销量			长虹	2559
9	志高	584	783					海尔	2552

实用技巧：提取销量最高的前3个品牌

如果需要计算销量最高的前3个品牌，在 **Step 06** 中向下填充公式时，只需要向下拖曳填充两个单元格即可。我们也可以根据需要计算出销量从高到低第几名的品牌，如提示销量第3的品牌，在 **Step 05** 中将LARGE函数的第2个参数修改为3，按Enter键执行计算即可。

2. 按销量对产品进行排名

家电市场统计各品牌不同产品的年销量，现在需要分析各产品总销量并且排名，下面介绍具体操作方法。

Step 01 切换至"家电年销售表"工作表，在F1:H10单元格区域中完善表格，并输入产品的类型。

Step 02 首先统计各产品的总销量，然后再进行排名。

Step 03 选中G3单元格，输入"=SUMIF($C$3:$C$58,F3,$D$3:$D$58)"公式，用于计算所有冰箱的销量之和。

Step 04 按Enter键执行计算，将公式向下填充到表格结尾，如下图所示。

| G3 | ▼ | : | × | ✓ | fx | =SUMIF($C$3:$C$58,F3,$D$3:$D$58) |

	A	B	C	D	E	F	G	H
1	家电销售统计表					家电销量排名		
2	序号	品牌	产品类型	销量		产品类型	销量	排名
3	1	海尔	家庭影音	6452		冰箱	76751	
4	2	TCL	冰箱	11393		厨房小电	67352	
5	3	志高	冰箱	9359		电视	78645	
6	4	康佳	电视	12099		家庭影音	67287	
7	5	康佳	燃气灶	13781		空调	68099	
8	6	康佳	空调	6955		燃气灶	78164	
9	7	创维	洗衣机	12999		热水器	69341	
10	8	TCL			输入函数计算产品销量		68209	
11	9	海信						

Step 05 选中H3单元格并输入"=RANK(G3,$G$3:$G$10)"公式，计算冰箱的排名。

Step 06 按Enter键执行计算，将公式向下填充至H10单元格，如下图所示。

| H3 | ▼ | : | × | ✓ | fx | =RANK(G3,$G$3:$G$10) |

	A	B	C	D	E	F	G	H
1	家电销售统计表					家电销量排名		
2	序号	品牌	产品类型	销量		产品类型	销量	排名
3	1	海尔	家庭影音	6452		冰箱	76751	3
4	2	TCL	冰箱	11393		厨房小电	67352	7
5	3	志高	冰箱	9359		电视	78645	1
6	4	康佳	电视	12099		家庭影音	67287	8
7	5	康佳	燃气灶	13781		空调	68099	6
8	6	康佳	空调	6955		燃气灶	78164	2
9	7	创维	洗衣机	12999		热水器	69341	4
10	8	TCL	电视	12169		洗衣机	68209	5
11	9	海信			输入函数对产品排名			
12	10	TCL	厨房					

PPT幻灯片的编辑、美化与放映

PowerPoint是Office办公软件的重要组成部分，可以用于设计制作广告宣传、产品演示、学术交流、演讲、工作汇报、辅助教学等众多领域。PowerPoint现在已经是职场人士必备工具之一，只有掌握PowerPoint制作技能，才能提升我们在职场上的竞争力。

本章从演示文稿的创建、美化、应用动画，到输出和放映幻灯片，都做了详细的介绍，如幻灯片的创建、添加各种元素、美化元素、设置母版、应用动画和切换、插入多媒体以及交互、放映和输出。相信读者通过本章的学习可以熟练掌握PPT的制作过程。

作 品 展 示

员工培训

公司简介

职业规划

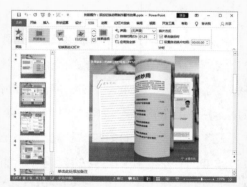

制作翻页动画

思维导图

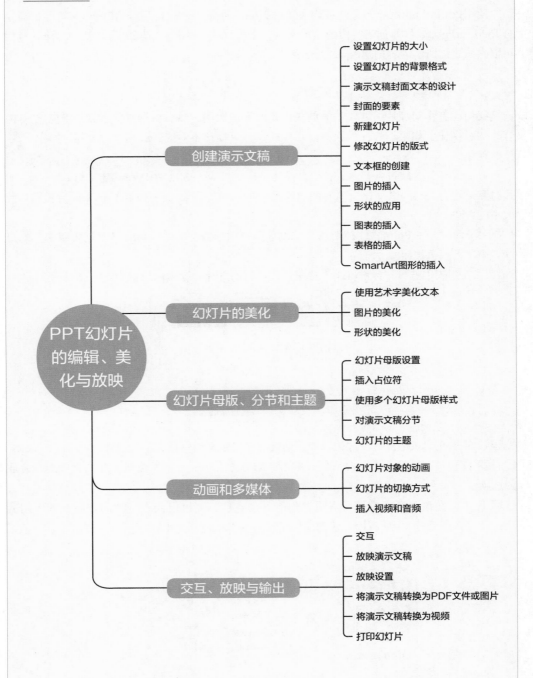

创建演示文稿
- 设置幻灯片的大小
- 设置幻灯片的背景格式
- 演示文稿封面文本的设计
- 封面的要素
- 新建幻灯片
- 修改幻灯片的版式
- 文本框的创建
- 图片的插入
- 形状的应用
- 图表的插入
- 表格的插入
- SmartArt图形的插入

幻灯片的美化
- 使用艺术字美化文本
- 图片的美化
- 形状的美化

幻灯片母版、分节和主题
- 幻灯片母版设置
- 插入占位符
- 使用多个幻灯片母版样式
- 对演示文稿分节
- 幻灯片的主题

动画和多媒体
- 幻灯片对象的动画
- 幻灯片的切换方式
- 插入视频和音频

交互、放映与输出
- 交互
- 放映演示文稿
- 放映设置
- 将演示文稿转换为PDF文件或图片
- 将演示文稿转换为视频
- 打印幻灯片

PPT幻灯片的编辑、美化与放映

4.1 创建演示文稿——创建"员工培训"

使用PowerPoint制作的文件被称为演示文稿，通常也叫PPT。在制作演示文稿前，需要打开PowerPoint软件并创建空白的演示文稿，在第1章中介绍过创建Office文档的方法，我们可以参照之前所学内容创建PowerPoint的空白演示文稿。

4.1.1 设置幻灯片的大小

我们在制作幻灯片前需要了解放映设备的纵横比例，然后根据需要设置幻灯片的纵横比，如果幻灯片的纵横比与放映设备纵横比不对应，会出现元素错位的现象。

扫码看视频

目前大部分放映设备都是16:9的纵横比，所以PowerPoint 2019在新建幻灯片时默认也是16:9的纵横比，但有的放映设备的纵横比是4:3，所以我们要掌握设置幻灯片大小的方法。

`Step 01` 打开PowerPoint软件，切换至"设计"选项卡❶，单击"自定义"选项组中"幻灯片大小"下三角按钮❷。

`Step 02` 在列表中选择"标准(4:3)"选项，即可将幻灯片的纵横比设置为4:3，如下图所示。

`Step 03` 如果在列表中没有合适的选项，则选择"自定义幻灯片大小"选项。

`Step 04` 打开"幻灯片大小"对话框，单击"幻灯片大小"下三角按钮，在列表中选择合适的选项。

`Step 05` 用户在该对话框中还可以设置幻灯片的宽度、高度以及幻灯片的方向，如下图所示，设置完成后PPT中所有幻灯片都应用了设置的纵横比和大小。

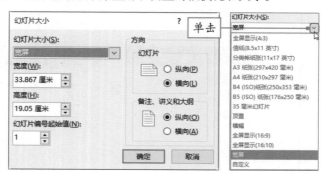

4.1.2　设置幻灯片的背景格式

幻灯片默认情况下是白色背景，我们可以根据需要更改背景的格式，如纯色填充、渐变填充、图片或纹理填充以及图案填充等，下面介绍具体操作方法。

Step 01 切换至"设计"选项卡，单击"自定义"选项组中"设置背景格式"按钮❶。

扫码看视频

Step 02 打开"设置背景格式"导航窗格，在"填充"选项区域中选中"纯色填充"单选按钮❷，在下面"颜色"面板中选择合适的颜色。

Step 03 本案例选择浅灰色❸，即可为当前幻灯片填充背景颜色，用户也可以设置透明度❹，如下图所示。

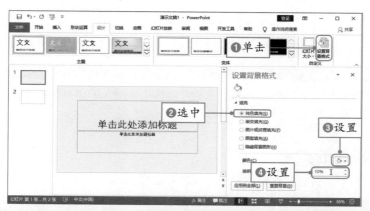

实用技巧：将背景格式应用到所有幻灯片中

如果需要将当前设置的背景格式应用到所有幻灯片中，可在"设置背景格式"导航窗格中单击"应用到全部"按钮，若单击"重置背景"按钮，则恢复到默认状态。

在"设置背景格式"导航窗格中除了纯色填充外，用户还可以设置其他填充方式，选中对应的单选按钮，在下面设置各项参数即可。

4.1.3　演示文稿封面文本的设计

新建空白的演示文稿时，第一张幻灯片是标题幻灯片，其中包括标题和副标题文本框，我们可以直接在文本框中单击然后输入文本，也可以通过使用文本框的方法输入文本。

扫码看视频

由于演示文稿本身的文字需要进行各种形式的调整和安排，并且不同文本框内的文本基本上需要设置不同格式且可以随意移动，所以使用PowerPoint时，只能在文本框中输入文本。

在PPT中，标题幻灯片中的标题和副标题文本框是系统设置好的占位符，占位符除了文本外还有图片、图表、SmartArt、表格等，在以后章节中会介绍占位符的插入方法，下面介绍输入演示文稿封面文本的方法。

Step 01 单击"单击此处添加标题"文本框占位符。

Step 02 光标定位在文本框内，然后输入"新员工培训"文本❶。

Step 03 输入的文本应用设置好的格式，根据相同的方法在另一个文本框中输入公司名称❷，如下图所示。

温馨提示：自动换行

在文本框占位符中输入文本，如果文本长度大于文本框的长度时，当输入至文本框右侧边界时会自动换行，如果还未输入到边界就需要换行，可以按Enter键。

4.1.4 封面的要素

在设计封面时，首先需要构建封面的框架和结构，然后再添加合适的元素，如在制作新员工培训演示文稿的封面时，除了添加的标题和副标题外，还需要添加图片、图形以及相关文本说明。

在制作演示文稿封面时，除了基本的演讲主题、演讲人等信息之外，还需要添加图片、合理布局，以吸引浏览者的眼球。

在本案例中制作新员工培训PPT的封面，涉及图片、形状、文本框等元素，以及对各元素的编辑，还涉及对齐、组合等功能，这些内容将在以后章节中详细介绍，现在只展示封面的效果，如下图所示。

4.1.5 新建幻灯片

一个演示文稿往往包含多张幻灯片，用户在制作时经常需要新建幻灯片，新建幻灯片的方式主要有两种，一种是在幻灯片窗格中按Enter键，另一种是通过功能区按钮新建。

扫码看视频

☞ **方法一：通过导航窗格新建幻灯片**

Step 01 在幻灯片导航窗格中确定新建幻灯片的位置，如在两张幻灯片之间单击❶，即出现一条红线。

Step 02 然后按Enter键即可在红线处插入空白幻灯片❷，如下图所示。

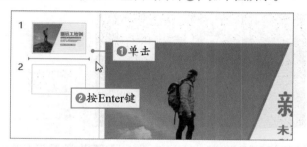

通过此方法插入的幻灯片是"标题和内容"版式，在幻灯片上方为标题文本框占位符，下方文本框中可以根据需要插入表格、图表、SmartArt、图片以及联机视频。

实用技巧：按组合键新建幻灯片

在幻灯片导航窗格中除了按Enter键可以新建幻灯片外，还可以按Ctrl+M组合键在指定位置新建幻灯片。

☞ **方法二：通过功能区按钮新建幻灯片**

通过功能区按钮新建幻灯片时，用户可以根据需要选择合适的版式，下面介绍具体操作方法。

Step 01 在幻灯片导航窗格中选择需要插入幻灯片的位置❶。

Step 02 切换至"开始"选项卡，或者"插入"选项卡，单击"幻灯片"选项组中"新建幻灯片"下三角按钮❷，也可以单击"新建幻灯片"按钮，即可创建新幻灯片。

Step 03 在打开的列表中选择合适的幻灯片版式，即可在指定位置创建选中版式的幻灯片，如下图所示。

在本案例中，如果直接单击"新建幻灯片"按钮，可插入"标题和内容"版式的幻灯片，由于我们在创建幻灯片时需要的版式多种多样，所以通常会单击"新建幻灯片"下三角按钮，在列表中选择合适的版式。

温馨提示：自动换行

"新建幻灯片"列表中还包括"复制选定幻灯片"、"幻灯片(从大纲)"和"重用幻灯片"3个选项。"复制选定幻灯片"表示在选中的幻灯片下方复制一份一样的幻灯片，"幻灯片(大纲)"可以从支持的文件导入信息，支持的格式包括txt，wps，docx等，"重用幻灯片"可以从其他演示文稿中导入幻灯片到当前文稿。

选择"重用幻灯片"选项后，打开"重用幻灯片"导航窗格，单击"浏览"按钮，在打开的对话框中选择需要重用的演示文稿，如下图所示。

4.1.6 修改幻灯片的版式

在上一节通过功能区按钮创建幻灯片时，可见幻灯片包含11种版式，如果创建的幻灯片不适合需要的版式，我们可以做进一步的修改。

扫码看视频

Step 01 选择需要修改版式的幻灯片，可以选择1张也可以选择多张❶。

Step 02 切换至"开始"选项卡，单击"幻灯片"选项组中"版式"下三角按钮❷，在打开的列表中选择合适的版式，如下图所示。

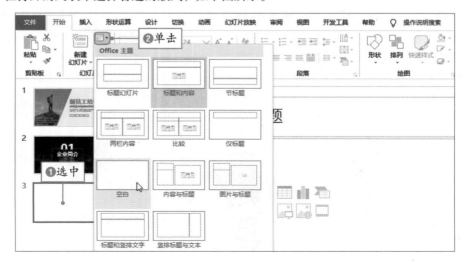

在排版时应当遵循排版的原则，否则会使幻灯片的展示效果很零乱，在《写给大家看的设计书》中作者提出了4个排版原则，即亲近、对齐、对比和重复。我们在自定义版式时，按照排版原则进行排版基本上能满足一切版式需求，下面比较两张幻灯片效果，如下图所示。

比较以上两张幻灯片，有以下几点需要注意。

第一，亲近原则，上左图中文本间距过大，而且图片的选择与主题关联不大，上右图关联的文本放在一起很协调。

第二，对齐原则，上左图中文本没有统一对齐，显得很零乱，上右图中文本和直线都是左对齐，显得整齐。

第三，对比原则，上左图中两个橙色文本对比不明显，只是字体稍小点，正文字体颜色太深，上右图根据字体的颜色和字号把文本的层次感展示出来，对比很明显。

通过以上两张幻灯片无法展示重复的原则，重复就是要求整个演示文稿的风格统一，以及背景图片、字体等元素要在不同的幻灯片中重复使用，如下图所示。

通过以上演示文稿，可见其中文本的字体、颜色、图片等都是统一的风格，可以为PPT营造出良好的视觉效果。

4.1.7 文本框的创建

在制作PPT时，文本框是最常用的操作，本节主要介绍文本框的创建以及文本的设置。

扫码看视频

1. 插入文本框

在PowerPoint中共有两种文本框，分别为横排文本框和竖排文本框，默认的文本框是无填充无边框的，可以快速绘制透明文本框，下面接着制作新员工培训封面幻灯片介绍插入文本框的方法。

Step 01 首先选中封面幻灯片❶，切换至"插入"选项卡❷，单击"文本"选项组中"文本框"下三角按钮❸。

Step 02 用户也可以单击"文本框"按钮。

Step 03 在打开的列表中选择"绘制横排文本框"选项❹。

Step 04 光标变为↓形状，在页面中按住鼠标左键绘制一个文本框❺，如下图所示。

Step 05 此时光标定位在文本框的左上角，然后输入相关文本即可。

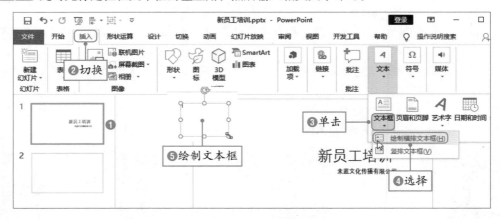

当直接单击"文本框"按钮时，创建的文本框与上次使用文本框的类型一致。

在选择完文本框选项后，用户也可以在页面中单击，然后输入文本，文本框会根据输入文本的长度自动调整，并且不会自动分行。如果是绘制文本框，在输入文本时会自动换行，并且文本框能够自动调整高度。

实用技巧：通过复制方法快速创建文本框

我们也可以通过复制粘贴方法快速创建文本框，只需要选中方框，按Ctrl+C组合键复制，再按Ctrl+V组合键粘贴，也可以按住Ctrl键拖曳文本框进行复制，复制后的文本框内文本的格式和原文本框内文本格式一致，所以对于创建相同格式的文本框来说，复制方法更快捷。

---

2. 设置文本框中文本格式

在PPT中设置文本的字体、字号、字体颜色以及段落等格式，和在Word中设置是一样的，因此操作起来比较简单。

（1）设置字体格式

Step 01 选中标题文本框❶，切换至"开始"选项卡，在"字体"选项组中设置字体为"黑体"、字号为80❷。

Step 02 单击"加粗"按钮，单击"字体颜色"下三角按钮，在列表中选择"其他颜色"选项。

Step 03 打开"颜色"对话框，在"自定义"选项卡中设置颜色，红色为0、绿色为156、蓝色为150❸，单击"确定"按钮❹，即可完成字体格式设置，如下图所示。

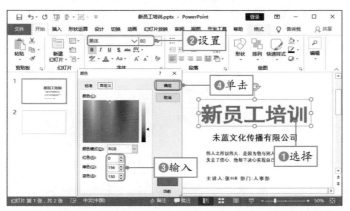

（2）设置字符间距

在放映幻灯片时，如果文字之间的距离太小会影响放映效果，因此需要适当增加字符间距。

Step 01 选中标题文本框❶，单击"字体"选项组中"字符间距"下三角按钮❷，在列表中选择"稀疏"或"很松"选项，快速调整字符间距。

Step 02 也可以选择"其他间距"选项❸，打开"字体"对话框，在"字符间距"选项中设置间距为"加宽"，度量值为1.2磅❹，单击"确定"按钮，如下图所示。

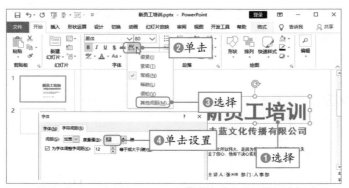

实用技巧：打开"字体"对话框的其他方法

单击"字体"选项组中对话框启动器按钮，也可以打开"字体"对话框。

（3）设置行距

默认情况下行与行之间距离是1倍行距，在放映时会有点拥挤，所以需要适当增加行距，下面介绍具体操作方法。

Step 01 选择一段文本❶，单击"开始"选项卡的"段落"选项组中"行距"下三角按钮❷，在列表中选择合适的行距。

Step 02 也可以选择"行距选项"选项❸，或者单击"段落"选项组中对话框启动器按钮。

Step 03 打开"段落"对话框，在"缩进和间距"选项卡中设置行距为"多倍行距"，设置值为1.3❹，单击"确定"按钮❺，如下图所示。

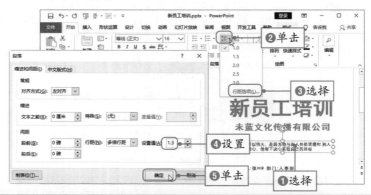

温馨提示：字符间距和行距

在PowerPoint中设置段落时，需要注意字符间距要小于行距，否则很难区分是横着看还是竖着看，如右图所示。

一般情况下设置正文的字符间距为1.1或1.2磅，行距为1.3到1.5倍。

如今却忆江南乐当时年少
春衫薄骑马倚斜桥满楼红
袖招碎屏金屈曲醉入花丛
宿此度见花枝白头誓不归

（4）快速设置英文为大写

在演示文稿中，如果使用英文，一般情况下需要将英文全部大写，但是我们平时输入英文只是将第1个字母大写，下面介绍快速设置大写英文的方法。

Step 01 选择英文文本框❶，切换至"开始"选项卡，单击"字体"选项组中"更改大小写"下三角按钮❷。

Step 02 在列表中选择"大写"选项❸，即可将所有英文更改为大写，如下图所示。

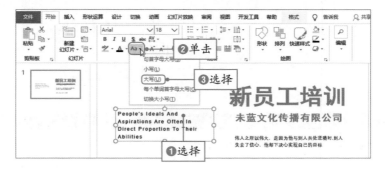

4.1.8 图片的插入

一图胜千字，图片的作用是不可忽视的，在放映演示文稿时，受众很难投入大部分精力逐字阅读PPT，因此需要添加图片美化幻灯片以吸引受众眼球。

在本案例中插入图片后，还需要对图片进行裁剪，针对图片的更多操作，将在4.2节中详细介绍。

扫码看视频

Step 01 选中需要插入图片的幻灯片❶，切换至"插入"选项卡，单击"图像"选项组中"图片"按钮❷。

Step 02 打开"插入图片"对话框，选择合适的图片，如"攀登.jpg"❸，单击"插入"按钮❹，如下图所示。

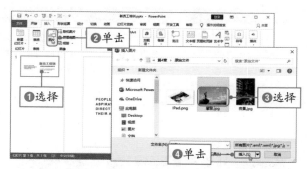

Step 03 插入的图片纵横比与幻灯片不一致，所以需要对其进行裁剪。

Step 04 选中插入的图片❶，切换至"图表工具-格式"选项卡，单击"大小"选项组中"裁剪"下三角按钮❷。

Step 05 在列表中选择"纵横比>16:9"选项❸，即可在图片上方显示16:9的裁剪框，如下图所示。

Step 06 调整图像的位置，使需要的部分在裁剪框内，在外侧空白处单击即可完成裁剪。

Step 07 拖曳图片的角控制点使图片充满整个幻灯片。

Step 08 图片将文本内容覆盖住了，选中图片，切换至"图片工具-格式"选项卡，单击"排列"选项组中"下移一层"下三角按钮，在列表中选择"置于底层"选项。

Step 09 将图片移到该幻灯片所有元素的下方，如下图所示。

調整圖片層次的效果

实用技巧：插入联机图片

如果电脑联网，也可以通过"联机图片"功能在网上查找并下载图片，单击"插入"选项卡的"图像"选项组中"联机图片"按钮，在打开面板的搜索框中输入关键字①，按Enter键即可在网上查找相关图片，选择合适的图片②，单击"插入"按钮③，即可将图片插入幻灯片中，如下图所示。

4.1.9 形状的应用

形状是制作演示文稿时常用的元素之一，在PowerPoint中包括线条、矩形、基本形状、箭头总汇、公式形状和流程图几种类型的形状，使用形状可以分割区域或起到点缀的作用。

扫码看视频

1. 插入形状

在本案例中，插入的图片以冷色调为主，我们若想把图片更改为暖色调，可以通过添加形状并设置形状填充颜色的方法实现。

Step 01 切换至"插入"选项卡，单击"插图"选项组中"形状"下三角按钮①，在列表中选择矩形形状②，如下左图所示。

Step 02 此时光标为黑色十字形状，按住鼠标左键绘制和幻灯片一样大小的矩形形状。

Step 03 默认情况下形状的填充颜色为蓝色，边框为深蓝色。

Step 04 右击形状，在快捷菜单中选择"设置形状格式"命令，打开"设置形状格式"导航窗格。

Step 05 在"填充"选项区域中选中"渐变填充"单选按钮，设置渐变的类型为"线性"、渐变方向为"线性向右"、角度为0，然后设置各渐变光圈的颜色和透明度。

Step 06 设置线框为无边框，将形状下移到图片上方其他元素下方，可见图片整体为暖色调，如下右图所示。

2. 调整形状外观

在演示文稿的制作过程中，有时插入的形状也不是我们想要的，需要调整其外观，不通过调整控制点无法达到目的，此时可以编辑形状的顶点，下面介绍具体操作方法。

Step 01 在员工培训PPT封面中创建一个梯形形状，高度与幻灯片高度一致，下边宽度为幻灯片宽度的2/3，并移到右侧。

Step 02 向右拖曳黄色控制点，调整梯形斜边的倾斜，如下左图所示。

Step 03 右击梯形形状❶，在快捷菜单中选择"编辑顶点"命令❷。

Step 04 梯形形状的角控制点变为黑色方块，将光标定位在右上角控制点上拖曳到幻灯片右上角的拐角处，即可调整为直角梯形❸，如下右图所示。

Step 05 设置形状为灰白色，边框为无边框，并调整到文本元素的下方。

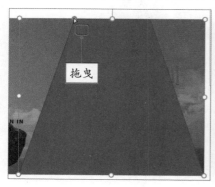 

3. 复制形状

绘制形状后，如果需要在幻灯片插入相同的形状，此时最好的方法就是复制形状。复制形状和复制文本框方法一样，此处不再赘述。复制好形状后填充与标题文本相同的颜色，调整到上一梯形的下方并适当向左移动，适当调整文本的位置和颜色，员工培训的封面制作完成，效果如下图所示。

▶ 技能提升：制作残缺的形状

在演示文稿中使用常规的形状太单调、或者需要制作特殊的效果时，可以制作残缺的形状，如在本案例的目录幻灯片中为了使图片和目录内容不分割，将其使用矩形连接起来，但是形状右侧会覆盖在文字上，所以需要将这部分隐藏起来，下面介绍具体操作方法。

扫码看视频

Step 01 制作好目录幻灯片中图片和目录内容，并设置格式，如下左图所示。

Step 02 在幻灯片中插入正方形，选择矩形形状，按住Shift键绘制即可，其高度大概从英文上方到中间一段文本的下方。

Step 03 设置矩形为无填充，边框颜色和英文颜色一致，其宽度为4.5磅，如下右图所示。

Step 04 可见矩形在文本上部分影响到文本显示，即使将其移到文本下方也不行。

制作目录页内容

绘制矩形并设置

Step 05 绘制一个能覆盖文本的小矩形，如下左图所示。

Step 06 选中小的矩形，设置填充颜色和右侧大矩形颜色一致，设置无边框。

Step 07 将边框的矩形移到文本下方，将小矩形也移到文本下方但位于边框矩形上方，即可完成残缺形状的制作，如下右图所示。

绘制小点的矩形

设置小矩形填充颜色

> **实用技巧：使用取色器填充颜色**
>
> 本案例中的关键是将小矩形的填充颜色设置和大矩形颜色一样，如果用户不好控制颜色，可以选中小矩形，在"绘图工具-格式"选项卡中单击"形状填充"下三角按钮，在列表中选择"取色器"选项，此时光标变为吸管形状，光标移到大矩形上面时，在光标右上角显示吸取的颜色，单击即可为小矩形填充该颜色。

4.1.10 图表的插入

在PowerPoint中可以插入图表，其图表的类型和Excel一样，这些图表是以一个Excel数据表为基础的，只需要修改数据表中的数据即可创建图表。

扫码看视频

Step 01 下面我们制作企业各业务市场占有率的图表，首先制作该幻灯片的背景，此处不再介绍。

Step 02 切换至"插入"选项卡❶，单击"插图"选项组中"图表"按钮❷。

Step 03 打开"插入图表"对话框，选择合适的图表类型，此处选择"簇状柱形图"❸，单击"确定"按钮，如下图所示。

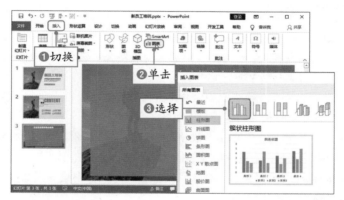

Step 04 在幻灯片中插入柱形图，并打开Excel工作表，然后输入相关的系列名称和数据。

Step 05 图表发生相应的变化，如下图所示。

Step 06 选中图表，在功能区显示"图表工具"选项卡，"设计"和"格式"子选项卡中的功能与Excel相同，用户可以根据3.5节内容对图表进行设计。

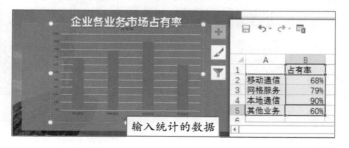

Step 07 在图表中只保留柱形数据系列部分，并填充白色，添加阴影效果。

Step 08 在柱形下方添加椭圆形状并填充黑色，设置柔化边缘效果，作为阴影。

Step 09 将Ipad背景图片插入在柱形图下方，形成立体的效果，在图片上添加白色透明形状弱化背景。

Step 10 添加相关文本，图表的最终效果如下图所示。

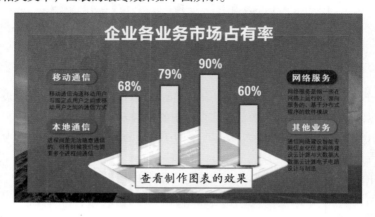

4.1.11 表格的插入

在PowerPoint中插入表格与Word的操作方法一样，都可以直接选择表格、通过"插入表格"对话框实现，但是PPT中插入的表格无法进行数据运算，只有插入Excel电子表格才能运算数据。

扫码看视频

Step 01 通过制作公司去年营业收入表为例介绍具体操作方法，首先复制图表幻灯片，修改标题文本并删除相关内容，只保留背景部分。

Step 02 切换至"插入"选项卡，单击"表格"选项组中"表格"下三角按钮❶，在列表中选择5列8行的区域❷，同时在幻灯片中显示插入的表格，如下左图所示。

Step 03 用户也可以选择"插入表格"选项，在打开的对话框中设置列数为5、行数为8❶，单击"确定"按钮❷，如下右图所示。

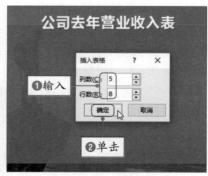

Step 04 将光标移到表格边框上拖曳移动表格，并用拖曳控制点调整大小，使其在幻灯片中间位置，如下左图所示。

Step 05 选择第1列的第2到4行的单元格区域并右击，在快捷菜单中选择"合并单元格"命令，根据同样的方法将该列的第5行和第8行的单元格合并。

Step 06 将光标定位在单元格中，输入文本，并设置格式和对齐方式，"表格工具"选项的"设计"和"布局"子选项卡的功能和Word中对应选项卡的功能一样，此处不再介绍具体操作方法。

Step 07 设置表格无填充，根据实际要求添加相应的边框，并突出部分文本内容，表格的最终效果如下右图所示。

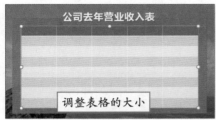

4.1.12　SmartArt图形的插入

用户可以参照2.3节在Word中插入SmartArt图形的方法在PowerPoint中使用SmartArt图形。

扫码看视频

在本案例中使用SmartArt图形制作企业文化的4个方面，此处使用"垂直块列表"图形，下面介绍具体操作方法。

Step 01 制作幻灯片的背景，切换至"插入"选项卡，单击"插图"选项组中SmartArt❶按钮。

Step 02 打开"选择SmarArt图形"对话框，选择"垂直块列表"图形❷，单击"确定"按钮❸，即可插入SmartArt图形，如下图所示。

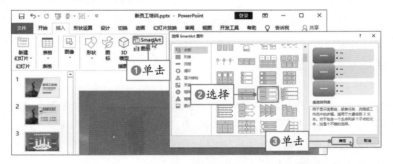

Step 03 输入相关文本内容，并设置格式，在"SmartArt工具"选项卡的"设计"和"格式"子选项卡中设置图形的格式，最终效果如右图所示。

4.1.13 视频的插入

在PowerPoint中可以直接插入视频，包括联机视频和本地视频，联机视频涉及视频的版权以及网络环境的安全，所以不建议使用联机视频，下面介绍插入本地视频的方法。

扫码看视频

Step 01 切换至"插入"选项卡，单击"媒体"选项组中"视频"下三角按钮❶，在列表中选择"PC上的视频"选项❷。

Step 02 打开"插入视频文件"对话框，选择视频❸，单击"插入"按钮❹，如下左图所示。

Step 03 调整视频的大小和位置，如下右图所示。

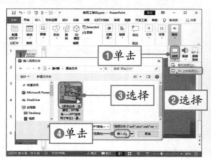

插入视频的效果

高手进阶：应用各种元素创建演示文稿

本节主要介绍PowerPoint中各元素的创建，如文本框、图片、图形、图表、表格和SmartArt等。制作任何一个演示文稿都不可能只使用1种元素，下面以制作家庭开支分布图演示文稿为例介绍各种元素的综合应用。

扫码看视频

Step 01 创建一个空白的幻灯片，设置纵横比为16:9。

Step 02 在幻灯片中插入图片，将图片调整为幻灯片的高度，并靠右对齐，如下左图所示。

Step 03 可见图片未充满整张幻灯片，图片的人物在右侧，我们可以通过添加形状使其充满整张幻灯片。

Step 04 创建一个和幻灯片一样大的矩形，设置无边框，并填充白色渐变效果，渐变类型为"线型"、方向为"线性向左"、角度为180度❶，其中3个渐变光圈颜色为纯白色，从左到右的透明度为0%、30%和30%❷，如下右图所示。

插入并调整图片

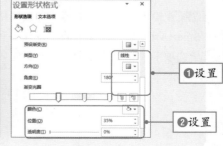

Step 05 幻灯片以白色为主，插入矩形，调整至比幻灯片稍小点，并设置无填充，设置边框为灰色，为幻灯片定义边框，如下左图所示。

Step 06 在幻灯片左上角添加文本框，并输入标题内容，在下方创建文本框并输入相关文本，然后在字体选项组中设置文本格式，如下右图所示。

Step 07 在标题文本框左侧绘制小而瘦长的矩形并填充浅红色，对标题进行修饰。

插入矩形，设置边框

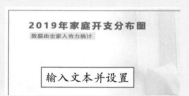

输入文本并设置

Step 08 制作开支的分布图，为了体现各种开支的比例可以选择饼图。

Step 09 在"插入"选项卡中单击"图表"按钮，在打开的"插入图表"对话框中选择"三维饼图"，单击"确定"按钮。

Step 10 在打开的Excel工作表中输入数据，删除多余的数据，关闭Excel工作表。

Step 11 调整图表的大小并放在人物的左侧位置，如下左图所示。

Step 12 修改图表的样式并设置各扇区的填充颜色为浅色，然后绘制一个椭圆形并调整外观和大小，填充白色，制作出一个圆环的效果，如下右图所示。

插入饼图并设置

设置饼图，插入椭圆形状

Step 13 为各扇区添加元素，解释其含义，主要通过添加标志性的图标和百分比数据来表示。

Step 14 在浅橙色扇区上绘制灰色的椭圆形，再绘制黄色的线条表示指示线，在线尾插入蔬菜的图标，表示生活开支，在图标的右侧输入该项开支所占的百分比，如下左图所示。

Step 15 以相同的方法，将其他两个扇区添加图标和百分比以及对应的形状，如下右图所示。

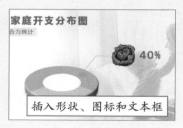

插入形状、图标和文本框

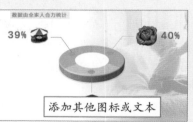

添加其他图标或文本

Step 16 幻灯片的左下角略显空旷，可以添加一段文本并设置成活泼点的字体，并且设置字体颜色为浅灰色，最终效果如下图所示。

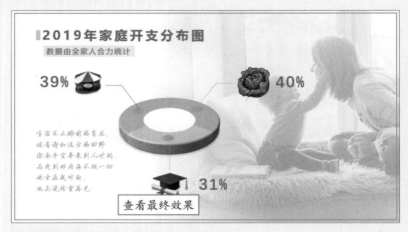

在本案例中使用图标可以代替文字清晰地表达含义，并且增强了视觉效果，图标可分为3大类，分别是线条型图标、填充型图标和立体型图标，在使用时一定要统一，否则幻灯片会显得杂乱无章。

4.2 幻灯片的美化——改进"公司简介"

演示文稿的美化其实就是对幻灯片中各元素的美化过程，以及对版式的调整，本节以改进"公司简介"的演示文稿为例介绍各元素的美化操作，从而延伸出更多的知识。

扫码看视频

4.2.1 使用艺术字美化文本

艺术字虽然漂亮，但是对于商务类型的演示文稿用户要谨慎使用，艺术字适合用在比较个性化、活泼点的演示文稿中，本案例中将使用艺术字对"公司简介"的封面标题进行美化。

PowerPoint预设了很多艺术字样式，并且用户还可以进一步设置艺术字，下面介绍具体操作方法。

Step 01 在封面幻灯片中选中标题文本❶，切换至"绘图工具-格式"选项卡，单击"艺术字样式"选项组中其他按钮。

Step 02 在打开的艺术字列表中选择合适的艺术字样式❷，可见选中的文本应用了艺术字样式，如下图所示。

Step 03 在"艺术字样式"选项组中设置文本填充、轮廓和效果，本案例应用艺术字样式后封面的标题更为突出了。

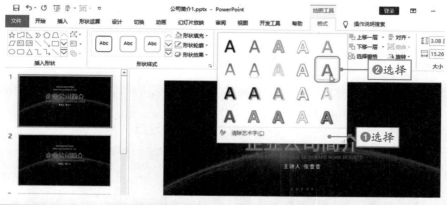

实用技巧：插入艺术字

以上介绍了将现有的文本转换为艺术字的方法，我们也可以插入艺术字文本框然后再输入文本，切换至"插入"选项卡，单击"文本"选项组中"艺术字"下三角按钮，在列表中选择合适的艺术样式，在页面中即可插入艺术字文本框，然后删除文本框内的文本，输入需要的文本即可。

应用艺术字样式后，在"艺术字样式"选项组中单击"文本填充""文本轮廓"和"文本效果"下三角按钮，在列表中可以设置文本的填充颜色、轮廓和艺术效果，如下图所示。

在"文本效果"列表中包含6种艺术字效果，如阴影、映像、发光、棱台、三维旋转、转换，选中任意效果后，在右侧打开的扩展效果列表中均可直接选择预设的效果。

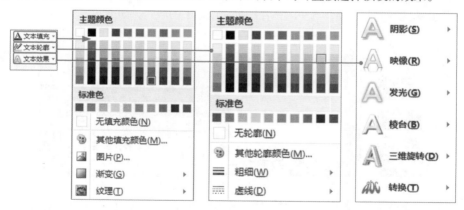

4.2.2 图片的美化

在PowerPoint中处理图片时可以与形状结合使用，进行各种运算，从而得到特殊的效果，下面介绍修改本案例中图片的方法。

Step 01 在"团队介绍"幻灯片中，插入各部门负责人的照片，但是由于照片的大小不一样会显得杂乱，我们需要把图片剪裁成统一的大小。

扫码看视频

Step 02 选中图片，将其按1:1纵横比进行裁剪，在裁剪时一定要注意人物的大小和高度美观合理。

Step 03 裁剪完成后，选中所有图片，在"图片工具-格式"选项卡的"大小"选项组中设置高度和宽度为6厘米，如下左图所示。

Step 04 保持图片为选中状态，在"图片工具-格式"选项卡的"排列"选项组中设置对齐为顶端对齐和横向分布，使图片整齐并等距离排列。

Step 05 保持图片为选中状态，在"图片样式"选项组中应用样式，然后设置图片的边框为白色、粗细为4.5磅。

Step 06 将每张图片与下方介绍的文字一一对应并设置居中对齐，效果如下右图所示。

温馨提示：调整人物照片时需要注意的事项

在调整人物照片时，我们尽量将人物的视线调整在同一水平线上，并且要防止人物视线指向幻灯片外，否则容易将浏览者注意力吸引到其他区域。

　　在本案例中，需要在图片的下方标注人物的姓名和部门，我们可以选中图片，切换至"图片工具-格式"选项卡，单击"图片样式"选项组中"图片版式"下三角按钮，在列表中选择"图片题注列表"选项，选中的图片即可应用选中的版式，如下图所示。

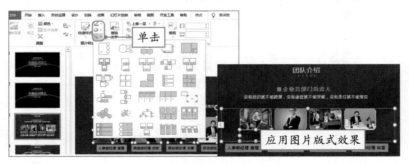

▶ 技能提升：制作立体的图片效果

　　在通过图片表达创意时，其特效是多样的，我们可以将装饰图片变化多种效果，下面通过制作立体的图片效果为例介绍具体的操作方法。

Step 01 打开PowerPoint软件，设置其大小和纵横比。

Step 02 导入"跳舞.jpg"图片，将图片复制一份，然后将两张图片重合在一起。

扫码看视频

Step 03 将上面一张图片从上向下裁剪到脚踝部分，如下左图所示。

Step 04 将下方图片从下向上裁剪成与上一张图片形成完整的一张图片。

Step 05 选中人物上的图片，单击"图片工具-格式"选项卡中"删除背景"按钮。

Step 06 根据"背景消除"选项卡中的工具删除背景部分，如下右图所示。

裁剪图片

删除图片背景

Step 07 选中下方图片，为其应用"透视:宽松"的三维旋转效果，可见下方图片颜色变亮并进行相应的旋转，使图片呈现一种平铺的效果，如下左图所示。

Step 08 选中下方图片，在"图片工具-格式"选项卡的"调整"选项组的"校正"列表中选择合适的选项，高度为–20%，对比度为40%，立体的图片效果如下右图所示。

对下方图片进行旋转

调整下方图片

4.2.3 形状的美化

形状是Office中的基本绘图工具，它能够帮助用户画出丰富的图形，Office 2007之后的版本，将Word、Excel和PowerPoint中的形状对象进行了统一，我们在2.3.9节中介绍过形状的应用，读者可参考学习。

扫码看视频

本节主要介绍通过基本的形状，对"公司简介"中介绍企业发展历史的幻灯片进行改进，从而更好地展示出企业在不断成长的趋势，首先，比较一下改进前后的效果，下左图为改进前，下右图为改进后。

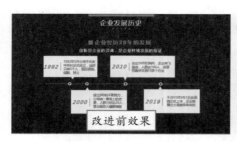

改进前效果

改进后效果

可见改进前的幻灯片通过水平线展示企业的发展史，只能感觉时间是不断前进的，但是不能直观地突出企业发展的趋势，下面介绍具体的改方法。

Step 01 复制一份该幻灯片，删除企业发展的相关文本和形状。

Step 02 绘制一个矩形和等腰直角三角形，设置边框为边轮廓，将三角形进行垂直旋转，设置高度均为1.1cm，并将两个形状组合在一起，如下图所示。

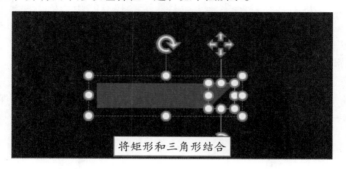

将矩形和三角形结合

Step 03 绘制一个平形四边形，设置高度为1.1cm、宽度为4cm，并向右旋转90度，然后拖曳黄色控制点，使其下边与第一个形状中三角形的边重合。

Step 04 设置两个形状为右对齐和底端对齐，如下左图所示。

Step 05 再绘制一个平行四边形，设置高度为1.1cm、宽度为6.57cm，调整黄色控制点使其与上一个平形四边形上边重合，如下右图所示。

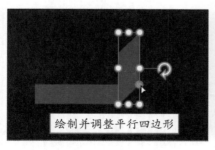

绘制并调整平行四边形

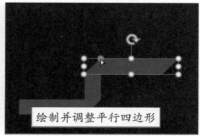

绘制并调整平行四边形

Step 06 复制两份平形四边，并且依次排列，形状一个台阶。

Step 07 将水平方向的形状填充红色，将垂直方向的形状填充灰色，如下左图所示。

Step 08 将相关的企业发展的关键时间输入在红色形状上方，并设置格式。

Step 09 将关键时间主要事件输入在红色形状下方，在右下角输入企业发展历程。

Step 10 左侧略显示空旷，插入企业旧照片和现在的照片形成对比，如下右图所示。

Step 11 在"形状"列表中选择"波形"形状作为红旗，然后再绘制一个细长的矩形作为红旗的杆，如下左图所示。

Step 12 设置填充颜色为红色，无轮廓，并组合在一起，单击"绘图工具-格式"选项卡的"排列"选项组中"旋转"下三角按钮，在列表中选择"其他旋转选项"选项。

Step 13 在打开的"设置形状格式"导航窗格中设置旋转为–15度，如下右图所示，然后将红旗放在合适的位置，即可完成本案例的改进操作。

▶ 技能提升：合并形状

在PowerPoint中可以对多个形状进行运算，如结合、组合、拆分、相交和剪除五种运算类型，用户也可以使用图片与形状进行运算，从而制作出更多特效。

扫码看视频

对形状进行组合的功能并不在功能区中显示，所以首先要添加这些功能，单击"文件"标签，在列表中选择"选项"选项，打开"PowerPoint选项"对话框，选择"自定义功能区"选项，在右侧单击"新建选项卡"按钮❶，并单击"重合名"按钮❷，在打开的对话框中输入名称❸，如下左图所示。

根据相同的方法自定义选项组为"形状组合"，单击"从下列位置选择命令"列表中选择"不在功能区中的命令"选项❶，在列表中选择形状组合相关功能，如"拆分形状"❷，单击"添加"按钮❸，即可将其添加到新建选项组中，如下右图所示，根据相同的方法可以将其他关于形状组合的功能添加到新建选项组中。

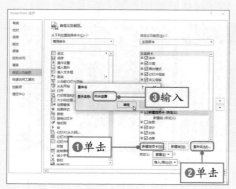 

结合是将多个形状结合为一个形状，结合后的形状应用先选择的形状格式，组合形状是将多个形状去除相交部分进行组合，组合后的形状应用先选择的形状格式，拆分是将选中的形状拆分为多个形状，相交是将多个形状相交部分保留，其他部分清除，剪除是从先选择的形状中剪除与其他形状和相交的部分。本案例中均先选择橙色的三角形，后选择蓝色的圆形，如下图所示。

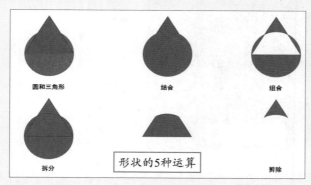

圆和三角形　　　　　　结合　　　　　　组合

拆分　　　　　　形状的5种运算　　　　　　剪除

高手进阶：文本框、形状和图片的特效

本节主要介绍关于艺术字、图片和形状的美化，PPT就是一个通过这些元素展现观点的工具。下面我们通过制作"一个城市的记忆"幻灯片介绍文本框、形状和图片制作的一些特效，本案例主要通过图片和形状结合制作特效，下面介绍具体操作方法。

扫码看视频

Step 01 新建一个16:9的幻灯片。

Step 02 在幻灯片中插入圆角矩形，外观要瘦长，拖曳黄色控制点，使其圆角为最大，如下左图所示。

Step 03 复制圆角矩形并排列好，用户可以根据喜好排列，然后选中所有圆角矩形，切换至"形状运算"选项卡，单击"结合"按钮，如下右图所示。

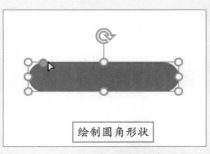

绘制圆角形状

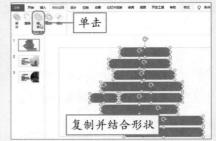

单击

复制并结合形状

Step 04 选中结合的形状，单击"绘图工具-格式"选项卡的"旋转"下三角按钮，在列表中选择"其他旋转选项"选项。

Step 05 在打开的导航窗格中设置旋转角度为30°，效果如下左图所示，将形状复制一份。

Step 06 在"插入"选项卡中单击"图片"按钮，在打开的对话框中选择合适的图片。

Step 07 调整图片的大小使需要保留的部分在圆角矩形上，调整好图片的大小和位置后将其置于形状的下方，如下右图所示。

设置旋转

插入图片并调整层次

Step 08 先选中图片，再选择结合的形状❶，切换至"绘图工具-格式"选项卡，单击"插入形状"选项组中"合并形状"下三角按钮❷，在列表中选择"相交"选项❸，如下左图所示。

Step 09 图片与形状相交，只显示形状区域内容的图片。

Step 10 将复制的形状移到下方，并填充颜色，设置无轮廓，如下右图所示

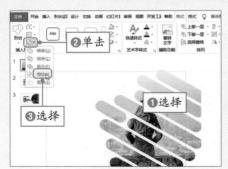

❷单击

❶选择

❸选择

设置形状填充和层次

Step 11 在幻灯片的左侧插入文本框并输入文本。

Step 12 设置标题和正文文本的格式，并在两者之间绘制一条直线，设置颜色、宽度和线型，至此，本案例制作完成，效果如下图所示。

4.3 幻灯片母版、分节和主题——制作"职业规划"

幻灯片母版控制整个演示文稿的外观，如颜色、背景、字体等，在设置母版时放入的元素在新建幻灯片时会被直接采用，无须再次插入，这是高效实现个性化演示文稿的最佳途径。使用幻灯片母版设计时，如需更改也很方便，只需要修改母版，所有幻灯片都会随之改动，为了使演示文稿更加有条理，可以对其进行分节，还可以通过主题设置幻灯片的各种元素，获得风格一致的幻灯片。

4.3.1 幻灯片母版设置

新建PowerPoint演示文稿都有一个空白的母版，其中包含10多种版式，用户可以通过母版视图规范幻灯片的背景、字体等。

打开PowerPoint，切换至"视图"选项卡，在"母版视图"选项组中勾选"幻灯片母版"复选框，即可进入幻灯片母版视图，如下图所示。

扫码看视频

一组幻灯片母版包含多张幻灯片，而且每张幻灯片的版式都不一样，幻灯片母版与幻灯片本身的设置具有相似之处，对幻灯片的操作也都可以在幻灯片母版上操作，幻灯片母版包含的内容很多，如版式、背景等，可以作进一步设置。

1. 设置幻灯片母版背景

如果需要为幻灯片设置统一背景，可以在幻灯片母版中设置，下面介绍为幻灯片设置统一背景的方法。

Step 01 打开PowerPoint并进入幻灯片母版状态。

Step 02 在幻灯片导航窗格中选中第一张幻灯片，切换至"幻灯片母版"选项卡中，单击"背景"选项组中"背景样式"下三角按钮❶，如下左图所示。

Step 03 用户可以在列表中选择合适的背景样式。

Step 04 也可以选择"设置背景格式"选项❷，打开"设置背景格式"导航窗格，在"填充"选项区域中设置填充即可，如下右图所示。

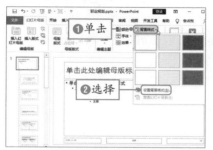 

Step 05 以添加图片作为背景为例，选中"图片或纹理填充"单选按钮，单击"插入"按钮，在打开的面板中单击"来自文件"按钮，在打开的对话框中选择合适的图片❶，单击"插入"按钮❷。

Step 06 可见所有幻灯片版式都添加了该图片作为背景，如下图所示。

2. 添加LOGO图片和文本框

在选中幻灯片母版的任何对话后即可以设置其格式，如选中文本框在"开始"选项卡中设置文本格式，我们也可以在每张幻灯片的指定位置添加公司LOGO图片，下面介绍具体操作方法。

Step 01 进入幻灯片母版视图，选中第1张幻灯片，选中标题文本框，也可以多选。

Step 02 切换至"开始"选项卡，在"字体"选项组中设置字体、颜色等格式，如下左图所示。

Step 03 切换至"插入"选项卡，单击"图片"按钮，在打开的对话框中选择LOGO图片，并插入到幻灯片母版中。

Step 04 设置LOGO图片的大小并移到右上角，如下右图所示。

设置字体格式

添加LOGO图片

Step 05 关闭幻灯片母版，插入版式，输入标题和副标题文本即可应用设置的字体格式，在幻灯片的右上角显示LOGO图片，如下图所示。

查看应用母版的效果

4.3.2 插入占位符

在PPT中，占位符共包括文本、图片、图表、表格等，是通过幻灯片母版插入的，我们可以通过点位符自定义幻灯片的版式，如在本例中开头和结尾页、转场页以及每页幻灯片都各有共同点，可以通过占位符进行规范和统一，下面以制作转场页版式为例介绍具体操作方法。

扫码看视频

Step 01 进入幻灯片母版视图，在"幻灯片母版"选项卡中单击"编辑母版"选项组中"插入版式"按钮，即可在最下方插入一个版式幻灯片，如下图所示。

Step 02 选中标题文本框占位符，在"开始"选项卡中设置字体格式，并将其放在中间下方位置，如下左图所示。

Step 03 在"幻灯片母版"选项卡中单击"母版版式"选项组中"插入占位符"下三角按钮❶，在列表中选择"图片"选项❷。

Step 04 光标变为黑色十字形状后在标题文本框占位符上方绘制图片占位符，与绘制形状一样，如下右图所示。

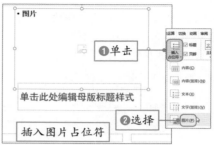

Step 05 在标题文本框占位符下方再插入一个文本占位符，并设置文本的格式。

Step 06 关闭"幻灯片母版"，切换至"开始"选项卡，单击"幻灯片"选项组中"新建幻灯片"下三角按钮❶，在列表中选择自定义的版式❷，如下图所示。

Step 07 插入自定义版式，单击图片占位符中图片标签，在打开的对话框中选择图片。

Step 08 在标题文本框和正文文本框中输入相关文本即可，然后设置各元素为水平居中，如下图所示。

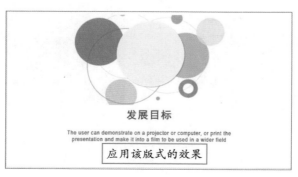

4.3.3　使用多个幻灯片母版样式

　　幻灯片的母版也可以分节管理，这样就可以在同一个演示文稿中设计多个幻灯片母版样式，并为不同母版设置不同的背景，从而增加PPT的灵活性，获得丰富的效果，下面介绍具体操作方法。

扫码看视频

Step 01 打开幻灯片演示文稿，进入幻灯片母版视图。

Step 02 在"幻灯片母版"选项卡的"编辑母版"选项组中单击"插入幻灯片母版"按钮。

Step 03 或者在导航窗格中右击，在快捷菜单中选择"插入幻灯片母版"命令。

Step 04 在最下方插入空白的幻灯片母版，如下图所示。

　　插入幻灯片母版后，用户可以根据前两节所学内容对其进行编辑操作，如添加背景、设置字体、添加LOGO图片，这些操作对之前的幻灯片母版不产生影响。

　　在插入幻灯片母版后，如果还需要插入，也可以使用"主题"功能快速插入某主题的幻灯片母版，下面介绍具体操作方法。

Step 01 在导航窗格中选中插入的幻灯片母版❶，切换至"幻灯片母版"选项卡❷，单击"编辑主题"选项组中"主题"下三角按钮❸。

Step 02 在列表中选择一款主题，如选择"切片"主题，如下左图所示。

Step 03 自动在下方生成一个"切片"主题的幻灯片母版，并应用该主题的样式，如下右图所示。

　　在设置多个幻灯片母版后，当新建幻灯片时，可根据需要选择合适的样式，如下图所示。

4.3.4 对演示文稿分节

在PPT中可以对演示文稿进行分节，同一节的幻灯片可以有相同的主题样式，我们还可以为不同节设置不同的样式，以便更容易区分不同的章节。

在演示文稿中添加节可以通过两种方法，一种是右键快捷菜单，另一种是使用功能区按钮，下面介绍具体操作方法。

扫码看视频

Step 01 选中需要添加节的幻灯片，此处选择第3张幻灯片。

Step 02 右击，在快捷菜单中选择"新增节"命令。

Step 03 用户也可以在"开始"选项卡的"幻灯片"选项组中单击"节"下三角按钮，在列表中选择"新增节"选项，如下图所示。

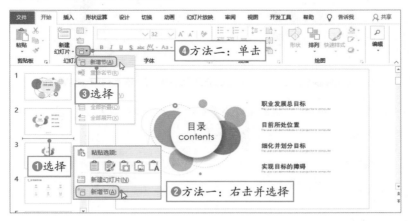

Step 04 打开"重命名节"对话框，在"节名称"文本框中输入节的名称，此处输入"职业发展总目标"❶，单击"重命名"按钮❷。

Step 05 在第3张幻灯片上方添加节并应用设置的名称❸，如下图所示。

Step 06 根据相同的方法，将其他相关内容的幻灯片添加节并重命名，单击节名称左侧三角按钮可以展示或隐藏节内的幻灯片，当选择节名称时，即可选中该节包含的全部幻灯片。

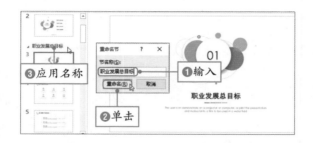

4.3.5　幻灯片的主题

PPT中的主题和Word中一样，都可以设置背景、字体、字号以及其他效果，方便用户快速创建演示文稿，修改幻灯片的整体效果，下面介绍为演示文稿应用主题的方法。

扫码看视频

Step 01 在导航窗格中选中"职业发展总目标"节，或选中该节下任意幻灯片。

Step 02 切换至"设计"选项卡❶，单击"主题"选项组中其他按钮。

Step 03 在打开的主题列表中选择合适的主题❷，则该节内所有幻灯片均应用了该主题，如下图所示。

在PPT中设置主题的颜色、字体和效果等需要在"变体"选项组中设置，如下图所示，其设置方法和Word一样，请参考2.4.2节中相关知识进行操作。

高手进阶：幻灯片母版的应用

　　本节主要学习了幻灯片母版的相关知识，接下来通过练习进一步巩固幻灯片母版的操作，下面介绍具体操作方法。

扫码看视频

Step 01 进入幻灯片母版视图，创建一个母版，并设置背景为"水墨画1.jpg"图片。

Step 02 设置标题文本的格式，如字体、字号，再设置正文的格式。

Step 03 关闭母版视图，新建幻灯片，然后输入标题和正文内容，在下方输入作家的名称，如下图所示。

创建母版并设置，应用的效果

Step 04 进入幻灯片母版视图，然后插入幻灯片母版。

Step 05 重新导入一张图片作为背景，并且设置标题的格式和正文格式。

Step 06 关闭幻灯片母版视图，创建新幻灯片，新建该母版中幻灯片，并输入标题和正文文本。

Step 07 输入作家的姓名，设置文本框均为居中显示，如下图所示。

创建另一母版并设置，应用的效果

Step 08 对演示文稿中幻灯片进行分节，并重命名节，隐藏幻灯片只显示节名称，如下图所示，可见演示文稿的层次结构一目了然。

Step 09 用户根据自己喜好为不同的节应用主题样式。

对演示文稿进行分节

4.4 动画和多媒体

演示文稿制作完成后，为了使静态的演示文稿更富有灵魂，可以为其添加多媒体和动画。在演示文稿中添加的动画主要有两种类型，分别为页内动画和切换动画，页面动画是幻灯片内部的动画，如进入、强调或退出动画，切换动画是幻灯片之间的动画。

4.4.1 幻灯片对象的动画

幻灯片对象的动画是指在幻灯片中为文本、文本框、图片、形状等元素添加的动画效果，也可以添加自定义动画，使各元素以不同的动态进入屏幕，下面介绍关于动画的相关知识。

扫码看视频

1. 添加动画

在PowerPoint中的动画有进入、强调、退出和动作路径4种类型，包括100多种动画效果，下面以"公司简介.pptx"演示文稿的企业发展历史幻灯片为例介绍动画的应用方法。

Step 01 选中幻灯片中的阶梯形状❶，切换至"动画"选项卡❷，单击"动画"选项组中"其他"按钮，可见在列表中包含4种动画类型。

Step 02 制作阶梯从低到高的运动过程，应当使用进入动画，所以在"进入"选项区域中选择"擦除"动画❸，如下左图所示。

Step 03 可见选中的形状应用了从下到上的擦除动画，为了突出爬阶梯的效果动画应当从左向右运动。

Step 04 单击"动画"选项组中"效果选项"下三角按钮❶，在列表中选择"自左侧"选项❷，如下右图所示。

Step 05 可见阶梯形状从左向右逐渐出现，该动画可表示企业在不断发展状态，体现更上一个台阶的寓意，如下图所示。

> **温馨提示：添加动画的自然原则**
>
> 为元素添加动画应当遵循一些自然原则，下面简单介绍几条自然原则。
> - 球形物体运动时往往伴随着旋转或弹跳。
> - 两个物体发生碰撞时一般会发生抖动现象。
> - 立体对象发生改变时，阴影也会随之改变。
> - 由远及近的时候肯定也会由小到大，反之亦然。
> - 物体的运动一般不是匀速的。

2. 动画的控制

动画创建完成后，根据需要对其进一步设置，同一个元素可以应用多种动画类型，在设置动画时，根据幻灯片展示内容的逻辑进行添加和控制动画，下面介绍动画控制的方法。

Step 01 接着上一案例，根据相同的方法为红旗添加从下到上的擦除动画❶。

Step 02 切换至"动画"选项卡，单击"高级动画"选项组中"动画窗格"按钮❷。

Step 03 打开"动画窗格"导航窗格❸，显示该幻灯片中添加的所有动画，如下图所示。

Step 04 选择"组合65",为阶梯形状的动画,切换至"动画"选项卡,在"计时"选项组中设置"持续时间"为01.50秒。

Step 05 保持组合77的时间不变,单击右侧下三角按钮❶,在列表中选择"从上一项之后开始"选项❷,如下左图所示。

Step 06 阶梯形状动画结束后,红旗动画自动播放,这就是一个连惯的动画。

Step 07 在步骤5中选择"效果选项"选项,打开对话框,在"效果"选项卡❶中可以添加声音❷,如下右图所示。

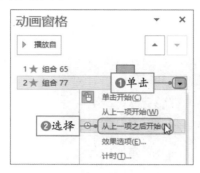 

4.4.2　幻灯片的切换方式

页面切换动画主要是为了缓解幻灯片之间转换时的单调感而设计的,应用切换动画后,放映时会生动很多。PowerPoint中页面切换动画包含细微、华丽和动态内容3种类型,细微型适用于普通页面的切换,华丽型适用于突出强调,动态内容适用于一组图片的展示。

扫码看视频

在制作商务的演示文稿时,尽量避免使用华丽的切换动画,下面为"新员工培训.pptx"演示文稿添加切换动画。

Step 01 切换至"切换"选项卡❶,单击"切换至此幻灯片"选项组中"其他"按钮,在列表中选择"淡入/淡出"动画❷,如下图所示。

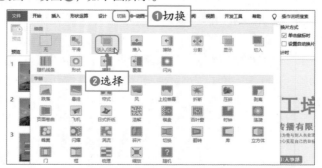

Step 02 可见该幻灯片进入屏幕的动画。

Step 03 在"计时"选项组中可以设置切换动画的声音、持续时间、切片的方式等❶,用户可以根据需要进行设置。

Step 04 设置完成后，如果想让演示文稿中所有幻灯片均应用相同的切换动画，可以单击"计算"选项组中"应用到全部"按钮②，如下图所示。

Step 05 放映演示文稿，查看幻灯片之间应用淡入和淡出的切换效果，在短时间内可以看到透过当前幻灯片看到下方幻灯片的效果，如下图所示。

查看淡入淡出的切换效果

▶ 技能提升：添加切换动画制作翻书效果

以下是介绍关于一本PPT书的宣传演示文稿，作者在介绍内页特色时采用翻书效果的切换动画，使浏览者好像在看书一样，下面介绍具体操作方法。

扫码看视频

Step 01 打开PowerPoint软件，设置页面的大小和纵横比，如下左图所示。

Step 02 将连续的内页图片插入到幻灯片中，每两页放在一起，设置图片同样大小并且靠中间摆放，如下右图所示。

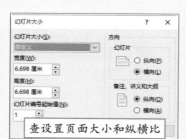

查设置页面大小和纵横比

插入并调整图片

Step 03 在右侧内页图片的左侧绘制细长的矩形，高度和图片高度一致❶。

Step 04 打开"设置形状格式"导航窗格，在"填充"选项区域中设置渐变填充，渐变类型为"线性"、方向为"线性向右"❷，设置渐变光圈的颜色均为黑色，左侧渐变光圈透明度为90%，右侧为100%❸，制作出书页中间阴影效果，如下图所示。

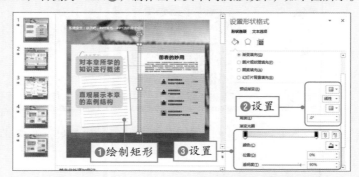

Step 05 将矩形复制几份分别放在其他幻灯片中,选中第2个幻灯片❶，切换至"切换"选项卡，单击"切换到此幻灯片"选项组中"其他"按钮，在列表的"华丽"选项区域中选中"页面卷曲"动画效果❷，如下左图所示。

Step 06 在"计时"选项组中设置持续时间为01.25，单击"应用到全部"按钮。

Step 07 单击"预览"按钮，可见每页像翻书一样的效果，如下右图所示。由于图片展示不完全动画的过程，读者可以从实例文件夹中的"最终文件"文件夹中打开"技能提升：添加切换动画制作翻书效果.pptx"演示文稿，查看放映效果。

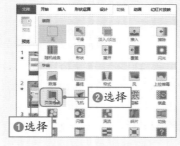

查看动画效果

4.4.3 插入视频和音频

再好的视频没有声音总感觉缺少什么，同样没有声音再好的演示文稿也缺少点什么。在演示文稿中插入视频和音频，能使幻灯片更加引人入胜，在之前我们介绍过插入视频的方法，本节主要以音频为例介绍具体操作方法。

扫码看视频

1. 插入音频文件

在PPT中应用声音有3种类型，分别为背景音乐、动作声音和录制声音，本节介绍的插入音频是背景音乐，下面介绍具体操作方法。

Step 01 打开"新员工培训.pptx"演示文稿，选中第1页幻灯片❶，切换至"插入"选项卡，单击"媒体"选项组中"音频"下三角按钮❷，在列表中选择"PC上的音频"选项❸。

Step 02 打开"插入音频"对话框，选择合适的音频❹，单击"插入"按钮❺，如下图所示。

插入音频后，在该页面中显示小喇叭的图标以及一个声音播放器，并在功能区显示"音频工具"选项卡，包含"格式"和"播放"子选项卡。

目前PPT演示文稿支持的音频格式有很多，其中包括AAC、MP3等格式。

2. 音频设置

插入音频后，我们可以在"音频工具-播放"选项卡中设置音频的淡化时间、裁剪音频、音量以及播放方式等，在"音频工具-格式"选项卡中可以设置音频图标的格式，下面介绍具体操作方法。

Step 01 选中音频图片❶，切换至"音频工具-播放"选项卡，在"编辑"选项组中设置淡化持续的时间❷。

Step 02 单击"剪裁音频"按钮❸，在打开的对话框中调整绿色和红色裁剪滑块，中间部分为保留区域❹，单击"确定"按钮即可完成剪裁操作❺，如下图所示。

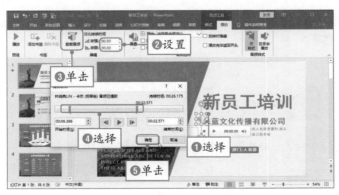

Step 03 在"音频选项"选项组中单击"音量"下三角按钮，在列表中选择合适的选项以调整音频的音量。

Step 04 单击"开始"下三角按钮，在列表中选择播放方式，如自动播放、单击时播放等。

Step 05 用户还可以根据需要勾选其他相应的复选框，"放映时隐藏"表示播放PPT时音频图标和播放器隐藏起来，"跨幻灯片播放"表示声音可以跨越幻灯片播放，否则跳转到下一页幻灯片时声音停止，"循环播放，直到停止"表示音频播放完成后自动从头播放。

Step 06 切换至"音频工具-格式"选项卡，其功能与设置图片的功能一样，可以设置音频图标的颜色、效果、样式、边框、大小等，如下图所示，此处不作过多讲解。

高手进阶：为演示文稿应用动画

　　本节主要学习了动画和多媒体的相关知识，通过动画可以让演示文稿动起来，起到突出观点，引导浏览者的作用，多媒体可以让演示文稿更加丰富，下面通过"产品宣传.pptx"演示文稿介绍动画的应用。

扫码看视频

Step 01 打开"PPT逆袭.pptx"演示文稿，作者已经提前制作好了内容。

Step 02 第1到3张幻灯片，制作一本书逆时针旋转然后再顺时针旋转的效果。

Step 03 选中第2张幻灯片，切换至"切换"选项卡❶，单击"切换到此幻灯片"选项组中"其他"按钮，选择"平滑"效果❷。

Step 04 根据相同的方法设置第3张幻灯片的切换动画为"平滑"并且设置持续时间，即可完成切换动画的制作，如下图所示。此处不展示动画的效果，读者可在实例文件夹中查看效果。

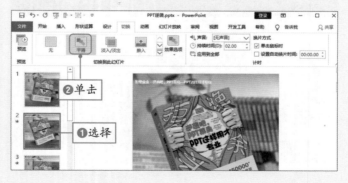

Step 05 选中产品的图片，在"动画"选项卡中应用"强调"选项区域的"放大/缩小"动画，设置持续时间2秒。

Step 06 根据相同的方法为文本应用"出现"动画效果，打开"动画窗格"导航窗格。

Step 07 单击文本框右侧下三角按钮❶，在列表中选择"效果选项"选项❷，打开"出现"对话框，在"效果"选项卡中设置声音为"打字机"、文本动画为"按词顺序"、延迟时间为0.3秒❸，单击"确定"按钮❹，如下图所示。

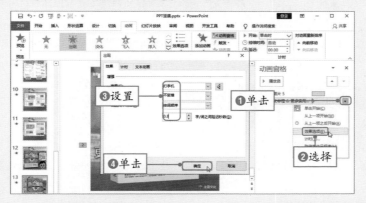

Step 08 设置文本框动画在图片动画之后播放后，即可完成该页幻灯片动画的制作，效果是将产品图片由小到大充满整个页面，具有强有力的视觉冲击感。

Step 09 单击"动画窗格"导航窗格中"播放自"按钮，查看设置动画效果，如下图所示。

4.5　交互、放映与输出

　　演示文稿制作完成后，可以为幻灯片中的元素创建超链接或动作按钮以实现交互应用，使演示文稿更加多样化。本章还将介绍幻灯片放映的知识，以及共享演示文稿的方法。

4.5.1　交互

　　通常情况下放映演示文稿是按照顺序依次播放的，此时如果添加超链接或动作按钮可以跳转到指定的幻灯片、网页中，下面将介绍在演示文稿中创建交互的方法。

扫码看视频

1. 添加超链接

在"职业规划.pptx"演示文稿中，将目录中的文本链接到相对应的幻灯片中，如将目录"目前所处位置"文本链接到第9张幻灯片，下面介绍具体操作方法。

Step 01 打开"职业规划.pptx"演示文稿，选中第2页的目录幻灯片中"目前所处位置"文本❶。

Step 02 切换至"插入"选项卡❷，单击"链接"选项组中"链接"按钮❸。

Step 03 打开"插入超链接"对话框，在"链接到"列表框中选择"本文档中的位置"选项❹，在"选择文档中的位置"列表框中选择"幻灯片9" ❺，在"幻灯片预览"中显示幻灯片9的内容，单击"确定"按钮❻，如下图所示。

Step 04 用户可以在"插入超链接"对话框中设置链接的内容，本案例是链接到当前演示文稿中的幻灯片，选择"现有文件或网页"选项，可以链接到外部的文件，或在"地址"文本框中输入网页地址可以链接到该网页，选择"电子邮件地址"选项，可以链接到指定的电子邮件中，还可以设置主题。

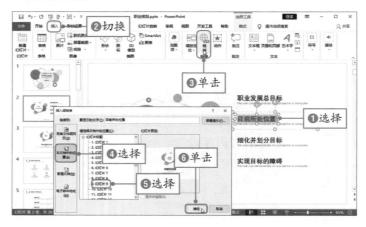

Step 05 设置完链接后，文本为蓝色并显示下划线，当光标在上方时显示"按住Ctrl键并单击可访问该链接"，即可跳转到第9张幻灯片，单击后，链接文本显示红色。

2. 添加动作按钮

切换至第9张幻灯片后，我们可以继续浏览之后的幻灯片，也可以跳转到其他幻灯片中，如本案例浏览完第9页幻灯片后通过动作按钮跳转到第2页的目录页中，下面介绍具体操作方法。

Step 01 切换至"插入"选项卡❶，单击"插图"选项组中"形状"下三角按钮❷，在列表中选择"动作按钮:空白"形状❸，如下左图所示。

Step 02 在幻灯片的右下角绘制动作按钮形状❹，自动弹出"操作设置"对话框，在"单击鼠标"选项卡中选中"超链接到"单选按钮❺，并在列表中选择"幻灯片"选项❻。

Step 03 打开"超链接到幻灯片"对话框，选择"幻灯片2"❼，通过预览查看幻灯片的内容，依次单击"确定"按钮❽，如下右图所示。

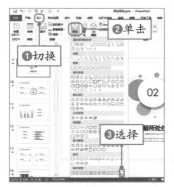
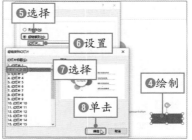

当光标移到空白按钮上时显示"幻灯片2",表示单击即可跳转到该幻灯片。

Step 05 为了使按钮更加真实,在"绘图工具-格式"选项卡的"形状样式"选项组中设置无轮廓、填充灰色,并应用圆形棱台效果。

Step 06 右击按钮,在快捷菜单中选择"编辑文字"命令,然后输入"返回目录"文本并设置格式,如下图所示。

Step 07 按住Ctrl键单击即可跳转到目录页幻灯片,在放映时单击该按钮即可。

在按钮上添加文字设置效果

4.5.2 放映演示文稿

制作演示文稿的目的是放映,通过投影仪或其他设备将文稿中的幻灯片播放出来,方便广大受众能够认识和了解相关内容,本节主要介绍放映的相关知识。

在PowerPoint中放映幻灯片主要通过3种方式,第一种是通过快速访问工具栏中"从头开始"(或者按F5功能键),第二种是通过状态栏中"幻灯片放映"按钮,第三种是在"幻灯片放映"选项卡的功能区实现。

扫码看视频

其中前两种方法很明显,一个是从第1张幻灯片放映,一个是从当前幻灯片放映,下面介绍第3种方法。

Step 01 打开演示文稿,切换至"幻灯片放映"选项卡,在"开始放映幻灯片"选项组中单击相应的按钮。

Step 02 其中包括"从头开始"、"从当前幻灯片开始"、"联机演示"和"自定义幻灯片放映"4个按钮,其中前两个按钮不再介绍,"联机演示"是微软会员之间进行演示,接受方可在浏览器中观看。

Step 03 单击"自定义幻灯片放映"按钮❶，在列表中选择"自定义放映"选项，打开"自定义放映"对话框，单击"新建"按钮❷。

Step 04 打开"定义自定义放映"对话框，在"幻灯片放映名称"文本框中输入"职业规划-实现目标的障碍"文本，左侧文本框中勾选关于实现目标的障碍的相关幻灯片复选框，然后单击"添加"按钮，即可将选中的幻灯片添加到"在自定义放映中的幻灯片"列表中❸，依次单击"确定"按钮❹，如下图所示。

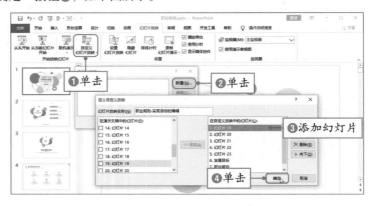

Step 05 实现只放映选中的幻灯片，当再次单击"自定义幻灯片放映"按钮时，在列表中显示自定义放映的名称，选中后自动播放。

4.5.3 放映设置

设置幻灯片放映的演示方式主要有3种类型，分别为演讲者放映、观众自行浏览和在展台浏览，用户可根据不同的放映环境设置不同的放映类型，下面介绍具体操方法作。

扫码看视频

Step 01 打开需要设置放映的演示文稿，切换至"幻灯片放映"选项卡❶，单击"设置"选项组中"设置幻灯片放映"按钮❷。

Step 02 打开"设置放映方式"对话框，在"放映类型"选项区域中包含3种放映类型的单选按钮❸，用户自行选择即可，如下图所示。

Step 03 用户还可以在"放映选项"设置放映时的操作，"放映幻灯片"选项区域中设置放映的内容。

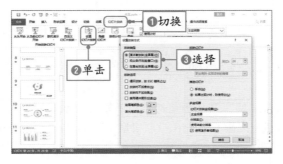

　　其中"演讲者放映（全屏幕）"是全屏放映，便于演讲者演讲时使用，演讲者对幻灯片有绝对的控制权，可以手动切换幻灯片，"观众自行浏览（窗口）"是窗口模式，不能通过单击鼠标放映，"在展台浏览（全屏幕）"是全屏并且循环放映，不通过单击鼠标手动切换演示文稿，只有按Esc键可退出放映。

　　在放映演示文稿时，我们可以通过设置模仿板书效果，可以使用激光笔、笔、荧光笔进行添加注释、标记重点的操作。在放映幻灯片时右击❶，在快捷菜单中选择"指针选项"命令❷，在子命令中选择合适的选项，如下图所示，也可以在"设置放映方式"对话框的"放映选项"选项区域中设置绘图笔和激光笔的颜色。

4.5.4　将演示文稿转换为PDF文件或图片

　　如果用户还没有安装PowerPoint软件时，可以将其保存为PDF文件，然后再进行播放，也可以将每张幻灯片保存为图片在电脑上查看，下面介绍具体操作方法。

扫码看视频

1. 转换为PDF文件

Step 01 打开"公司简介.pptx"演示文稿，单击"文件"标签。

Step 02 选择"导出"选项❶，在中间区域选中"创建PDF/XPS文档"选项❷，单击右侧"创建PDF/XPS"按钮❸。

Step 03 在打开的对话框中选择保存路径❹，单击"发布"按钮❺，如下图所示。

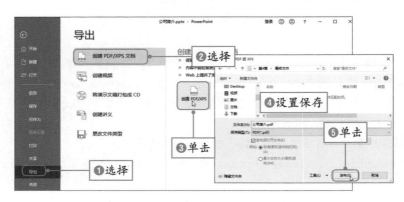

Step 04 操作完成后即可在指定的文件夹中创建以演示文稿名称命名的**PDF**文件。

2. 幻灯片转换为图片

Step 01 单击"文件"标签，选择"导出"选项❶，在中间区域选择"更改文件类型"选项❷，在右侧选择"JPEG文件交换格式"选项❸，单击"另存为"按钮❹。

Step 02 打开"另存为"对话框，选择保存的路径，可见保存类型为设置的图片格式❺，单击"保存"按钮❻，如下图所示。

Step 03 弹出提示对话框，根据需要单击"所有幻灯片"❼或"仅当前幻灯片"按钮。

Step 04 弹出提示对话框，单击"确定"按钮，即可在指定的文件夹中将幻灯片转换为图片。

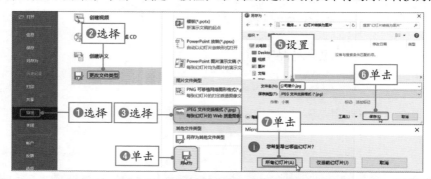

> **实用技巧：通过"另存为"转换图片**
>
> 除了上述方法外，还可以单击"文件"标签，选择"另存为"选项，在打开的对话框中设置保存类型为图片格式即可。

4.5.5　将演示文稿转换为视频

　　当为演示文稿中各元素添加相应的动画以及切换动画后，可以将演示文稿转换为视频，通过播放器以视频形式放映，这样可以更加形象地展示演示文稿的内容，下面介绍具体操作方法。

扫码看视频

　　在将演示文稿导出为视频时需要将每张幻灯片的时间设置为该演示文稿中时间最长幻灯片时间，由于每张幻灯片的动画时间不一样，所以在导出为视频时，视频不是很流畅，这时可以使用视频编辑软件进行裁剪。

Step 01 单击"文件"标签，选择"导出"选项❶。

Step 02 在中间区域选择"创建视频"选项❷，在右侧区域中设置视频大小❸，是否使用录制的计时和旁白，再设置"放映每张幻灯片的秒数"❹，最后单击"创建视频"按钮❺。

Step 03 打开"另存为"对话框，设置保存的路径，可见保存类型为mp4格式❻，输入文件名，单击"保存"按钮❼，如下图所示。

Step 04 操作完成后，即可在保存的文件夹中显示创建的视频。

Step 05 视频创建完成后，可以通过Premiere软件进行裁剪，使视频更加流畅，还可以使用配音软件添加声音。

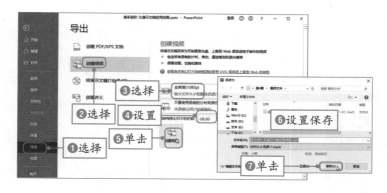

4.5.6 打印幻灯片

演示文稿不仅可以现场演示，还可以打印在纸上，分发给浏览者阅读，打印演示文稿和打印Word文档操作很类似，本节只介绍PPT特有的打印功能，下面介绍具体操作方法。

扫码看视频

1. 设置打印范围

本案例主要介绍按节打印，具体操作如下。

Step 01 打开"练习素材.pptx"演示文稿，已经分好节，单击"文件"标签，在列表中选择"打印"选项❶。

Step 02 单击"设置"选项区域中"打印全部幻灯片"下三角按钮❷，在列表的"节选"选项区域选择需要打印的节名称❸，如下图所示。

Step 03 单击"打印"按钮，即可只打印节中的幻灯片。

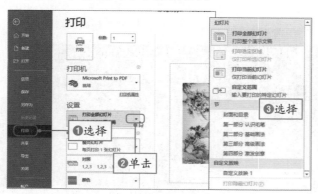

在其列表中还包含其他相关选项，和Word、Excel的打印设置相同，在"自定义放映"选项区域显示自定义放映的名称，如果选择该选项，即可打开设置自定义放映的幻灯片。

2. 设置每页打印幻灯片的数量

在PowerPoint中打印幻灯片时，还可以设置每页打印的数量，以及为打印的幻灯片添加边框等，具体操作如下。

Step 01 单击"文件"标签，在列表中选择"打印"选项❶。

Step 02 单击"设置"选项区域中"整页幻灯片"下三角按钮❷，在列表中选择合适的幻灯片布局方式的选项。

Step 03 选择"6张水平放置的幻灯片"选项❸，在打印预览区域显示打印的效果。

Step 04 再次打开该列表，选择"幻灯片加框"选项，如下图所示。

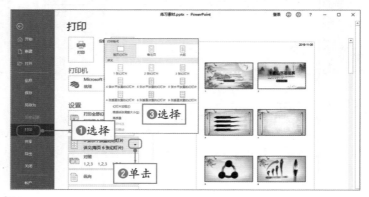

高手进阶：综合应用演示文稿的放映和输出

本节主要学习了演示文稿的交互、放映和输出，接着通过4.2节中制作的"公司简介.pptx"演示文稿为例介绍实际的应用。

扫码看视频

Step 01 创建演示文稿的交互，在目录页选中"企业文化"文本，创建超链接至第10张幻灯片。

Step 02 在第10张幻灯片右下角创建"动作按钮:转到开头"按钮，并设置形状的填充、边框和效果，单击该按钮跳转到第1张幻灯片，如下图所示。

Step 03 单击"文件"标签，选择"导出"选项，选择"创建PDF/XPS"选项，单击"创建PDF/XPS"按钮，在打开的对话框中选择保存路径，将演示文稿保存为PDF文件。

Step 04 返回演示文稿，单击快速访问工具栏中"从关开始"按钮，放映演示文稿。